PRÁTICAS REGENERATIVAS

EXPERIÊNCIAS E REFLEXÕES BRASILEIRAS

FAPERJ

BAMBUAL editora

Unifal MG
Universidade Federal de Alfenas

gaia education

NIDES

Este livro passou pela avaliação por pares de dois pareceristas *ad hoc* listados acima.

organizadores:

TOM RODRIGUES

EMMANUEL KHODJA

GUSTAVO MACHADO

PRÁTICAS REGENERATIVAS

EXPERIÊNCIAS E REFLEXÕES BRASILEIRAS

FAPERJ

BAMBUAL editora

Unifal MG Universidade Federal de Alfenas

gaia education

NIDES

COORDENAÇÃO EDITORIAL
Isabel Valle

COPIDESQUE E REVISÃO ORTOGRÁFICA
Milena Manhães Rodrigues
Roberta Lara

REVISÃO
Vinícius Trindade

CAPA
Luiza Chamma

Dados Internacionais de Catalogação na Publicação (CIP)
(Câmara Brasileira do Livro, SP, Brasil)

Práticas regenerativas : experiências e reflexões brasileiras / organizadores Tom Rodrigues, Emmanuel Khodja, Gustavo Machado. -- Rio de Janeiro : Bambual Editora, 2024.

Vários autores.
Bibliografia.
ISBN 978-65-89138-63-1

1. Ecologia humana 2. Educação ambiental 3. Governança 4. Impacto ambiental 5. Meio ambiente 6. Responsabilidade social corporativa 7. Sustentabilidade I. Rodrigues, Tom. II. Khodja, Emmanuel. III. Machado, Gustavo.

24-222275 CDD-304.2

Índices para catálogo sistemático:

1. Educação ambiental : Ecologia humana 304.2

Tábata Alves da Silva - Bibliotecária - CRB-8/9253

FAPERJ

BAMBUAL editora
www.bambualeditora.com.br
conexao@bambualeditora.com.br

Você não precisa fazer tudo. Faça o que seu
coração chama; a ação efetiva vem do amor.
É imparável e é o suficiente.

– Joanna Macy

SUMÁRIO

PARTE 3
Movimentos sociais, saberes decoloniais e desenvolvimento territorial regenerativo

O ANTROPOCENO COMO UMA NARRATIVA POSSÍVEL PARA A CRISE GLOBAL

TOM RODRIGUES E GUSTAVO MACHADO

Nas últimas décadas, as críticas ao modelo de desenvolvimento adotado pelas nações se tornaram o ponto de partida para a busca de soluções para um futuro sustentável. Os alertas científicos (Meadows *et al.*, 1972; Rockström *et al.*, 2009a, 2009b) e os diversos acordos firmados (ONU, 2012; ONU, 2015; IPCC, 2018) durante as conferências internacionais sobre meio ambiente e desenvolvimento, promovidas pela Organização das Nações Unidas (ONU), apontaram que esse modelo precisa urgentemente ser repensado e recriado, haja vista a presente crise ambiental e social. O aumento da pobreza, da desigualdade social, do desemprego, da instabilidade democrática, da precarização do trabalho, da migração em massa etc., são sinais seguros que indicam a real necessidade de reavaliação dos caminhos de nossas estratégias civilizatórias.

O paradigma dominante em economia, responsável, em grande medida, pela determinação de prioridades orçamentárias e pela definição da agenda política, é dominado pelo enfoque em métricas restritas de crescimento econômico, dando peso excessivo a indicadores como o Produto Interno Bruto (PIB) e negligenciando a conquista e preservação de direitos humanos fundamentais e de recursos essenciais para a garantia da vida das gerações presentes e futuras. Essa crítica já foi suficientemente abordada pela literatura (ver, por exemplo, Sen; Kliksberg, 2010; e Raworth, 2019), mas o velho paradigma segue forte – não sem abalos. O enfoque no PIB não garante a prosperidade humana e reforça a (re)produção de formas históricas e complexas de exclusão social e violências estruturais, mas nosso imaginário social, político e econômico continua preso a esse engano.

Desde o século XX, há um imperativo global do desenvolvimento, em que algumas áreas do mundo foram classificadas como desenvolvidas e as demais como "áreas subdesenvolvidas". Como Acosta (2016) aponta, o "desenvolvimento" representa uma forma de imperialismo e nos foi apresentado como a solução para os problemas civilizatórios, a partir do uso intensivo de tecnologias e valores universais. Contudo, esse modelo estabeleceu e consolidou uma estrutura de dominação dicotômica: "desenvolvido-subdesenvolvido, pobre-rico, avançado-atrasado, civilizado-selvagem, centro-periferia" (Acosta, 2016, p. 46). Também nos impôs valores oriundos da concepção de progresso civilizatório europeu – expansionista, persuasivo e destrutivo –, fazendo-nos negar nossas raízes históricas e culturais em nome da modernização (Acosta, 2016). Vandana Shiva (2020) nos lembra ainda, em seu texto "Soluções locais para um problema global", que vivemos uma recolonização a partir da globalização. Ao manter os dispositivos antigos de dominação, o que temos é a colonização da vida, ou seja, uma apropriação do valor intrínseco dos seres vivos (humanos e não humanos) e de seus futuros (Joubert; Alfred, 2020).

Nesse contexto, a identificação e a compreensão de respostas alternativas aos processos hegemônicos de desenvolvimento social, econômico, político, ambiental e cultural adquirem hoje uma relevância inequívoca perante a constatação da finitude dos recursos naturais e do planeta Terra, da significativa queda de indicadores de bem-estar e da ameaça de extinção dos povos e culturas tradicionais. A conexão entre economia, sociedade, ecologia e política constitui, portanto, uma das questões mais desafiadoras que as políticas públicas locais e globais têm de lidar (Catalise, 2016; Marques, 2023).

Carl Folke, cientista ambiental do Centro de Resiliência de Estocolmo, em um texto publicado, em 2013, no relatório *The State of the World*, sugere que o cerne do desafio que a humanidade terá de enfrentar para manter sua própria existência é a compreensão da passagem do Holoceno – época geológica iniciada há cerca de 10 mil anos, em que havia relativa estabilidade, que permitiu o florescimento de nossa espécie, a criação de civilizações e a agricultura – para o Antropoceno, época em que o ser humano passou a ser a força geológica determinante das condições de vida na biosfera (Folke, 2013; Ehlers, 2006).

Preocupado em descrever o real impacto do Antropoceno em nossas estruturas sociais, econômicas e de governança, em 2009, um grupo de 28 pesquisadores do Centro de Resiliência de Estocolmo, liderados pelo diretor científico do instituto, à época, Johan Rockström, propôs o modelo chamado Limites Planetários (Rockström *et al.*, 2009a; 2009b), amplamente reconhecido pela comunidade científica mundial. O grupo identificou nove processos geofísicos críticos que regulam a estabilidade e a resiliência do Sistema Terra[1] – e são fundamentais para a manutenção da vida humana –, chamados de serviços ecossistêmicos: mudanças climáticas, destruição do ozônio estratosférico, acidificação oceânica, interferência nos ciclos do fósforo e do nitrogênio, perda da biodiversidade, mudanças no uso do solo, mudanças no uso global de água doce, poluição química (novas entidades) e nível de aerossol atmosférico. Em seguida, foram calculados limites máximos de degradação desses processos – definindo, assim, o que ficou conhecido como zona segura de operação para a humanidade – que, se respeitados, provavelmente garantiriam a sobrevivência humana, evitando que a civilização se mova em direção a uma zona de incerteza (de colapso ou de mudanças ambientais irreversíveis).

As análises estimaram limites planetários para sete dos noves processos, os outros dois (poluição química e nível de aerossol atmosférico) não puderam ser medidos por falta de conhecimento disponível. Até 2009, três desses limites foram transgredidos: os que se referem às mudanças climáticas, à interferência no ciclo do nitrogênio e à perda

1 O termo "Sistema Terra" – ou "sistema terrestre" – refere-se à compreensão do planeta Terra como resultante da interação complexa entre cinco subsistemas (também chamados "esferas da Terra"): atmosfera, hidrosfera, biosfera, criosfera e geosfera (IGPB, 2023, My NASA Data, 2023). Por sistema, simplificadamente, deve-se compreender "[...] um grupo de partes interativas, inter-relacionadas ou interdependentes que trabalham juntas para formar um todo complexo" (My NASA Data, 2023). Ainda segundo a agência norte-americana, essa interação assegura o equilíbrio do conjunto, sendo que uma mudança radical em um subsistema afeta os outros e o seu equilíbrio geral. Em sua compreensão contemporânea, o conceito "Sistema Terra" inclui a sociedade humana, isto é, os sistemas sociais e econômicos responsáveis, atualmente, pelas principais mudanças no sistema terrestre (IGBP, 2023).

da biodiversidade (Rockström *et al.*, 2009a; 2009b). Em pouco mais de uma década, em janeiro de 2022, novas análises realizadas por 14 cientistas demonstraram que o limite "poluição química" foi ultrapassado (Persson *et al.* 2022).

Paralelo aos esforços científicos descritos muito brevemente acima, em 2015, na 8ª Conferência das Nações Unidas Sobre Meio Ambiente e Desenvolvimento, foram instaurados, por meio da Agenda 2030, 17 Objetivos do Desenvolvimento Sustentáveis (ODS) e 169 alvos principais para concretizá-los (ONU, 2015). Os ODS são uma tentativa de solucionar problemas essenciais enfrentados no planeta (fome, pobreza, escassez de água, desigualdade de gênero e renda, crise climática, fragilidade democrática etc.), explicitando que a sustentabilidade não está atrelada apenas às questões ambientais e econômicas, e sim, às múltiplas dimensões sociais, políticas, culturais e à promoção da paz, igualdade e justiça social.

Os Limites Planetários, propostos pelo grupo de Estocolmo, e os ODS possuem uma evidente interdependência, fato que motivou a economista Kate Raworth a elaborar um *framework* chamado Doughnut Economics,[2] no qual acopla ao modelo dos Limites Planetários, 12 processos sociais chave para o bem-estar humano. Este *framework* teve grande repercussão global por estabelecer um teto ambiental e um limite inferior para um conjunto de indicadores necessários para que a humanidade possa prosperar, criando assim uma plataforma teórica e prática, com potencial de unificar pensadores e ativistas de diversas áreas em torno do desafio de se estabelecer uma nova teoria econômica e social, que considere a Terra como um sistema socioecológico e seja capaz de conduzir a humanidade para um desenvolvimento sustentável e regenerativo.

Imaginando culturas regenerativas

Essa contextualização sobre um estado de colapso planetário, nunca antes vivenciado pela espécie humana e com intensidade e im-

2 Economia Donut (N.E.).

plicações parcialmente conhecidas, revela que o conceito de desenvolvimento sustentável transcende o viés estritamente ambiental e alcança uma dimensão ampla de ética, governança, cidadania e sobrevivência globais. Portanto, torna-se evidente a necessidade de novos pensamentos, formas de ação e arranjos organizativos no âmbito do governo, mercado e sociedade que permitam:

- impulsionar uma transformação social, econômica, política, ambiental, cultural e epistemológica capaz de construir sociedades sustentáveis e regenerativas;

- compreender que a restrição de acesso a recursos ambientais e sociais, em nível global, nos levará a buscar soluções criativas e efetivas no âmbito local, o que demanda uma capacidade de promover o desenvolvimento social orientado à regeneração sistêmica, o que, por sua vez, leva-nos à necessidade de fortalecer iniciativas locais/comunitárias protagonizadas pela sociedade civil organizada.

Para "adiarmos o fim do mundo" (Krenak, 2019), precisamos contar novas histórias, territorializar nossas ações e compreender que, na situação em que estamos, "vamos cair". Para isso precisaremos de paraquedas forjados a partir dos nossos sonhos e relembrar que somos natureza.[3]

A construção dessas novas utopias pode se inspirar, por exemplo, no movimento de Culturas Regenerativas. David Orr, no prefácio do livro *Design de culturas regenerativas* (Wahl, 2019), diz que essa palavra significa um compromisso com os processos de vida inerentes aos sistemas ecológicos. Isso implica em assumir a responsabilidade do cuidado com a fauna, flora, solos, água, tornando-os "sujeitos partici-

3 No livro *Ideias para adiar o fim do mundo*, Ailton Krenak abre nossos olhos ao relembrar que passamos a nos ver separados da Terra, como humanidade, e esse é um dos maiores perigos contemporâneos, que está na gênese do processo de desenvolvimento ocidental hegemônico. "Eu não percebo onde tem alguma coisa que não seja natureza. Tudo é natureza. O cosmos é natureza. Tudo em que eu consigo pensar é natureza." (Krenak, 2019, p. 10).

pantes" da vida pública. Portanto, o princípio fundamental derivado da visão regenerativa (pode-se dizer também da consciência e ética ecológicas) é que precisamos reintegrar a forma como atendemos nossas necessidades coletivas (habitação, mobilidade, geração de energia, uso de água, gestão de resíduos etc.) e como produzimos e compartilhamos valores, com as leis básicas da ecologia.

Wahl afirma: "Nosso design e tecnologia precisam estar alinhados à maneira como a vida e os sistemas vivos são estruturados e como eles mantêm suas funções vitais em apoio aos indivíduos e a todo o sistema" (2019, p. 198). O autor sugere, ainda, que criar culturas regenerativas é escolher o caminho da integração e cooperação focada no bem-estar, na saúde, na felicidade, na igualdade e na cocriação de um futuro melhor para os seres humanos e não humanos. Essa leitura desconstrói a própria percepção individualista de prosperidade social, pois nosso compromisso existencial é com toda a comunidade da vida (Wahl, 2019).

Outra fonte de inspiração – mais um dos múltiplos "paraquedas" que podemos utilizar –, é o conceito de Bem Viver, visão de mundo ameríndia que se contrapõe ao modelo de desenvolvimento ocidental capitalista alicerçado: na acumulação de riqueza e na apropriação dos bens comuns (*commons*);[4] no imediatismo e na indiferença generalizada à noção de limite; na visão da natureza como recurso;[5] e no desacoplamento entre crescimento econômico, bem-estar e preservação ecológica. Acosta (2016) ensina que o Bem Viver é uma visão pós-desen-

---

4 Nota da editora: o termo *commons*, frequentemente traduzido por "bens comuns" ou simplesmente "comuns" (do inglês *commons*) denomina um conjunto de recursos, naturais ou culturais, que são compartilhados por um grupo de pessoas denominados *commoners*. O termo – tradicionalmente usado em economia para designar bens naturais, tais como as florestas, os rios e o ar – evoluiu com o tempo para ser empregado em outros domínios, como o conhecimento humano e as infraestruturas urbanas." (Santa Fé [...], 2023).

5 David Kopenawa, a partir de seu lugar de enunciação, usou a metáfora da "queda do céu" para descrever, em primeira pessoa e em linguagem própria, como a catástrofe do desenvolvimentismo – e do Antropoceno – está sendo vivenciada em forma de sofrimento por seu povo. O pajé yanomami nomeia os brancos como "o povo da mercadoria".

volvimentista – que se difere, inclusive, de propostas heterodoxas (ou alternativas) de desenvolvimento –, fruto de uma longa luta histórica empreendida por povos e nacionalidades indígenas marginalizados, explorados e, em alguns casos, dizimados. É uma manifestação evidente da força de resistência dos povos originários do Sul Global.

A professora indígena brasileira Cristine Takuá (2018) descreve o Bem Viver – que em guarani se fala Teko Porã – como um conceito filosófico, político, social e espiritual que faz referência à grande Teia da Vida, na qual os seres vivem em equilíbrio, respeito e harmonia. Para os povos indígenas a natureza é quem dá sentido à vida e, como tudo está interligado, seu poder está em nos direcionar e mostrar o caminho. As práxis das Culturas Regenerativas e Bem Viver não são os únicos caminhos disponíveis para transição para uma sociedade justa e ecologicamente segura. Naturalmente, elas se somam aos saberes periféricos oriundos da cultura da favela e das comunidades tradicionais existentes por todo o mundo, assim como às propostas de movimentos como *transition network* (Hopkins, 2008), *great transition network* (Raskin, 2016), economia donut (Raworth, 2019), decrescimento, ecofeminismo, ecocentrismo e desglobalização (cf. Solón, 2019; Lang; Dilger e Pereira Neto, 2016).

Alinhado às diversas visões de mundo e de organização coletiva descritas brevemente nesta introdução, propomos o conceito de inovação socioecológica[6] (cf. Olsson e Galaz, 2012) como uma noção direcionadora de nosso agir no mundo, capaz de conectar os saberes das pesquisas em desenvolvimento social e dos sistemas ecológicos. A inovação socioecológica é um tipo de inovação social concretizada por meio de uma nova estratégia, conceito, desenho institucional, modelo organizacional, prática, processo, tecnologia e ideia que melhore o ajuste entre a preservação dos ecossistemas e os sistemas de governança,

6 Esta definição guarda estreita semelhança com o conceito contemporâneo de Soluções Baseadas na Natureza (SbN). "As SbN apontam para o aprendizado com os ciclos naturais, para restabelecermos processos de regeneração, fechando nossos ciclos produtivos e garantindo que os custos sociais e ambientais sejam incluídos e cuidados ao longo de cada processo" (Machado, 2022, p. 20).

ajudando a pensar em novos caminhos sustentáveis e contribuindo para a resiliência geral dos sistemas socioecológicos (Olsson e Galaz, 2012).

Pesquisas têm sugerido que diversas iniciativas socioecológicas surgem em *nichos de inovação de base*, isto é, em espaços seguros para se experimentar novas tecnologias, práticas e valores que, em grande parte das vezes, estão direcionados para o desenvolvimento regenerativo (Seyfang e Smith, 2007; Roysen e Mertens, 2016; Hossain, 2016; e Feola e Nunes, 2014). Geralmente, essas inovações se diferenciam de inovações mercadológicas, pois: (i) a motivação do nicho é derivada de uma necessidade social real e não para gerar lucro; (ii) o espaço protegido dos nichos é criado e sustentado por meio dos valores e da cultura; (iii) a sua propriedade e gestão é coletiva; (iv) elas dependem de cooperação e ajuda mútua; e (v) operam no contexto local (HOSSAIN, 2016).

Tecendo práxis regenerativas

Esta publicação reúne 12 capítulos dedicados a tornar visíveis iniciativas e reflexões interdisciplinares, ancoradas na realidade brasileira, com potencial de promover inovações socioecológicas inclusivas e geradoras de bem-estar social no Sul e Norte globais. De certo modo, todos autores e autoras constroem suas narrativas partindo de um sentimento compartilhado: a sensação de desmoronamento de nosso mundo comum, de nossa casa comum. "Gritam" a seu próprio modo – com sua própria voz, materializada pelos diversos modos de compreensão, enunciação e de produção de conhecimento expressos nesta coletânea. São vozes que buscam descrever o que, verdadeiramente, já estamos sentindo: os graves impactos gerados pela convergência das crises social e ecológica.

Na primeira seção, os textos refletem sobre a base de qualquer transformação individual ou coletiva: a educação. São propostas e estudos de caso voltados para o desenvolvimento de culturas regenerativas. Abordam a temática "Educação, ecologia e gamificação", chamando a atenção para o potencial das ações educativas centradas na alfabetização ecológica e em experiências lúdicas e corporais que nos desafiam, obrigando-nos a sair de nossa zona de acomodação.

Na segunda seção, a resistência proposta é forjada no campo temático da "Cultura organizacional, novos arranjos colaborativos e investimentos de impacto". O título dessa seção aponta para a importância do debate sobre práticas organizacionais – nas esferas governamentais, do terceiro setor, nas iniciativas privadas –, promotoras de justiça social, econômica e ambiental, bem como para a discussão sobre finanças sustentáveis e ética corporativa em tempos de ameaça existencial engendrada pelo capitalismo financeiro, global e dominado pelas grandes corporações (Marques, 2023). Os debates e iniciativas apresentados propõem mudanças culturais na estrutura e nas instituições que (re)produzem valores na sociedade, na economia e no marketing, em busca de arranjos sustentáveis, colaborativos e regenerativos.

A terceira seção inspira e nos convoca – a você, que está lendo, aos autores e a nós, organizadores – ao amor em ação, a ressignificar o exercício da autonomia e a (re)unir redes locais e movimentos sociais em práticas regenerativas. Os textos trazem à tona o debate sobre políticas de desenvolvimento territorial e ambiental alicerçadas na participação popular, na diversidade dos modos de existência, no empoderamento econômico e na inclusão, destacando o papel do amor como sentimento mobilizador de uma ação política movida pelo cuidado mútuo (hooks, 2021). Abordam, ainda, o debate sobre a relevância dos movimentos sociais de base – os movimentos populares –, protagonizados por coletivos, construídos historicamente como minorias sociais, entre eles os povos ameríndios, que representam a grande resistência ("re-existência") e força capazes de nos mover para a construção de sociedades e culturas regenerativas, nas quais os modelos de produção, distribuição e consumo sejam comunitários, solidários e baseados na preservação dos bens comuns.

Aspiramos que a leitura deste livro inspire a todos e todas nós, regenerantes de Gaia,[7] e que as reflexões e casos apresentados possam contribuir para resgatar e salvaguardar experiências, práticas, identidades e saberes locais; contribuir para repensar padrões de governança, culturas institucionais, políticas públicas e marcos legislativos; para dis-

7 Belíssima expressão utilizada por Fabio Scarano (2019) no livro homônimo.

seminar conhecimento que permita diminuir a distância entre os níveis de planejamento local; para alinhar as estratégias *top-down* (focadas na escala macro) e *bottom-up* (focadas na escala local), a fim de fortalecer as bases de um desenvolvimento regenerativo; para criar referências para a transferência e escalabilidade das iniciativas apresentadas; para aprofundar o engajamento da sociedade nas iniciativas descritas; e para mobilizar ações para a manutenção de tais experiências.

Referências bibliográficas

ACOSTA, A. **O bem viver**: uma oportunidade para imaginar outros mundos. São Paulo: Elefante, 2016.

CATALISE. **Experimentação socioecológica:** novos caminhos para a participação no desenvolvimento local sustentável e integral. Lisboa: CATALISE, 2016.

EHLERS, E. **Earth system science in the anthropocene**. Berlin: Springer, 2006.

FEOLA, G.; NUNES, R. Success and failure of grassroots innovations for addressing climate change: the case of the Transition Movement. **Global Environmental Change**, [S. l.], v. 24, p.232-250, 2014. DOI: 10.1016/j.gloenvcha.2013.11.011.

FOLKE, C. Respeitando os limites planetários e nos reconectando à biosfera. In: ASSADOURIAN, E.; PRUGH, T. (org.). **Estado do mundo 2013**: A sustentabilidade ainda é possível? Salvador: Editora UMA, 2013.

HOPKINS, R. *et al.* **The transition handbook**. Totnes: Green Books, 2008.

HOOKS, bell. **Tudo sobre amor**: novas perspectivas. São Paulo: Elefante, 2021.

HOSSAIN, M. Grassroots innovation: a systematic review of two decades of research. **Journal of Cleaner Production**, Amsterdam, v. 137, p. 973-981, 2016.

IGBP – International Geosphere-Biosphere Programme. **Earth system definitions**. [S. l., 2012]. Disponível em: http://www.igbp.net/globalchange/earthsystemdefinitions.4.d8b4c3c12bf3be638a80001040.html. Acesso em: 19 dez. 2023.

IPCC – Painel Intergovernamental sobre Mudanças Climáticas. **Aquecimento global de 1,5°C**: Relatório especial do Painel Intergovernamental sobre Mudanças Climáticas (IPCC) sobre os impactos do aquecimento global de 1,5°C acima dos níveis pré-industriais e respectivas trajetórias de emissão de gases de efeito estufa [...]. Brasília, DF: PNUD: GEF: MCTIC, 2018. Brasil. Disponível em: https://www.ipcc.ch/site/assets/uploads/2019/07/SPM-Portuguese-version.pdf.Acesso em: 19 dez. 2023.

KRENAK, A. **Ideias para adiar o fim do mundo**. São Paulo: Companhia das Letras, 2019.

JOUBERT, K. A.; ALFRED, R. (org.). **Além de você e de mim**: inspiração e sabedoria para construir uma comunidade. Rio de Janeiro: Roça Nova, 2020.

LANG, M.; DILGER, G.; PEREIRA NETO, J. (org.). **Descolonizar o imaginário**. São Paulo: Fundação Rosa Luxemburgo, 2016.

MACHADO, G. **Somos natureza**: soluções baseadas na natureza para o desenvolvimento local. Rio de Janeiro: Bambual Editora, 2022.

MARQUES, L. **O decênio decisivo**: propostas para uma política de sobrevivência. São Paulo: Elefante, 2023.

MY NASA DATA. **About the Earth as a System**: Background Information. Disponível em: https://mynasadata.larc.nasa.gov/basic-page/about-earth-system-background-information. Acesso em: 19 dez. 2023.

MEADOWS, D. et al. **The limits to growth**. New York: Signet, 1972

OLSSON, P; GALAZ, V. Social-Ecological Innovation and Transformation. *In*: NICHOLLS, A.; MURDOCK, A. **Social innovation**: blurring boundaries to reconfigure market. London: Palgrave Macmillan, 2012. p. 223-247.

PERSSON, L. et al. Outside the safe operating space of the planetary boundary for novel entities. **Environmental science & technology**, Washington, D.C., v. 56, n. 3, p. 1510-1521, 2022. DOI: 10.1021/acs.est.1c04158.

RASKIN, P. **Journey to Earthland**. Boston: Tellus Institute, 2016.

RAWORTH, K. **Economia Donut**: uma alternativa ao crescimento a qualquer custo. Rio de Janeiro: Zahar, 2019.

ROCKSTRÖM, J. *et al.* A safe operating space for humanity. **Nature**, London, v. 461, n. 7263, p. 472-475, 2009a. DOI: 10.1038/461472a.

ROCKSTRÖM, J. *et al.* Planetary boundaries: exploring the safe operating space for humanity. **Ecology and Society**, Wolfville, v. 14, n. 2, 2009b. Disponível em: https://www.jstor.org/stable/26268316.

ROYSEN, R; MERTENS, F. Difusão de práticas sociais sustentáveis em nichos de inovação social de base: o caso do movimento das ecovilas. **Desenvolvimento e Meio Ambiente**, Curitiba, v. 39, p. 275-295, 2016. DOI: 10.5380/dma.v39i0.46673.

SCARANO, F. R. **Regenerantes de Gaia**. Rio de Janeiro: Dantes, 2019.

SEN, A.; KLIKSBERG, B. **As pessoas em primeiro lugar**: a ética do desenvolvimento e os problemas do mundo globalizado. São Paulo: Companhia das Letras, 2010.

SEYFANG, G., SMITH, A. Grassroots innovations for sustainable development: Towards a new research and policy agenda. **Environmental politics**, [S. l.], v. 16, n. 4, p. 584-603, 2007. DOI: 10.1080/09644010701419121.

SHIVA, V. Soluções locais para um problema global. In: JOUBERT, K. A.; e ALFRED, Robin. **Além de você e de mim**. Rio de Janeiro: Roça Nova, 2020. p. 330-338.

SOLÓN, P. (org). **Alternativas sistêmicas**: bem viver, decrescimento, comuns, ecofeminismo, direitos da Mãe Terra e desglobalização. São Paulo: Elefante, 2019

TAKUÁ, C. Teko Porã: o sistema milenar educativo de equilíbrio. **Rebento**, São Paulo, n. 9, p. 5-8, 2018. Disponível em: https://www.periodicos.ia.unesp.br/index.php/rebento/article/view/266.

ONU – Organização das Nações Unidas. **The Future We Want**: Outcome document of the United Nations Conference on Sustainable Development. Rio de Janeiro: ONU, 2012. Disponível em: https://sustainabledevelopment.un.org/content/documents/733FutureWeWant.pdf. Acesso em: 9 maio 2023.

ONU – Organização das Nações Unidas. **Transforming our world**: the 2030 Agenda for Sustainable Development. New York: ONU, 2015. Disponível em: https://sustainabledevelopment.un.org/content/documents/21252030%20Agenda%20for%20Sustainable%20Development%20web.pdf. Acesso em: 9 maio 2023.

WAHL, D. C. **Design de culturas regenerativas**. Rio de Janeiro: Bambual Editora, 2019.

O GAIA EDUCATION EM GAIA

Emmanuel Khodja

Palavras não bastam

Já faz tempo que o tema da sustentabilidade deixou de ser ativismo de organizações não governamentais (ONGs) verdes e tem estado presente nas pautas e discursos de governos, empresas, projetos, empreendimentos e os ditos negócios de impacto, com responsabilidade social, socioeconômica, socioambiental ou qualquer outra bela associação de palavras.

Palavras, retóricas, discursos e teorias que permeiam famosas conferências, painéis, cúpulas, fóruns, convenções e protocolos, especialistas em negociar normas internacionais e acordos globais multilaterais que resultam muitas vezes em: metas ignoradas, objetivos desrespeitados, mecanismos de desenvolvimento questionáveis, políticas unilaterais e pactos tendenciosos.

Sem desmerecer a fundamental importância do diálogo em todos os setores e todas as escalas para a (mínima) satisfação das necessidades humanas e a construção de um vocabulário e uma linguagem comum em torno da sustentabilidade, vimos as últimas três ou quatro décadas serem pouco mais do que isso: um diálogo de muita retórica e de pouca transformação; de muita discussão, debates e embates que geraram mais relatórios do que ações.

A convergência das múltiplas crises já citadas na introdução deste livro tem seus efeitos visíveis a olhos nus, embora sejam constantemente encobertos por lentes obscurantistas e desacreditados pelas narrativas econômicas de adoração à "divindade lucro" e suas doutrinas "neolibertinas", insubmissas a qualquer palavra de respeito ao bem-estar de todas as formas de vida (que fique claro: inclusive a humana). Esse tal de bem-estar humano parece que sempre foi um empecilho ao desenvolvimento, vide séculos de cultura escravocrata que ainda assombram milhares (possíveis milhões) de adultos e crianças detidas em "porões" de desumanidade mercadológica.

Enquanto nem os direitos humanos se consolidam como uma conquista moderna, seria ingênuo acreditar que uma defesa aos "Direitos da Natureza" possa ser devidamente assegurada. As falas sobre o direito "da vida" neste planeta são hábil e rapidamente distorcidas para o direito "dos humanos" sobre este planeta. As falas sobre sustentabilidade, frequentemente ilustradas pelo slogan "Save the Planet", revelam em si uma falácia antropocêntrica: não é o planeta que de fato estamos preocupados em salvar, mas nossa espécie.

Quando não foi mais possível negar que a Terra não é plana e nem ocupa o centro do universo, nossa espécie disfarçadamente reeditou a doutrina geocêntrica para uma conveniente versão antropocêntrica, mantendo-se no centro das atenções, defendendo a teoria de que somos a espécie terráquea "topo de linha", e assim tentando justificar a exploração (ou degradação) da natureza como não apenas um privilégio humano, mas também como uma orgulhosa "missão científica".

Curiosamente, quando essa mesma ciência começou a deflagrar nossos equívocos em diversas publicações e relatórios (por exemplo: o livro *Primavera silenciosa*, de Rachel Carson, em 1962; o relatório *Limites ao crescimento*, em 1972; *Nosso futuro comum*, em 1987; IPCC, em 1988 etc.), então ela, oportunamente, já não era mais tão digna de confiança. Quando não foi mais possível esconder os alarmantes dados sobre alterações climáticas, perda de biodiversidade, esgotamento de recursos naturais etc. com suas iminentes e eminentes consequências sócio-econômico-ambientais, parece que o melhor que se pode fazer foram novas conferências (como a Conferência das Nações Unidas sobre o Meio Ambiente e o Desenvolvimento – Rio-92), que resultaram em...? Novas palavras.

Carta da Terra, Agenda 21, Protocolo de Quioto 97 e, já mais atualmente, a Agenda 2030 são alguns exemplos de esforços globais que, embora úteis e bem-intencionados, não parecem surtir os efeitos na escala almejada. Por vezes, até mesmo o oposto: a ausência de resultados significativos para lidar com as urgentes crises planetárias, gerou em muitos um sentimento de descrença, uma sensação de *greenwashing* político e a percepção de que os governos e seus patrocinadores corporativos – no melhor espírito de capitães da embarcação Terra – estão dispostos a afundar com ela.

É nesse contexto, de sadia desilusão ao aparecimento de soluções vindas destes atores, que as diversas sociedades civis organizadas e os chamados "Criativos Culturais"[8] assumem o protagonismo da transformação de nossos paradigmas culturais. Embalados, nas palavras de Paul Hawken (2007), por uma "abençoada inquietude" e frequentemente ignorados pela grande mídia, eles seguem quase que silenciosamente se multiplicando e amorosamente conspirando pela emergência de uma nova abordagem regenerativa, desta vez sabiamente biocêntrica e acertadamente reposicionando a humanidade ao seu devido lugar: como parte da natureza e, assim, inevitavelmente atrelada às mesmas consequências – e destino – dessa.

O surgimento do Gaia Education

Na vanguarda desse movimento, em 1991, ainda nos momentos históricos que antecederam a famosa Rio-92, o casal Robert e Diane Gilman publicou um estudo chamado *Ecovilas e Comunidades Sustentáveis* (1991), fruto de uma pesquisa encomendada pela Gaia Trust, uma associação filantrópica, fundada na Dinamarca em 1987 pelo casal Ross e Hildur Jackson, com a intenção de apoiar, por meio de recursos e ações proativas, a transição para uma sociedade mais sustentável e espiritualizada.

Tendo pesquisado e visitado diversas comunidades ao redor do mundo, o casal Gilman concluiu em seu estudo que ainda não havia um modelo ideal de comunidade sustentável. Porém, analisando e juntando o melhor de cada iniciativa, seus acertos e fracassos, experiências bem-sucedidas e tecnologias inovadoras em diversas áreas, era possível montar um panorama que apontava para a visão de uma nova

8 RAY, P. H.; ANDERSON, S. R. A. **The Cultural Creatives**: How 50 Million People are Changing the World. New York: Three Rivers Press, 2000.

cultura e estilo de vida, que poderia ser sistematizada em um modelo valioso para a humanidade.

No mesmo ano, Robert Gilman publica um artigo no qual ele descreve o conceito de uma Ecovila como:

> Um assentamento completo e em escala humana, no qual as atividades humanas sejam integradas inofensivamente ao mundo natural, de forma que apoiem o desenvolvimento humano saudável e possam ser continuadas com sucesso no futuro indefinido (Gilman, 1991, p. 10).

Ainda em 1991, a mesma Gaia Trust sediou na Dinamarca um encontro com representantes de diversas destas comunidades para pensar estratégias de desenvolvimento e aplicação do conceito de ecovilas. E, em 1995, na ecovila Findhorn, no norte da Escócia, foi realizada a primeira conferência internacional com membros de ecovilas, intitulada "Ecovilas e Comunidades Sustentáveis para o século XXI", oficializando também a criação da Global Ecovillage Network (GEN) – em português, Rede Global de Ecovilas –, posteriormente ramificada em regionais continentais.

A partir de então, diversos treinamentos (seja para a formação e o design de ecovilas ou para difundir suas tecnologias em diferentes áreas) foram disseminados em várias localidades do mundo, liderados por facilitadores especialistas em suas áreas de atuação. No Brasil, já por volta de 2002, a brasileira May East organizou o Treinamento em Ecovilas, em módulos dispersos por várias comunidades intencionais brasileiras (algumas tão antigas ou mais do que as que já compunham a GEN), abrangendo cerca de oito áreas de ação humana que foram então consideradas fundamentais para implantação de um modelo mínimo de sustentabilidade em qualquer assentamento, a saber: Comunicação, Governança, Ecologia, Economia, Educação, Saúde, Cultura e Espiritualidade.

Mas só alguns anos depois, em 2005, foi fundado o Gaia Education, uma organização sem fins lucrativos, que além de estar conectada com a propagação do modelo de ecovilas, foca no aspecto educacional dos projetos e treinamentos para Sustentabilidade. Embora também patrocinada pela Gaia Trust e liderada por May East, o Gaia Education desde o início contou com a força de um coletivo de cerca de 23 educadores (muitos provenientes do mundo das ecovilas, especialmente no Norte Global) que se nomeou como GEESE – um acrônimo para *Global Ecovillage Educators for a Sustainable Earth* (Educadores Globais de Ecovilas para uma Terra Sustentável), mas também uma alusão aos "gansos"[9], reverenciando a sabedoria dessa espécie em potencializar o "voar juntos", revezando a liderança e agindo colaborativamente uns com os outros, referência utilizada até hoje nos programas educacionais do Gaia Education.

Inicialmente, o Gaia Education focou em aprimorar e difundir um currículo que já vinha sendo experienciado e sistematizado desde 1998 por esses e outros educadores e que ficou conhecido como o programa *Ecovillage Design Education* – EDE (Educação para o Design de Ecovilas), tendo sido lançado quando a GEN completava dez anos. Em pouco tempo, o programa decolou e aterrissou em diversos países do mundo, com um modelo de chancela e certificação local que facilitou sua rápida difusão e reaplicação, seja em comunidades intencionais, favelas urbanas, universidades ou centros de treinamento.

Gaia Education no Brasil

No Brasil, o primeiro EDE aconteceu em 2006, dentro do Parque do Ibirapuera, na cidade de São Paulo, na Universidade Aberta do Meio Ambiente e Cultura de Paz (UMAPAZ) – que também iniciou suas atividades naquele mesmo ano. Foi realizado em parceria com o Programa Ecobairro, Ecovila São Paulo e a Secretaria Municipal do Verde e do Meio Ambiente da Prefeitura de São Paulo. Como um programa patrocinado, o EDE São Paulo formou naquele primeiro ano uma turma de 101 novos "gansos", que em breve estariam levantando voo para espalhar e consolidar o programa em outras localidades brasileiras, como Rio de Janeiro, Rio Grande do Sul, Santa Catarina, Paraná, Minas Gerais, Brasília, Bahia, Amazônia, entre outras.

Vale destacar que a criatividade brasileira já aparecia no momento em que o programa aterrissou por aqui, fazendo uma releitura de seu formato, que originalmente havia sido desenhado para acontecer dentro de ecovilas, de forma imersiva e com quatro semanas de duração. No Brasil, o primeiro EDE de 2006 já chegou sendo exitosamente

---

9 *Geese* é uma palavra inglesa que significa gansos.

adaptado para o contexto urbano e não imersivo, fazendo uma tradução cultural e contextual que dialogava diretamente com a realidade da maioria dos participantes, oferecendo caminhos para a ação mesmo em um ambiente tão desafiador como uma grande metrópole.

Tal adaptação foi possível graças ao formato flexível da mandala curricular do EDE Gaia Education, que foi sabiamente organizada para conversar com os diferentes setores e contextos de nossa sociedade, expandindo os oito níveis de sustentabilidade comentados acima para pelo menos 20 temas, mas reorganizando-os em sintonia com o então já institucionalmente palatável tripé da sustentabilidade (Social, Econômico e Ecológico) nomeado por John Elkington (1998). Esses três temas "guarda-chuva", porém, não conseguiam abarcar toda a complexidade da interação e expressão humana e todo um conjunto de temas parecia estar sendo convenientemente esquecido de ser incluído nas conversas.

Essa é justamente uma das maiores contribuições do Gaia Education, talvez na época, para a sistematização de um modelo de desenvolvimento da sustentabilidade em diferentes esferas de atuação humana. Enquanto muitos depositavam suas esperanças de que a transformação civilizatória fosse proveniente, ou da ação de governos e implementação de políticas nacionais e supranacionais, ou da força econômica das empresas e do capital corporativo, ou, ainda, do poder do desenvolvimento de soluções tecnológicas inovadoras, o Gaia Education conseguiu nomear o "elefante na sala" e destacar a importância de adicionar uma quarta dimensão ao famoso tripé da sustentabilidade, a dimensão Visão de Mundo (*Worldview*).

A inclusão desta quarta dimensão formou, então, um modelo 4D que pode ser facilmente entendido por estudantes ou estudiosos, ao mesmo tempo que incluiu diversos tópicos (até hoje) indigestos para a academia e a ciência de forma geral: Espiritualidade, Transformação da Consciência, Visão Holística, Culturas Ancestrais, Reconexão com a Natureza, Cura Pessoal e Planetária e outros. Essas temáticas transversais e fundamentais não possuem nem a nomenclatura, nem o caráter objetivo, quantitativo e cartesiano que a tradicional ciência – majoritariamente mecanicista positivista – se sente confortável em abordar (com diversas exceções, claro).

Ainda assim, nessa dimensão de assuntos imateriais e por vezes quase intangíveis, reside adormecida a própria tangibilização da viabilidade das mudanças. Ao falar sobre a "Visão de Mundo" que escolhemos adotar enquanto civilização, como lentes para a leitura da realidade ou telescópio para procura de novos horizontes e futuros desejáveis, o Gaia Education faz um convite para o ato de "olhar", incluindo o olhar para "dentro"!

Joanna Macy e Molly Brown (1998) sugerem que, para que a Grande Virada aconteça, – a transição de uma sociedade que destrói a vida para uma que sustenta a vida –, são necessárias três dimensões de atuação simultâneas: Ações de Contenção (que buscam interromper o que esteja causando dano à vida); Novas Estruturas (que criam tecnologias alternativas ao *modus operandi* usual); e Transformação da Consciência (com assimilação de novos valores e conexão à teia da vida).

Essa última nos lembra que, se quisermos que uma mudança de paradigma aconteça, é fundamental que ela seja embasada e fomentada por uma mudança de valores e princípios. Não sairemos de um paradigma de séculos de dominação, exploração e competição, sem reorientar nossa visão de mundo para uma cultura de parceria, cuidado e colaboração. Fazer esse trabalho interno é parte inegociável das mudanças para que a transição seja, não apenas impulsionada, mas também sustentada e consolidada pelas futuras gerações.

A vivência "gaiana"

Mas, curiosamente, se "dentro" de nós é o local que temos mais autonomia para promover mudanças (uma vez que não dependemos dos outros para isso), talvez esse seja também o local mais resistente a mudanças. Décadas de comportamentos e hábitos arraigados cristalizaram nossas crenças e couraças pessoais, fazendo com que nossa visão (inclusive a interna) esteja constantemente submetida a lentes epistemológicas de uma cultura patriarcal e capitalista que de forma eficiente segue nos ilustrando o significado de resiliência – mas infelizmente, pelo "lado avesso".

É óbvio que mudanças internas, por si só, não vão gerar um salto evolutivo civilizatório, pois precisarão ser materializadas em práticas, tecnologias, legislações e toda sorte de sistemas e ações humanas tangíveis nas diversas escalas sociais. Mas é preciso perceber que a política imperialista de um país (na macroescala nacional) é fruto também da visão colonialista de seus governantes (na microescala individual).

Contestar a doutrina do crescimento econômico, com seu consumismo inconsequente, passa por, também, trabalhar os limites internos à infantil necessidade de satisfação imediata de nossos prazeres egoístas e egóicos. Não podemos ser demagogos em pedir o fim das guerras internacionais enquanto mantemos nossas guerras e violências privadas em casa ou no trabalho, ou mesmo em conflitos internos que alimentam nosso autoterrorismo psicoemocional. Não adianta sermos os primeiros a nos levantar em favor do bem-estar da natureza, se diariamente cometemos atentados a nossa saúde física e mental, em atos de negligência e intoxicação da natureza mais íntima e próxima de nós, que é nosso próprio corpo.

Mesmo com esses exemplos simplistas, notamos que o padrão – na micro ou macro escala – é bastante similar: não cuidar de nossa "casa" interna e externa. Assim, confirmamos que a mudança pessoal – que supomos ser a de maior autonomia – não pressupõe ser a de maior facilidade.

Mas mudanças internas e pessoais não precisam ser solitárias. A transição individual pode ser acelerada e potencializada por meio de processos coletivos, pois em grupo podemos aprender com os múltiplos olhares, o "poder com", o *feedback* colaborativo, o acolhimento da diversidade e tantas outras oportunidades de exercícios que fortalecem nossa musculatura para o desgastante exercício das mudanças evolutivas. Os programas do Gaia Education buscam justamente criar esse continente coletivo seguro, no qual as pessoas possam experimentar essas mudanças.

As ecovilas e comunidades intencionais são comumente nomeadas também como laboratórios de experimentação prática para tecnologias inovadoras em qualquer área (também chamados de nichos de inovação socioecológica), mas na dita "escala-humana", em que temos relações próximas o suficiente para serem afetivas e, portanto, nos afetarem. Em grupos de 20, 50 ou 100 pessoas podemos, por exemplo, prototipar mais facilmente sistemas de governança colaborativos, não hierárquicos e de participação direta, que, caso bem-sucedidos, podem ser sistematizados para, então, serem reaplicados e escalados para grupos maiores e em diversas instâncias.

A partir de experimentos empíricos, que incluem não apenas a observação, mas também o uso de todos nossos sentidos e da introspecção, ampliamos a formação do conhecimento para além do método científico ou da mera aplicação de teorias, sem desmerecer a importância desses também.

Evidentemente que, só participar de um programa do Gaia Education ou nomear-se uma pessoa "gaiana", não é o mesmo que integrar uma ecovila. Não obstante, é sim a possibilidade de estar em uma comunidade intencional de aprendizagem que, embora não seja um assentamento (onde compartilhamos a moradia em um mesmo território), envolve ter propósitos e sonhos em comum, compartilhar saberes e experienciar o senso de pertencimento a uma rede de agentes de transição civilizatória, criando zonas de influência regenerativa e, nas palavras de Daniel Wahl (2019), desenhando culturas regenerativas.

A redução da escala (famosa estratégia permacultural de experimentação inicial) também acontece no aspecto tempo, pois diferente do caráter permanente e de longo prazo de uma ecovila, um programa do Gaia Education tem um caráter temporário e de curto prazo, que embora possa não ser imersivo, é com certeza intensivo e intenso. Mas se o programa é sazonal, as mudanças são muitas vezes perenes.

Um exemplo de fala bastante frequente dos participantes dos cursos é que "o Gaia Education foi um divisor de águas em minha vida", o que parece ilustrar que as transformações vivenciadas são efetivamente consolidadas em cada um de nós. Isso levanta o questionamento: como que um processo formativo quase efêmero pode, por muitas vezes, ser mais "trans-formativo" ou impactante do que os anos que passamos fazendo uma faculdade?

Múltiplas respostas poderiam ser delineadas para buscar uma justificativa, como o uso de uma metodologia altamente vivencial, o conteúdo programático inovador e impactante, a construção de fortes laços e relações, a desconstrução de padrões disfuncionais que nos sobrecarregam sem nem percebermos etc. Cientes da rica diversidade de *backgrounds* e origens dos participantes dos cursos, possivelmente "nenhuma das alternativas anteriores" é a resposta para alguns e "todas as alternativas anteriores" para outros.

Mas também é um fato que a jornada de aprendizagem de cada participante, dentro dos programas, é única. Mesmo que o percurso oferecido seja "o mesmo", o motivo e a motivação de cada um não é. Cada um embarca nessa viagem com "uma bagagem" e um destino próprio, aberto às possibilidades de mudança de rota para chegar onde lhe fizer mais sentido ou, melhor ainda, onde lhe fizer mais sentir.

Nessa metafórica jornada destinada ao encontro de si próprio (de onde, na verdade, nunca saímos, mas facilmente nos perdemos), o Gaia Education é como um bom mapa que indica alguns "locais de interesse" – leia-se conteúdos relevantes – e conduz a visitação a eles. Propõe-se algo parecido com um "pacote de viagem" – leia-se um percurso guiado –, que funciona como uma curadoria de temas a serem estudados, aliada a uma poderosa experiência exponencial de aprendizagem que, em pouco tempo e com a força do coletivo, otimiza o que seria mais difícil sozinho.

Em poucos meses o participante consegue fazer um passeio pelos *hotspots* de cada área temática – ou mesmo territorial – e assim formar um belo retrato panorâmico de questões que precisam ser observadas para se fazer um design regenerativo.

Essas questões são como janelas temáticas nas quais a pessoa é convidada a colocar a "cabeça para fora" e vislumbrar o conteúdo. São apenas convites e ela que decidirá se quer mesmo "espiar lá fora", "só olhar de longe" ou, então, "pular a janela" para ir, não apenas ver, mas ouvir, cheirar, sentir com pés e mãos, com o tato cardíaco e todas suas faculdades sensoriais e racionais em um processo de sentir-pensar-agir. O Gaia Education faz o convite de, brevemente, conhecer esses espaços e desenvolver essas habilidades básicas. Porém, se a pessoa se interessar, poderá optar por vir visitar mais vezes, transformando essa janela em uma porta para aprofundar seus estudos nessa "área" e quem sabe até passar a habitar esse espaço, tornando-se uma "especialista" nesse campo de trabalho.

Tomar essas decisões são escolhas que cabem a cada um fazer individualmente. Na verdade, o próprio poder de escolha já é um aprendizado constantemente reforçado ao longo dos programas do Gaia Education, que repetidamente irá frisar sobre a importância e o impacto de nossas decisões, seja em um curso ou na vida, seja naquilo que compulsoriamente nós consumimos ou naquilo que anda nos consumindo, e que tenha de ser deixado de lado. São escolhas abrir ou fechar portas. Trilhar um caminho ou deixar de frequentá-lo.

Mas nossa intenção não é apontar os caminhos que a pessoa deva seguir. Em vez de focar na formação de seguidores, ideológicos ou midiáticos, o momento civilizatório crítico que vivemos demanda mais a formação de lideranças. Lideranças empoderadas para navegar nessa jornada evolutiva com seus próprios instrumentos e saberes locais, potencializadas pelas abordagens sistêmicas e tecnologias regenerativas, customizadas para cada realidade humana, cada singularidade cultural e individual.

O Gaia Education também não intenta vender uma ideia, nem um ideal ou uma ideologia. Não se pretende massificar, nem unificar uma visão de mundo "gaiana", mas sim diversificar as perspectivas, incentivando cada pessoa a ajustar o foco de suas próprias lentes para melhor enxergar que aspectos lhe trazem saúde e evolução, aplicando em si mesma os princípios da salutogênese.

Diferente das tradicionais abordagens pedagógicas e andragógicas focadas no ensino de algo, os programas do Gaia Education focam em alavancar o aprendizado seletivo, oferecendo um panorama de saberes relevantes, mas convidando cada pessoa a fazer sua própria curadoria de aprofundamento do conteúdo, auxiliando a curar a normose[10] crônica da qual sofremos e que nos faz achar que a patologia civilizatória que vivemos é normal. Ou, talvez, para além de sanar nossas mazelas atuais, o Gaia Education procura fortalecer nosso sistema imunológico para deixarmos de ser imunes à dor e ao sofrimento alheio, ao colapso dos ecossistemas vivos e ao esmaecimento da vida em cada um de nós.

Contudo, ressaltando uma visão crítica, cabe a compreensão de que a metodologia do Gaia Education tem suas limitações. Originada no Norte Global, ela traz um olhar e um prisma que muitas vezes pode não ser aderente às temáticas e necessidades do Sul Global. É, portanto, fundamental que cada grupo/território crie suas próprias soluções ou ao menos faça uma "tradução" metodológica – e mesmo programática –, caso queira aproveitar a perspectiva "gaiana" para promover processos regenerativos. Como assim bem fizeram no passado o "Gaia Amazônia", realizado na Vila Céu do Mapiá, no município de Pauini (AM), em uma das mais preservadas áreas da Amazônia ocidental bra-

---

10 Nota da editora: normose é "um conjunto de hábitos considerados normais pelo consenso social que, na realidade, são patogênicos e nos levam à infelicidade, à doença ou à perda de sentido na vida" (Leloup; Weil; Crema, 2003).

sileira; ou o "Gaia Brasilândia", realizado na comunidade homônima na região norte de São Paulo, onde vivem mais de 200 mil pessoas em situação de vulnerabilidade socioeconômica.

Mesmo que o Gaia Education busque atingir os diversos *locus* sociais – seja com programas específicos direcionados para comunidades periféricas ou com práticas inclusivas como bolsas e vagas sociais –, cabe reconhecer que ele ainda dialoga com um recorte específico de nossa sociedade, não sendo suficiente para abarcar todos os nichos ou responder às diversas questões e necessidades prementes ao desenvolvimento regenerativo em todas as escalas e culturas.

Interfaces do micro ao macro

Um dos princípios adotados pelo Gaia Education desde a sua fundação, inspirado pela sabedoria permacultural, é fazer o "trabalho de borda". Tomando emprestado da ecologia o conceito de ecótono – que, simplificando, é a região de encontro entre dois ambientes –, fazer o "trabalho de borda" é uma expressão que usamos para nos lembrar não apenas de valorizar a maior diversidade presente no encontro de ecossistemas e das culturas humanas, mas também de projetar nossos sistemas para ampliar as zonas de interface entre os mundos.

Das múltiplas aplicações e reflexões que podem derivar da expressão "trabalho de borda", pode-se destacar a constante busca do Gaia Education por atuar nas mais diferentes esferas e instâncias das comunidades humanas, desde pequenas vilas no interior de África às megaplenárias intergovernamentais das Organizações das Nações Unidas (ONU).

Ainda, em 2005, no ano de sua fundação, o programa EDE do Gaia Education foi reconhecido como uma das contribuições oficiais à Década Internacional da Educação para o Desenvolvimento Sustentável da ONU (2004-2014), com o endosso do Instituto para Treinamento e Pesquisa das Nações Unidas (UNITAR) e da Organização das Nações Unidas para a Educação, a Ciência e a Cultura (UNESCO).

Posteriormente, como uma ONG associada ao Departamento de Informação Pública da ONU, o Gaia Education participou do processo de sistematização dos Objetivos do Desenvolvimento Sustentável (ODS) e desenvolveu um conjunto de cartões ODS para facilitar o diálogo e implementação das metas, que foi reconhecido pela ONU como uma expressiva contribuição e traduzido para diversos idiomas. Também foi um dos 96 *Key Partners* (parceiros chave) do Programa de Ação Global em Educação para o Desenvolvimento Sustentável da UNESCO (*Global Action Programme on Education for Sustainable Development – GAP)* (UNESCO, 2018), propiciando essa possibilidade de dupla certificação para todos os organizadores de seus programas EDE mundo afora.

Em 2022, o Gaia Education recebeu o prêmio de Excelência em Educação para a Paz, no *Luxembourg Peace Prize Awards* (Prêmio da Paz de Luxemburgo) no âmbito do *World Peace Forum* (Fórum Mundial da Paz), o que nos relembra que o caminho para a paz mundial passa por criarmos condições de sustentabilidade para todos os povos, e vice-versa.

Indo para o outro extremo, além dessa atuação nas esferas institucionais internacionais, o Gaia Education também está presente em comunidades tradicionais e indígenas no Sul Global (como em África ou sudeste asiático), especialmente por meio da realização de seus programas *Project-Based Learning – PBL* (Aprendizagem Baseada em Projetos), que levam tecnologias e recursos para o desenvolvimento de habilidades e soluções locais para os desafios reais vivenciados por essas comunidades, muitas vezes em situações de vulnerabilidade crítica.

E no meio desse gradiente, cabe também citar a realização e/ou participação do Gaia Education em uma série de projetos nas mais diferentes áreas da sustentabilidade, em mais de 17 países da Europa, a maioria dos quais financiados pelo programa de Parcerias Estratégicas Erasmus+ da União Europeia e implementados em articulação com instituições acadêmicas, ONGs locais, redes, organizações nacionais e outros.

Outra linha de atuação do Gaia Education, inclusive no Brasil, envolve programas como o "Gaia Escola" e o "Gaia Jovem", que foram concebidos no intuito de apoiar as próximas gerações a atuarem efetivamente para a mitigação dos impactos e regeneração planetária.

Fazer o "trabalho de borda" também é isso: trabalhar com uma gama de públicos que vão desde refugiados, passando por estudantes, educadores, profissionais, empreendedores e até lideranças corporativas e gestores governamentais, sem nunca deixar de manter a abordagem "glocal" em foco.

O virtual também é "glocal"

Ainda por volta de 2014, o Gaia Education optou por criar uma versão do seu aclamado programa presencial EDE em formato *online* de educação à distância (inicialmente em inglês e português, e atualmente também em espanhol). O desafio de virtualizar uma jornada que era famosa pelas relações presenciais foi imenso e as dúvidas sobre o quão bem-sucedido seria o programa assombraram os anos iniciais dessa empreitada. Mas a necessidade de se manter sintonizado com as tendências mundiais e a importância de ocupar o ambiente digital com o tema do design em sustentabilidade – disponibilizando esses saberes a todos que não tinham agenda ou recursos para realizar o curso presencialmente – foi decisiva para manter a motivação e engajamento de uma grande equipe de facilitadores que assumiram esse compromisso.

A criação do programa *online* Gaia Education Design para Sustentabilidade (GEDS) trouxe a oportunidade de sistematizar boa parte dos estudos que eram realizados de forma mais empírica nos programas presenciais EDE. O GEDS possibilitou que o Gaia Education, pela primeira vez, oferecesse um robusto material didático (nos três idiomas citados) a seus estudantes, repletos de *links* e referências para o aprofundamento dos estudos.

Além das quatro dimensões de conteúdo (Social, Econômica, Ecológica e Visão de Mundo), o GEDS também trouxe uma nova quinta dimensão para conclusão do curso, o Design Studio, que possibilita aos participantes trabalharem em grupo sobre estudos de caso reais e locais, trazidos por eles próprios.

Com uma carga horária estimada de 80h para cada dimensão, o GEDS completo se apresenta como um programa de aprofundamento, com cerca de um ano de duração e 400h de estudos, no mínimo, pois se considerarmos todos os *links*, textos, vídeos e outras referências não bibliográficas indicadas ao longo do curso, ele facilmente dobraria essa carga horária.

Embora o GEDS e mesmo o EDE tragam um incrível aprofundamento nos estudos, os programas ainda careciam de uma titulação formal acadêmica, algo de inegável relevância cultural, especialmente para os profissionais do mercado de trabalho ou os que seguem a carreira acadêmica. De fato, vemos muitos ex-participantes dos cursos do

Gaia Education que mencionam em seus currículos serem "Designers em Sustentabilidade pelo Gaia Education", eventualmente como a primeira coisa citada logo após sua titulação acadêmica (ainda que oficialmente seja considerado apenas um curso livre), denotando a relevância desse processo para suas vidas.

Para responder a essa demanda, após alguns anos de sucesso do programa no Brasil e aproveitando o início da pandemia de Covid-19 em 2020, o Gaia Education estabeleceu uma parceria com a Universidade Federal de Alfenas, em Minas Gerais (UNIFAL-MG) e, em 2021, lançou uma pós-graduação *lato sensu online*. Utilizando o GEDS como currículo base, essa especialização trouxe acréscimos, como disciplinas extras, uma imersão presencial na ecovila Terra Una (MG), um laboratório de projetos e a realização de Trabalho de Conclusão de Curso (TCC). Isso ofereceu aos participantes a titulação de "Especialistas em Educação para Sustentabilidade", agregando mais valor e reconhecimento aos seus estudos. Vale destacar que atualmente o Gaia Education também oferece a opção de mestrado e doutorado (somente em inglês e *online*) em uma parceria junto à Ubiquity University.

Assim, esse livro que você está lendo é um dos frutos da primeira turma dessa pós-graduação brasileira, na qual dos 23 TCCs realizados, 12 foram selecionados para essa publicação. Além de dar visibilidade aos trabalhos destes estudantes, o intuito é sobretudo difundir práticas regenerativas e estudos transdisciplinares que possam inspirar e colaborar com outros agentes de transição que estejam em jornadas similares. Como já comentado, embora cada um trace suas próprias rotas, conhecer a experiência de voo de outros viajantes pode ser muito rica e inspiradora.

Para realizar os seus TCCs, os estudantes da pós foram instigados a, preferencialmente, realizar uma pesquisa-ação, como uma estratégia de aprendizagem ativa (*active-learning*), para poderem transcender as reflexões teóricas e aplicar os temas em suas vidas e projetos. Embora apenas alguns trabalhos estejam aqui publicados, todos foram exitosos em propiciar aos estudantes a experiência da *práxis* regenerativa.

Atualmente, tanto os programas *online* quanto presenciais seguem sendo um grande sucesso, com percentual de 92% de avaliações positivas dos participantes. Com base em dados consolidados até 2022, o Gaia Education estima ter realizado cerca de 400 programas presenciais, em pelo menos 55 países nos cinco continentes, somando mais de 33 mil estudantes de, no mínimo, 147 nacionalidades diferentes. O Brasil ocupa a liderança em número de programas realizados (mais de 40) e responde como o país de maior tráfego no *website* do Gaia Education – www.gaiaeducation.org –, mesmo não sendo um país fluente na língua inglesa, o que demonstra a força da rede "gaiana" formada nos últimos anos e o potencial de público interessado em participar de processos evolutivos e regenerativos. Somos muitos gansos espalhados pelo mundo afora, disseminando novas abordagens alicerçadas na regeneração.

Nosso trabalho aqui consiste em escalar essa rede rápida e exponencialmente, com uma curva crescente de impacto positivo a curto e médio prazos, pois a existência do longo prazo já não é mais uma certeza. Estamos numa encruzilhada evolutiva e a Grande Virada, ou pelo menos os sinais concretos de "alguma virada", precisam acontecer urgentemente. Nós, enquanto humanos, não podemos mais negar que somos, em boa parte, responsáveis pelo tema dos próximos capítulos: degeneração ou regeneração?

O despertar de Gaia

A famosa Teoria de Gaia, proposta por James Lovelock e Lynn Margulis (1974) – em homenagem a deusa grega que viria a inspirar o nome do Gaia Education – sugere que a vida talvez deva ser considerada uma propriedade de planetas, que a "empresta" aos seus organismos residentes, em um equilíbrio biosférico dinâmico. Ao conjecturarmos se Gaia é um metaorganismo planetário vivo, a comparação com outros organismos evoluídos sempre foi inevitável. Percebemos que os rios do planeta têm funções e padrões de organização similares ao sistema circulatório humano. Percebemos que uma árvore tem não apenas a forma similar dos brônquios e bronquíolos de nosso pulmão, mas também realiza praticamente a mesma função, invertida. E tantas outras analogias.

Mas se essa associação holística (das partes no todo e o todo nas partes) é possível, uma pergunta que sempre nos assombrou foi: qual seria a função da humanidade dentro do ecossistema planetário? Por que Gaia criou um ser (e permitiu que ele "vingasse") que futuramente viria a tentar tomar o barco (ou corpo) de assalto?

Saindo da já batida e rebatida analogia de que a humanidade seria um câncer planetário (pelos padrões autodestrutivos de reprodução desenfreada que provoca a aniquilação do hospedeiro etc.), Peter Russel, em seu livro *O despertar da Terra: o cérebro global* (1991), aprofunda a imaginação, apresentando-nos uma possível tese alternativa: a humanidade seria um equivalente ao sistema nervoso de Gaia, desempenhando funções análogas, como a cognição, a capacidade de reflexão, assimilação do conhecimento e armazenamento de experiência, a imaginação e a consciência autoreflexiva. Se humanos são o equivalente a uma rede neuronal planetária, talvez seja por meio de nós que Gaia começou a ter uma consciência reflexiva de si própria.

Mas o sistema nervoso de Gaia estaria sujeito a patologias também análogas a dos humanos. Desequilíbrios, conflitos, tendências violentas, impulsos masoquistas e outras deformidades funcionais são elementos que facilmente nos levariam a diagnosticar esse indivíduo/sistema nervoso como "em surto" que, se agravado, poderia levar a um comportamento de autoflagelação ou até mesmo suicida. Russel comenta que esses sintomas não são raros em sistemas nervosos de jovens que estejam em uma crise de adolescência, e nos lembra que a humanidade é uma espécie recente, assim como o neocórtex o é em nosso sistema nervoso. Nessa fase jovem do desenvolvimento – agravada por bombas hormonais descontroladas –, os ímpetos e comportamentos violentos, radicais ou egoístas podem dificultar o aprender a viver harmonicamente em sociedade e, assim, levar a estados similares extremos, de confusão e autodegradação.

Portanto, em vez de nos considerarmos como uma espécie praga ou um sistema nervoso doente, podemos ter um olhar evolutivo sistêmico mais empático e compassivo sobre nossa espécie e imaginar que estamos ainda engatinhando no aprender a caminhar juntos, "intersendo" em harmonia com outros humanos e todos terráqueos.

Podemos nos imaginar como um novo artefato que Gaia criou para ser um instrumento de autoconhecimento de si própria. Nas palavras de Janine Benyus (1997) "a vida cria condições conducentes à vida", ou seja, Gaia desenvolve o que precisa para se desenvolver.

Por intermédio dos humanos, Gaia aprenderia mais sobre si própria, se veria do espaço pela primeira vez e formularia teorias para tentar se autoconhecer. "Quem eu sou?" "De onde venho e para onde vou?". São perguntas óbvias que um planeta faria, caso milagrosamente se visse boiando num vácuo universal e com poucas outras esferas amigas ao redor, sendo que nenhuma destas parecessem estar acordada como ela.

Assim como os humanos, Gaia talvez tenha que "esperançar" pacientemente por essas respostas em um futuro incerto. Mas a esperança pode ser ativa, como bem disse Joanna Macy (2020). Gaia segue evoluindo e convidando os humanos não apenas para fazerem parte de sua *autopoiesis* (no nível individual), mas também para participarem ativamente de sua *sympoiesis*[11] (no nível coletivo).

Em sua jornada evolutiva, Gaia cria estratégias para aprender a cuidar de si, a conversar e escutar a si própria, a permanecer não apenas viva, mas com vitalidade e fertilidade abundante. Ela possivelmente gosta não apenas de sustentar a vida, mas de manter sua capacidade criativa, generativa e regenerativa. Gaia propicia assim processos de auto-aprendizado para o seu sistema nervoso, colocando seus humano-neurônios para dançarem e interagirem, gerando novas sinapses e sonhando com um novo paradigma de integração plena.

Gaia, para educar a si mesma, acabaria por criar um programa Gaia Education (assim como muitos outros semelhantes), que colabora para a conexão e o despertar de sua consciência planetária regenerativa. E cá estamos.

Sejam bem-vindes a recriar sinapses e participar da Grande Virada conosco.

---

11 *Autopoiesis* é um termo criado na década de 1970 pelos biólogos e filósofos chilenos Francisco Varela e Humberto Maturana (1980) para designar a capacidade dos seres vivos de produzirem a si próprios. *Sympoiesis* é uma proposta de variação deste conceito apresentada por Beth Dempster (2000), que evidencia mais os aspectos coletivos/distribuídos, imprevisíveis e evolucionários desta criação.

Referências bibliográficas

BENYUS, J. M. **Biomimética**: inovação inspirada pela Natureza. São Paulo: Cultrix, 2012.

DEMPSTER, B. Sympoietic and Autopoietic Systems: A New Distinction for Self-Organizing Systems. *In*: INTERNATIONAL SOCIETY FOR THE SYSTEMS SCIENCES ANNUAL MEETING, 44., 2000, Toronto. **Proceedings** [...]. Toronto: ISSS, 2000.

ELKINGTON, J. **Cannibals with Forks**: The Triple Bottom Line of 21st Century Business. Gabriola Island: New Society, 1998.

GILMAN, R.; GILMAN, D. **Eco-Villages and Sustainable Communities**: a seminal study of ecovillages for Gaia Trust. Langley: Context Institute, 1991.

GILMAN, R. The Eco-village Challenge: The challenge of developing a community living in balanced harmony - with itself as well as nature - is tough, but attainable. In: Context, Langley, n. 29, p. 10, 1991. Disponível em: https://www.context.org/iclib/ic29/gilman1/. Acesso em: 6 abr 2023.

HAWKEN, P. **Blessed Unrest**: How the Largest Movement in the World Came into Being and Why No One Saw It Coming. New York: Viking Press, 2007.

LELOUP, J.-Y.; WEIL, P. e CREMA, R. **Normose**: a patologia da normalidade. Petrópolis: Vozes, 2003.

LOVELOCK, J.; MARGULIS, L. Atmospheric homeostasis by and for the biosphere: the gaia hypothesis. **Tellus A**: Dynamic Meteorology and Oceanography, [S. l.], v. 26, n. 1-2, 1974.

MACY, J.; BROWN, M. Y. **Nossa vida como Gaia**: visões e práticas para assumir nosso papel na criação de uma sociedade que promove e sustenta a vida. Viamão: Bodisatva, 2022.

MACY, J.; JOHNSTONE, C. **Esperança ativa:** como encarar o caos em que vivemos sem enlouquecer. Rio de Janeiro: Bambual, 2020.

MATURANA, H.; VARELA, F. **Autopoiesis and cognition**: the realization of the living. Dordrecht: D. Reidel, 1980.

RAY, P. H.; ANDERSON, S. R. **The Cultural Creatives**: How 50 Million People are Changing the World. New York: Three Rivers, 2000.

RUSSEL, P. **O despertar da Terra**: o cérebro Global. São Paulo: Cultrix, 1991.

UNESCO – United Nations Educational, Scientific and Cultural Organization. **Profile booklet**: key partners of the Global Action Programme on Education for Sustainable Development. 2018. Disponível em: https://unesdoc.unesco.org/ark:/48223/pf0000245211. Acesso em: 6 abr 2023.

WAHL, D. C. **Design de culturas regenerativas**. Rio de Janeiro: Bambual, 2019.

UMA ALIANÇA EM TORNO DA EDUCAÇÃO PARA A SUSTENTABILIDADE: UNIFAL-MG, GAIA EDUCATION E NIDES/UFRJ

Tom Rodrigues, Gustavo Machado
e Emmanuel Khodja

Os capítulos apresentados nesta publicação são derivados do Trabalho de Conclusão de Curso (TCC) da pós-graduação *lato sensu* em "Educação para a Sustentabilidade – Gaia Education" (ESGE), fruto da parceria entre a Universidade Federal de Alfenas (UNIFAL-MG), campus Varginha (MG), e a organização não governamental Gaia Education, com sede na Escócia e reconhecida internacionalmente por seu *expertise* em programas formativos voltados para a Sustentabilidade.

A realização da pós-graduação faz parte da agenda de compromisso de ambas as instituições – UNIFAL-MG e Gaia Education – de apoiar a transição para uma sociedade sustentável por meio de uma abordagem educacional holística, regenerativa, transformativa e não reducionista, que leve em consideração demandas sociais, ecológicas, econômicas, políticas e culturais capazes de desenvolver ecossistemas e comunidades saudáveis e resilientes.

Os pilares desta abordagem pedagógica são:

- **Transdisciplinaridade e ecologia de saberes**: o currículo transdisciplinar do curso é baseado nos paradigmas da complexidade e do pensamento sistêmico, combinando conhecimentos de diversas ciências acadêmicas, de povos tradicionais (orientais e ocidentais) e de experiências práticas contemporâneas. As aulas são ministradas por professores e professoras com formação transdisciplinar e vivência multicultural;

- **Design sistêmico**: utiliza-se uma abordagem sistêmica da sustentabilidade, que considera as dimensões de segurança econômica (subsistência aliada à preservação do tecido social e ecossistêmico), coesão social (equidade, participação e democracia), preservação e regeneração ambiental (saúde dos sistemas de suporte à vida) e valorização da diversidade cultural e de saberes;

- **Aprendizagem ativa e vivencial**: a pós-graduação prevê imersão presencial de aproximadamente oito dias em uma comunidade sustentável, oferecendo um processo de aprendizagem participativo e experiencial, focado no desenvolvimento de múltiplas inteligências, na reflexão sobre nossos pensamentos, sentimentos e relações, na partilha de saberes e experiências individuais, na criação de ambientes de acolhimento e de troca e no fazer-cuidar coletivo, a fim de que seja possível vivenciar, na prática e em pequena escala, os benefícios e os desafios de estar em "com-unidade" e cocriar comportamentos, conceitos e ações;

- **Laboratório de projeto**: os estudantes têm a oportunidade de elaborar um projeto de pesquisa-ação transdisciplinar, que se transforma no seu trabalho de final de curso (TCC), contando com o apoio individualizado de um docente-orientador (mentoria). Assim, o aprofundamento e a consolidação do aprendizado se dão de forma mais prática e focada em seu próprio projeto;

- **Educação resiliente e transformadora**: o programa compreende que a ética precisa estar no lugar central das decisões sobre o uso dos recursos materiais e energéticos, nos processos produtivos e na organização do trabalho humano. É urgente pensar a atividade econômica como parte de um processo regenerativo do tecido social e ecossistêmico.

No âmbito da pós-graduação, um dos principais objetivos da elaboração do TCC foi estimular o pensamento e a prática do design regenerativo, por meio de uma pesquisa-ação que aplicasse os saberes aprendidos ao longo do curso em projetos capazes de promover uma transformação social positiva.

Para a organização deste livro, todos os TCCs apresentados pela turma 2021-2022 foram analisados por uma comissão interna de docentes e 12 deles selecionados para compor esta publicação. A partir daí, o projeto recebeu um novo e importante parceiro, com evidente alinhamento à proposta em curso: o Núcleo Interdisciplinar para o Desenvolvimento Social da Universidade Federal do Rio de Janeiro

(NIDES/UFRJ), que se tornou co-organizador desta publicação, exatamente por sua atuação no campo da Gestão Participativa, da Tecnologia Social e da pesquisa-ação para o desenvolvimento social.

Em seguida, a Comissão Organizadora encaminhou os textos para a Comissão Avaliadora[12] – que contribuiu, decisivamente, para o aprimoramento teórico-empírico das pesquisas via metodologia "parecer e revisão por pares"; para Milena Manhães Rodrigues e Roberta Lara, equipe responsável pelo copidesque, revisão ortográfica e adequação à normalização da Associação Brasileira de Normas Técnicas (ABNT); e, na sequência, para nossa querida editora, Isabel Valle, da Bambual Editora, dedicada à publicação de obras direcionadas para acelerar a transição global. Agradecemos a todas as pessoas envolvidas pelo excelente trabalho realizado, que possibilitou o acesso a esta obra valiosa que chega em suas mãos, mentes e corações.

---

12 Aline Andrade e Carvalho, educadora e doutora em Psicossociologia de Comunidades e Ecologia Social (EICOS), pela Universidade Federal do Rio de Janeiro (UFRJ), Rio de Janeiro (RJ); Ana Carolina Beer Simas, Universidade Federal de Viçosa (UFV), campus Viçosa (MG); Diego Pereira Lindoso, Universidade de Brasília (UnB), Brasília (DF); Eduardo Cargnin Ferreira, Instituto Federal de Santa Catarina (IFSC), campus Garopaba (SC); Felipe Nogueira Bello Simas, Universidade Federal de Viçosa (UFV), campus Viçosa (MG); Fernando Batista Pereira, Universidade Federal de Alfenas (UNIFAL-MG), campus Varginha (MG); Graciella Faico Ferreira, pós-doutoranda no Programa de Pós-Graduação em Psicossociologia de Comunidades e Ecologia Social (EICOS/UFRJ), Rio de Janeiro (RJ); José Roberto Porto de Andrade Junior, Universidade Federal de Alfenas (UNIFAL-MG), campus Varginha (MG); Lara Freitas, Instituto Ecobairro Brasil, São Paulo (SP); Lucimara Rett, Universidade Federal do Rio de Janeiro (UFRJ), Rio de Janeiro (RJ); Mariana Mayumi Pereira de Souza, Universidade Federal de Viçosa (UFV), campus Florestal (MG); Milena Manhães Rodrigues, doutoranda do Programa de Pós-graduação em Turismo da Universidade de São Paulo (PPGTUR/USP).

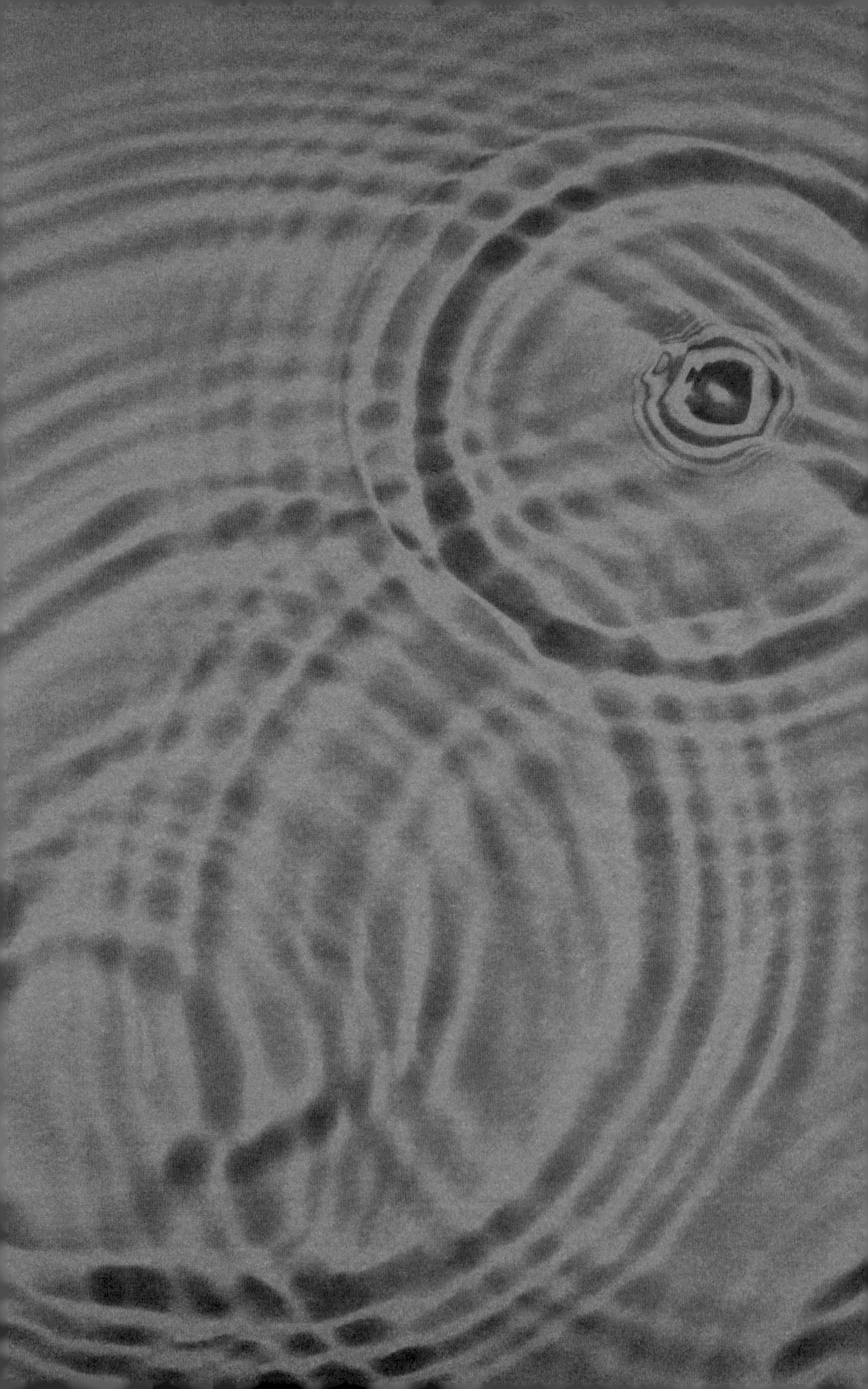

PARTE 1

EDUCAÇÃO, ECOLOGIA E GAMIFICAÇÃO

CAPÍTULO 1

ECOLOGIAÇÃO: UMA PROPOSTA CRIATIVA E INOVADORA DE PROMOVER A EDUCAÇÃO PARA SUSTENTABILIDADE

TATIANA SOUZA COHEN

Agradecimento

Ao meu pai, em memória, que despertou em mim todo amor e respeito por Gaia. À minha mãe por sempre acreditar em mim, ser meu porto seguro e transbordar positividade nos momentos mais desafiadores. Aos meus amados marido e filho, por serem casa e abrigo para mim e me despertarem o desejo de transformação diariamente.

1. Introdução

Vivemos, atualmente, uma grave crise ambiental em todo o planeta Terra. Presenciamos os índices mais altos de produção de CO_2, mudanças climáticas assustadoras, nossos rios e mares mais poluídos do que nunca, a perda de parte importante da nossa biodiversidade, nossos solos cada vez mais improdutivos pelo excesso de mau uso, a exploração de combustíveis fósseis a todo vapor, desmatamento em grande escala, entre outros muitos absurdos que vem acontecendo debaixo dos nossos olhos.

O posicionamento do ser humano de se colocar acima da natureza começou a surgir a partir de uma visão judaico-cristã de que Deus criou o mundo para servir aos humanos e que a humanidade deveria agir à imagem e semelhança do Criador. Já na era moderna, o ideal de que se deveria utilizar conhecimentos científicos para estabelecer seu domínio sobre a natureza começou a tomar força por meio de filósofos como Descartes, Newton e Bacon. Muitos acreditam que esse posicionamento das pessoas de se colocarem acima da natureza surgiu após a Revolução Industrial, no entanto foi justamente esse pensamento que serviu de base para a Revolução Industrial.

Dessa forma, o ser humano se viu superior à natureza e aos demais seres vivos, vivendo como se cada um deles existisse para suprir suas necessidades e lhe servir.

> Após o apogeu da Revolução Científica, a convicção no poder redentor da ciência foi sendo fortalecida à luz da crença de que a Razão e a realização científica gradativamente trariam uma era utópica, marcada pela sabedoria, pela paz, prosperidade material e domínio humano sobre a natureza. Acreditava-se que o triunfo da razão e da ciência sobre o transcendente sanaria os males sociais, a ignorância e o sofrimento humano (Santos, 2013, p. 5).

Essa visão é totalmente equivocada e gerou uma grave crise de percepção, que nos trouxe até aqui. Atualmente, a maior parte das pessoas é totalmente desconectada da sua essência, negando sua natureza, vivendo de forma egocêntrica e desintegrada daquilo que sustenta a sua existência. É hora de olhar para o passado e buscar inspiração na forma de viver em comunhão com o planeta, como faziam os nossos ancestrais. John Seed trouxe uma importante reflexão acerca desse tema:

> Enquanto o ambiente estiver "lá fora", podemos deixá-lo aos cuidados de algum grupo de interesse especial, como os ambientalistas, enquanto cuidamos de nós mesmos. A situação muda quando percebemos no mais profundo de nosso ser que a natureza "lá fora" e a natureza "aqui dentro" são uma única realidade. Percebemos que o senso de separação não importa quão envolvente seja é, no entanto, totalmente ilusório (Seed, 1993).

Diante da crise multidimensional que vivemos, nos deparamos com o grande desafio de sensibilizar e afetar as pessoas para a importância dessa reconexão com nossas raízes e comunhão com o meio ambiente. Dessa forma, atuar com educação ambiental se torna essencial, pois é atuar diretamente na fonte dos cidadãos do futuro, que são as crianças de hoje. Assim, a educação ecológica se mostra uma estratégia inteligente e eficaz, tendo em vista que mudar antigos hábitos enraizados é um desafio que necessita de bastante esforço, muito desejo e conexão com um propósito. Quando as "sementinhas" da sustentabilidade e da regeneração são "plantadas" desde cedo, o processo de construção e vivência dessa consciência ambiental acontece de forma mais natural e orgânica.

Paralelamente a esse momento histórico, analisando o cenário educacional brasileiro, podemos dizer que também vivemos uma grave crise nesse setor. Temos, em sua maioria, escolas tradicionais, com formas ultrapassadas de lecionar, conteúdos desinteressantes e com pouca aplicabilidade no dia a dia dos alunos.

> Partimos da ideia de que a instituição escolar e a noção de aluno ou estudante são construções sociais com uma longa história. Durante séculos, foi se consolidando uma cultura escolar com seus

> tempos, espaços, métodos e currículos que hoje parecem naturais. Quando se fala em escola, logo surgem imagens como o quadro-negro, a mesa do professor, as filas de carteiras, um professor que dirige as atividades e os alunos que seguem as instruções dadas por ele. Contudo, os jovens estudantes de hoje têm cada vez mais dificuldades de adaptação a esse tipo de escola organizada pela verticalização de hierarquias e linearidade na forma de socialização de informações e conhecimentos (Brasil, 2013, p. 49).

Deste modo, faz-se necessário incluir práticas pedagógicas que favoreçam o protagonismo do aluno e que estimulem a consciência do pertencimento do sujeito ao meio do qual ele faz parte, pois só assim desenvolveremos seres integrais e sensíveis às questões que realmente importam.

Ao perceber a urgência de pensar ações criativas e inovadoras de educação para a sustentabilidade, visando sensibilizar e afetar jovens e crianças a fim de contribuir com a formação de seres integrais, conectados e conscientes, bem como comprometidos com práticas regenerativas e sustentáveis, me propus a criar um jogo que despertasse o interesse desse público, oportunizando reflexões temáticas relacionadas ao meio ambiente, sustentabilidade e mudança de hábitos.

1.1 Objetivo

Frente ao desafio apresentado acima, a partir do questionamento "Como criar uma experiência criativa, inovadora e interativa para promover a educação para a sustentabilidade nos contextos escolares?", desenvolvi um jogo pedagógico que envolve e sensibiliza as crianças e os jovens, trazendo informações sobre Gaia e sobre a crise ambiental, instigando a reflexão e exercitando seu eu questionador e criativo.

Partindo do princípio de que nós, seres humanos, só geramos mudanças quando nos conectamos com um propósito, objetivamos, por meio desse jogo – o Ecologiação, afetar crianças e jovens levando informações e dados estatísticos sobre Gaia e sobre a crise ambiental global que vivemos atualmente, instigando-os a assumir uma postura de agentes de mudança para que contribuam com a transição para um mundo regenerativo e sustentável.

A intenção foi trazer alguns dados e tópicos pouco conhecidos e, ao mesmo tempo, chocantes, para impactar e gerar desconforto, visando futuramente gerar algum tipo de transformação.

O objetivo do Ecologiação é atingir crianças e jovens com informações sobre o tema da sustentabilidade e tudo que o envolve, passando pelo impacto ambiental, pessoal e a crise global. Acreditando que o primeiro passo para a mudança está na consciência e na relação de afeto que criamos por um assunto específico, essa é uma forma de disseminar conhecimento sobre um tema tão urgente. Sendo assim, o propósito do estudo é contribuir para que essa nova geração esteja mais conectada e preocupada com o meio ambiente e, assim, engajada com práticas regenerativas e sustentáveis, influenciando também os adultos de seu convívio.

A ideia inicial é de que esse jogo seja pedagógico, utilizado em espaços escolares, para que os temas sejam desdobrados no contexto educacional. O intuito é que as informações apresentadas no jogo sirvam de tema para pesquisas, debates e objetos de estudo ao longo da vida acadêmica de cada aluno, buscando ser um disparador para a alfabetização ecológica.

2. Referencial teórico

A palavra jogo vem do latim *incus* que significa diversão ou brincadeira, e todas as suas definições também estão ligadas a divertimento e distração. Todavia, os jogos oferecem muito mais do que isso. Entre tantos benefícios, eles despertam o interesse da criança, aumentam o foco e a concentração, trabalham regras e emoções, além de auxiliarem no desenvolvimento da habilidade de interpretação, socialização, entre outros.

Kishimoto (2017), Huizinga (1990), Wittgenstein (2002) e Friedmann (2005) discutem a definição de jogos e, apesar dos diferentes olhares, todos têm pontos em comum, como: a vontade e a liberdade de jogar, o caráter lúdico do jogo, a essência "improdutiva" e ao mesmo tempo a relevância do brincar, o efeito positivo apesar da espontaneidade e a incerteza dos resultados.

Os jogos são importantes ferramentas no processo de aprendizagem, pois instigam o interesse da criança, que torna-se protagonista. Com sua participação ativa, desenvolve habilidades sociais, cognitivas e intelectuais. Além disso, favorece a concentração, a atenção, o engajamento e a imaginação, atingindo níveis que só a motivação intrínseca consegue (Alves; Bianchin, 2010).

Os benefícios dos jogos para o desenvolvimento da criança também foram citados por Piaget (1976):

> O jogo é, portanto, sob as suas formas essenciais de exercício sensório-motor e de simbolismo, uma assimilação do real à atividade própria, fornecendo a esta seu alimento necessário e transformando o real em função das necessidades múltiplas do eu. Por isso, os métodos ativos de educação das crianças exigem que se forneça às crianças um material conveniente, a fim de que, jogando elas cheguem a assimilar as realidades intelectuais que, sem isso, permanecem exteriores à inteligência infantil. (Piaget, 1976, p. 160).

Essa rica ferramenta para o desenvolvimento infantil também tem resultados positivos quando o assunto é conhecimento. O fato de os participantes estarem envolvidos e interessados no conteúdo dos jogos sem que haja uma cobrança explícita, torna esse contato leve e facilita a construção de conhecimento. Isso quer dizer que o conteúdo contido no jogo é internalizado e assimilado com mais facilidade por não ser uma "obrigação" e sim uma diversão.

> Brincando, a criança experimenta, descobre, inventa, aprende e confere habilidades. Além de estimular a curiosidade, a autoconfiança e a autonomia, proporciona o desenvolvimento da linguagem, do pensamento e da concentração e atenção (Kishimoto, 1997, p. 24).

Outro objetivo desse projeto, e um dos focos na criação desse jogo, é mais um benefício presente nos jogos coletivos: desenvolver a habilidade da solidariedade e cooperação. Essas são qualidades necessárias para a vida harmônica, não só entre os humanos, mas entre todos os seres do universo. Respeito, empatia e solidariedade são virtudes que estão diretamente ligadas ao tema e ao propósito desse jogo, que é ajudar a formar seres regenerativos. O fato de ser um jogo colaborativo onde todos podem (e devem) ganhar, sem precisar disputar um único lugar de campeão; além de trazer alguns conceitos da sustentabilidade para serem experienciados na prática, contribui muito para o desenvolvimento das habilidades citadas acima. Como disseram Souza, Rodrigues, Carvalho, Daniel:

> Combinados entre si, os jogos podem garantir situações significativas de aprendizagem, favorecendo o desenvolvimento cognitivo e social da criança. Em grupo, os jogos também podem contribuir para desenvolver a solidariedade e a cooperação (Souza *et al.*, 2022, p. 6)

Em consonância, Cleine Cristine de Oliveira Silva traz uma importante contribuição sobre o mecanismo de aprendizagem por meio dos jogos:

> Os recursos usados no jogar são comparáveis aos exigidos para realizar uma tarefa escolar. Mas não basta jogar, é fundamental criar situações-problema a serem resolvidas que permitam a análise dos erros. Ninguém aprende a verdade de uma vez, o jogo possibilita que a criança erre e modifique a sua ação, tendo a oportunidade de reverter uma situação de erro livre de tensões ou cobranças existentes numa atividade convencional, a verdade aparece como o erro retificado, ao errar e perceber o seu erro a criança aprende (Silva, 2012, p. 10).

Diante disso, a partir dessa importante ferramenta lúdica que é o jogo, proponho introduzir conceitos e informações sobre crise ambiental, sustentabilidade, regeneração, bem como práticas regenerativas e sustentáveis. Alguns exemplos dessas práticas podem ser encontradas na biografia de Paul Hawken (2021), como: apoiar a agroecologia comprando diretamente de agricultores e pecuaristas que praticam a agricultura regenerativa ou de varejistas que os apoiam quando o tema é agroecologia; participar de ecoturismo e viajar para destinos na floresta tropical quando o tema é de proteção florestal, entre outros.

Ainda sobre o tema crise global, regeneração e sustentabilidade, que pode ser encontrado em diversos materiais acadêmicos e meios de comunicação já que atualmente é um tema muito latente, busquei referências nos materiais do GEDS (Gaia-Education), em alguns documentários, como. *The True Cost* (2015), *Cowspiracy* (2014), *Seaspiracy* (2021), *The inconvenient truth* (2006); além de alguns sites afins, como Akatu, Menos um lixo e Ecycle.

Olhando por outra perspectiva, tão necessário quanto trazer os jogos como ferramenta lúdica para envolver as crianças no seu próprio processo de aprendizagem, é trabalhar a educação ambiental de uma forma mais efetiva, não apenas citando, mas trazendo profundidade a temas atuais e urgentes – como o aquecimento global e suas causas, o desflorestamento da Amazônia e tantas outras florestas, a poluição dos oceanos e do ar, entre outros. A ideia é que esses temas deixem de ser apenas apresentados ou abordados superficialmente, mas passem a ser objetos de pesquisa, de reflexão, de preocupação. É entender onde estamos nesse momento, o que nos trouxe até aqui e como fazemos para mudar o nosso futuro.

Faz-se necessário não apenas compreender a crise ambiental global, como também iniciar, sobretudo os mais jovens, à reconexão com a natureza da qual todos nós fazemos parte. Perceber a integralidade de tudo, a interdependência de todos os ecossistemas. O conceito de alfabetização ecológica, inspirado na teoria de Fritjof Capra (2006), traz exatamente essa ideia. A ecoalfabetização visa focar na aprendizagem dos ecossistemas, incluindo o ser humano como parte deles. O intuito é que o aluno, podendo ser criança ou adulto, aprenda a ler e interpretar o ambiente que o cerca, construindo uma nova visão de mundo e transformando sua forma de se relacionar com Gaia.

Adicionalmente, Capra (2006; Ecological [...], 2010) frisa que em pouco tempo a sobrevivência da humanidade vai depender da nossa alfabetização ecológica, da capacidade do ser humano de entender e viver de acordo com esses princípios.

> Para entender como a natureza sustenta a vida, nós precisamos mudar da biologia para a ecologia porque a vida sustentada é uma propriedade de um ecossistema e não de um único organismo ou espécie [...] Ao longo de bilhões de anos de evolução da Terra os ecossistemas desenvolveram certos princípios de organização para sustentar a teia da vida e são esses princípios da ecologia que chamamos de alfabetização ecológica (Ecological [...], 2010).

3. Metodologia

Esta pesquisa caracterizou-se como pesquisa aplicada, tendo um jogo como produto final: o "Ecologiação". O método de estudo foi composto por três etapas, sendo duas etapas de pesquisa e uma de execução do jogo.

O início da pesquisa se deu pelo estudo bibliográfico de dois diferentes assuntos dentro do tema jogos. O primeiro contemplou a importância dos jogos como ferramenta para a aprendizagem, trazendo um olhar didático e todos os benefícios da utilização de jogos para o desenvolvimento das crianças e jovens. Particularmente, os trabalhos de Kishimoto (1997) e Piaget (1976), autores que são referências na área da educação, serviram de base para a pesquisa.

Outro tópico foram os diferentes mecanismos utilizados por jogos de tabuleiro, um resgate daqueles já conhecidos, que existem no mercado, em especial, com a temática da sustentabilidade, entre outros.

A terceira e última etapa consistiu no desenvolvimento de um jogo de tabuleiro trazendo a sustentabilidade e a crise global como foco principal, por mecanismo de perguntas e respostas. O processo de produção do jogo foi a parte mais longa da pesquisa. O início foi estipular qual seria o mecanismo do jogo, fazer um esboço do projeto e definir o material. Foram necessárias muitas versões até chegar ao final. Enquanto esse processo corria, começou a fase de pesquisa de conteúdo e coleta de dados para a criação das perguntas, que foi, sem dúvida, a parte mais longa e trabalhosa de toda a produção. Depois vieram as fases de revisão, testes de impressão, pesquisa de gráficas sustentáveis, testes de jogabilidade e finalização do protótipo.

De todo o processo de pesquisa, do planejamento até a concepção do jogo, os pontos que precisaram de alteração e ajuste foram o material e a forma de impressão que originalmente foram planejados. A princípio, o jogo seria todo impresso em material reciclado, utilizando tintas naturais, impresso e uma gráfica ecológica, com máquinas de baixo impacto ambiental e compensação de carbono. Entretanto, a maioria das gráficas que trabalham com essa linha mais sustentável imprime apenas grandes projetos e, as poucas que fazem pequenas tiragens, cobram um preço muito alto, o que financeiramente inviabilizou a ideia original.

4. Desafios

Alguns obstáculos foram encontrados ao longo do processo de concepção da pesquisa e produção do jogo. Como em toda pesquisa, algumas dessas dificuldades já eram esperadas, outras foram surpresa, mas, ao final, os obstáculos se mostraram contornáveis.

O primeiro obstáculo foi a busca dos materiais teóricos sobre jogos cooperativos relacionados ao desenvolvimento infantil focados no público-alvo do jogo – crianças a partir de 10 anos. Não é tarefa fácil encontrar artigos focados em jogos com cunho didático para crianças maiores, a maioria dos trabalhos nessa área focam suas contribuições em brinquedos e brincadeiras para a primeira infância.

Já a fase da produção do jogo foi mais desafiadora. Começando pelo processo de produção das perguntas, que foi muito mais longo do que o programado. No início, tudo fluiu em um ritmo bom, mas uma vez que as informações mais óbvias iam se esgotando, a criação de uma única pergunta demandava horas de pesquisa e elaboração. O processo de criação das perguntas, em sua maioria, englobou três pontos: efeito impactante, dados quantitativos e abordagem do tema em questão. Ademais, validar a veracidade de algumas informações se mostrou, muitas vezes, mais complicado do que parecia ser. Algumas páginas da internet e documentários sérios tinham informações divergentes, o que tornou o trabalho muito mais complexo e minucioso. Em um mundo tão polarizado com verdades absolutas e conflitantes, o questionamento sobre o que de fato são "fontes confiáveis", e até mesmo sobre o próprio projeto, esteve presente em alguns momentos.

À medida que as perguntas foram desenvolvidas, surgiu a necessidade de elaborar mais sobre os temas. Para tentar incutir maior profundidade nos assuntos apresentados e, ao mesmo tempo, manter o aspecto lúdico e dinamicidade do jogo, foi incluído ao final das respostas um pequeno aprofundamento sobre o tema.

Outra consideração relevante é sobre os Objetivos do Desenvolvimento Sustentável - ODS (ONU, 2015). Originalmente, englobar todos eles seria um diferencial do jogo, que uma vez concebido, frisaria a sua importância no que tocam os aspectos sociais, econômicos e ambientais da sustentabilidade. Apesar de diversas perguntas contemplarem essa temática e/ou assuntos que estejam diretamente ligados a ela, esse objetivo não foi plenamente atingido, uma vez que o jogo ainda não engloba todas as esferas da sustentabilidade.

Outro contratempo significativo que surgiu no desenvolvimento do projeto foi na fase de impressão, como já pontuado anteriormente. Pode-se perceber que ainda existe um déficit no mercado de gráfica de impressão rápida com olhar sustentável e materiais ecologicamente corretos, em especial para projetos em menor escala ou tiragem.

5. O jogo

O jogo tem o tema sustentabilidade como foco principal e consiste em um tabuleiro combinado com cartões de perguntas e respostas de múltipla escolha, no qual todos começam como humanos e o objetivo é chegar ao final do tabuleiro para se tornar um ser regenerativo. Cada pergunta tem uma pontuação de acordo com a sua complexidade e à medida que a pessoa for acertando, chegará mais perto do objetivo. Esse é um jogo cooperativo, em que mais de um pode ganhar. Isso quer dizer que ele não termina após o primeiro participante atingir o seu objetivo. O propósito é estimular a interação social e aprendizagem cooperativa dos participantes, promovendo, assim, a difusão de valores coletivos e solidários que contribuam para que a sociedade caminhe em uma direção mais cooperativa, democrática e justa (Blanco, 2007). O jogo só é concluído após todos chegarem ao final ou depois de 12 rodadas concluídas.

Ao todo são 30 cartões com 150 perguntas, divididas em 5 áreas, mais especificamente ecossistemas que compõem a biosfera. São eles: Água, Ar, Fauna, Flora e Solo, acrescentado de Conhecimentos Gerais – que inclui questões sociais, individuais e conceitos que não se encaixam em uma área específica. No início do jogo, o participante pode escolher a sua área de maior interesse e responder a pergunta sobre o tema. Posteriormente, a casa do tabuleiro define o tema das demais perguntas.

Ao final de toda pergunta, tem um texto desenvolvendo um pouco mais sobre o tema. Em algumas segue uma dica, em outras, uma curiosidade e nas demais uma reflexão. Assim, é possível aprofundar um pouco nos subtemas, tornando o jogo mais eficaz ao afetar e gerar conhecimento, inclusive sugere possíveis discussões e questionamentos para serem elaborados no contexto escolar ou até individual, dependendo do envolvimento do participante com o tema.

A intenção é que o docente que acompanha o grupo identifique os temas geradores de curiosidade e interesse daqueles alunos e crie propostas para aprofundar o assunto em questão. Algumas perguntas, por si só, já são seguidas de sugestões, como, por exemplo, acessar um site específico, pesquisar sobre um conceito ou calcular a sua pegada de carbono. Todavia, a gama de atividades que podem ser relacionadas com os temas apresentados no jogo são muitas, como assistir a um documentário seguido de um debate, produzir uma peça de teatro sobre um determinado tema para apresentar ao resto da escola, criar uma proposta coletiva de ações que ajudem o meio ambiente, elaborar uma olimpíada ecológica, entre outras. Como sabiamente disse Paulo Freire (1996, p. 32): "Não haveria criatividade sem a curiosidade que nos move e que nos põe pacientemente impacientes diante do mundo que não fizemos, acrescentando a ele algo que fazemos".

A maioria das perguntas tem um grau médio a alto de dificuldade, visto que entre as propostas do jogo, uma delas é abordar temas que não são tão difundidos ou dados que não são divulgados pela mídia. Dessa forma, além de gerar conhecimento, fica mais fácil sensibilizar e atrair a atenção dos participantes, aumentando a possibilidade de um efeito transformador a curto ou médio prazo.

O jogo é recomendado para crianças de 12 anos ou mais, mas pode ser jogado a partir dos 10 anos. São indicados de dois a seis jogadores, podendo ser jogado em duplas. Os peões para utilizar no tabuleiro são um convite à criatividade e fica a critério de cada jogador escolher um objeto ou produzir o seu peão. A ordem dos jogadores deve ser decidida democraticamente e o jogador seguinte fica responsável por ler a pergunta para o anterior, bem como o texto após a resposta. Tão logo terminarem os cartões, os mesmos poderão ser reutilizados, garantindo apenas que as perguntas não se repitam. Caso isso aconteça, deve-se sortear outro cartão. Outro ponto importante é que as perguntas devem ser respondidas em, no máximo, dois minutos, sendo o tempo contabilizado da forma que os jogadores preferirem. Não é permitido qualquer tipo de consulta, seja a outras pessoas, internet ou livros.

No tabuleiro existem quatro casas contendo elementos surpresa, em que o jogador é questionado sobre alguns hábitos pessoais, como por exemplo se ele separa o seu lixo. A resposta sendo positiva, ele ganha alguma vantagem no jogo, sendo negativa, alguma desvantagem.

O protótipo foi feito com o material disponível mais acessível e que gerasse o menor impacto ambiental possível dentro das limitações citadas. Os cartões com as perguntas foram impressos em papel reciclado de gramatura 240 g. O tabuleiro e a sacola foram impressos em tecido que seria descartado por uma fábrica de roupas. Todavia, esses não serão os materiais definitivos para as futuras produções do jogo. Abaixo seguem duas figuras para ilustrar o resultado final do protótipo:

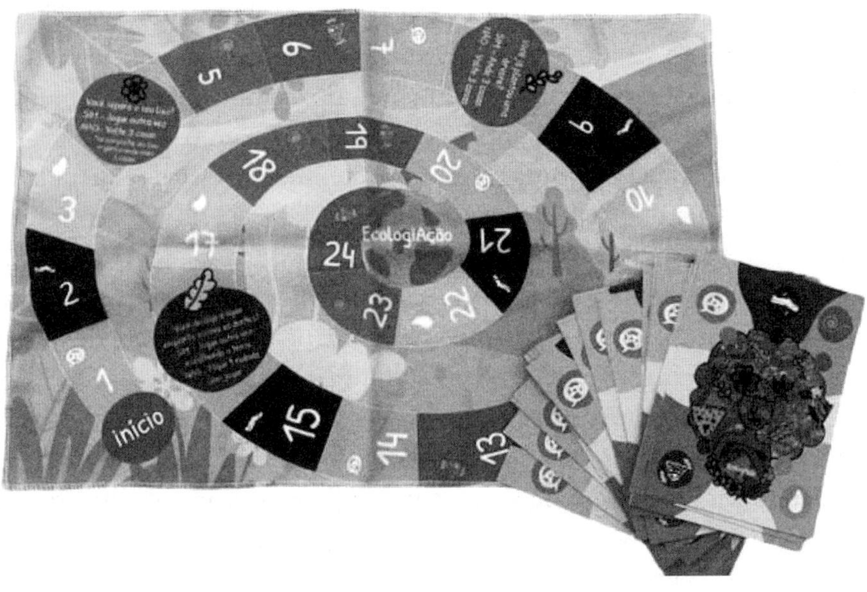

Figura 1: o jogo. Fonte: elaborado pelos autores, 2023.

Figura 2: exemplo de cartão. Fonte: elaborado pelos autores, 2023.

6. Considerações finais

Essa pesquisa se propôs a elaborar um jogo pedagógico com o propósito de acessar e despertar o interesse dos jovens pelo importante tema da sustentabilidade e da crise ambiental global de forma profunda e provocadora. O objetivo foi criar uma ferramenta lúdica, dentro de uma nova perspectiva de educação, na qual o estudante possa ser protagonista da sua aprendizagem, criando, dentro de um contexto mais livre e divertido, um espaço onde os participantes possam ampliar suas capacidades cooperativas (Souza *et al.*, 2022) e aprender sobre um tema tão fundamental e desafiador.

Após a impressão do protótipo final, foi possível reunir alguns amigos para colocar em prática o Ecologiação. Após algumas rodadas de jogo, notamos pontos a serem aperfeiçoados, sendo futuros ajustes indispensáveis para o produto final. É necessário pontuar a complexidade das perguntas que, por carregarem um conteúdo denso, muitas vezes penalizam o quesito recreativo que um jogo deve ter. Dito isso, a quantidade de informação que cada cartão da atual versão carrega é muito extensa, o que torna o jogo menos dinâmico, prejudicando a sua jogabilidade.

Apesar dos jogadores terem dado um retorno positivo no que diz respeito à quantidade de informações desconhecidas reveladas pelo jogo, o caráter denso do conteúdo apresentado torna necessária a reconsideração sobre a faixa etária ideal para o nível de complexidade das perguntas. Ficam como próximos passos fazer algumas rodadas testes com crianças de 12 anos e porventura alterar a indicação do jogo para jovens do ensino médio (a partir de 14 anos) ou simplificar o conteúdo, para que fique mais adequado à faixa etária desejada. Outra questão que não foi plenamente contemplada no jogo são os ODS (ONU, 2015). Ainda que o Ecologiação tenha questões sobre o tema, não compreendeu todas as esferas da sustentabilidade

Para finalizar, é importante ressaltar que a conclusão deste projeto é apenas o encerramento de uma parcela de um projeto maior, sendo o resultado deste apenas um protótipo e não o jogo final. Por conta da limitação de tempo, ainda serão desenvolvidos os ajustes pontuados ao longo deste trabalho, como as etapas de testes com o público, *feedback* com os profissionais de apoio das instituições escolares, novos aperfeiçoamentos, seguidos da definição do material sustentável e formas de colocá-lo em prática, além de toda a parte de comercialização.

Cabe ressaltar que apesar das melhorias a serem efetuadas e do longo caminho até o aperfeiçoamento do jogo, todo o trabalho de pesquisa e produção inicial foram de extrema importância. Dessa forma, pode-se afirmar que o objetivo de idealização e concepção do jogo por meio de um protótipo físico foi concluído com sucesso.

Por fim, gostaria de ressaltar a grande alegria com que concluo essa parte do trabalho sem deixar de pontuar quanto conhecimento esse processo me trouxe. Acredito fielmente que a jornada em busca de uma vida regenerativa passa pelo afeto e consciência coletiva, por isso, a criação desse jogo me gera tanta satisfação, pois vejo nele uma oportunidade de influenciar crianças, adolescentes e, sobretudo, jovens de uma forma divertida e lúdica, em direção a um futuro melhor.

Pela grande seriedade do assunto e as nefastas consequências da destruição do planeta, muitas vezes quando se fala em Sustentabilidade, utilizamos um tom sério, triste e desesperançoso. Não podemos nem devemos colocar sobre os ombros das próximas gerações o peso dos erros das gerações anteriores. É necessário adequar o tom do discurso, trazer alegria, afeto e esperança, pois o tema por si só já é grave o bastante. Assim, com o coração tocado pela mesma esperança que espero levar aos públicos-alvos deste trabalho, concluo este projeto com a expectativa de que esse jogo ajude a formar uma geração verdadeiramente regenerativa, e que um dia não se discuta mais sobre como se pode parar a destruição de nosso planeta, mas sim como se pode melhorar ainda mais a regeneração dele.

Referências bibliográficas

AKATU: por um consumo consciente. São Paulo: Instituto Akatu, [2009]. Disponível em: https://akatu.org.br . Acesso em: 1 mar. 2022.

ALVES, L.; BIANCHIN, M. A. O jogo como recurso de aprendizagem. **Revista Psicopedagogia São Paulo**, v. 27, n. 83, p. 282-287, 2010. Disponível em http://pepsic.bvsalud.org/scielo.php?script=sci_arttext&pid=S0103-84862010000200013&lng=pt&nrm=iso. Acesso em: 6 abr 2022.

AN INCONVENIENT Truth: A Global Warning. Direção: Davis Guggenheim. Produção: Laurie David, Lawrence Bender e Scott Z. Burns. [S. l.]: Paramount, 2006. 1 DVD (97 min).

BLANCO, M. R. **Jogos cooperativos e educação infantil**: limites e possibilidades. 2007. 181p. Dissertação (Mestrado em Educação) - Faculdade de Educação, Universidade de São Paulo, São Paulo, 2007. Disponível em: http://www.teses.usp.br/teses/disponiveis/48/48134/tde 10122007 155211/. Acesso em: 6 abr 2022.

BRASIL. Secretaria de Educação Básica. **Formação de professores do Ensino Médio**: o jovem como sujeito do Ensino Médio. Curitiba: UFPR, 2013. (Etapa I, Caderno II). Disponível em: http://pactoensinomedio.mec.gov.br/images/pdf/cadernos/web_caderno_2.pdf. Acesso em: 30 jul. 2022.

CAPRA, F. Alfabetização ecológica. São Paulo: Cultrix, 2006.

COWSPIRACY: the sustainability secret. Direção: Kip Andresen & Kuhn Keegan, [S. l.] First Spark Media, 2014. 1 dvd.

ECOLOGICAL Literacy. [S. l.]: Center for Ecoliteracy, 2010. (Part 3). 1 vídeo (8:58 min). Disponível em: https://www.youtube.com/watch?v=2w8VMVfXyJo. Acesso em: 14 jul. 2022.

ECYCLE. São Paulo: eCycle, [2013]. Disponível em: https://www.ecycle.com.br/sustentabilidade/. Acesso em: 01 jan. 2022.

FREIRE, P. **Pedagogia da autonomia**: saberes necessários à prática educativa. São Paulo: Paz e Terra, 1996.

FRIEDMANN, A. **O universo simbólico da criança**: olhares sensíveis para a infância. Petrópolis: Vozes, 2005.

REGENERATION. [S. l.]: Regeneration, 2021. Disponível em: https://regeneration.org. Acesso em: 5 dez. 2021.

HUIZINGA, J. **Natureza e significado do jogo como fenômeno cultural**. São Paulo: Perspectiva, 1990.

KISHIMOTO, M. Brinquedo e brincadeira. Usos e significações dentro de contextos culturais. *In* SANTOS, S. M. P. dos (org.). **Brinquedoteca**: o lúdico em diferentes contextos. Petrópolis: Vozes, 1997.

__________. **Jogo, brinquedo, brincadeira e a educação**. São Paulo: Cortez, 2017.

MENOS UM LIXO. [S. l.] Menos 1 lixo, [2017]. Disponível em: https://www.menos1lixo.com.br/. Acesso em: 1 mar. 2022.

PORFÍRIO, F. Francis Bacon. Mundo Educação, [S. l.], 2020. (Seção Filósofos). Disponível em: https://mundoeducacao.uol.com.br/filosofia/francis-bacon.htm/.> Acesso em: 1 jul. 2022.

ONU – Organização das Nações Unidas. Objetivos de desenvolvimento sustentável. [Brasília, DF]: ONU, [2015]. Disponível em: https://brasil.un.org/pt-br/sdgs. Acesso em: 7 fev. 2022.

PIAGET, J. **Psicologia e pedagogia**. Rio de Janeiro: Forense Universitária, 1976.

SANTOS, J. R. dos. A ciência moderna e o domínio da natureza: contribuições filosóficas para pensar a crise ambiental. In: ENCONTRO "PESQUISA EM EDUCAÇÃO AMBIENTAL", 7., Rio Claro, SP, 2013. **Anais** [...]. [S. l.: s. n.], 2013. Disponível em: http://www.epea.tmp.br/epea2013%5Fanais/pdfs/plenary/0070-1.pdf. Acesso em: 6 abr 2023.

SEASPIRACY. Direção: Kip Andresen e Ali Tabrizi. [S. l.] Netflix, 2021.

SEED, J. **A paper by John Seed**: presented to the Echopsychology Symposium at the Australian Psychological Society's 28th Annual Conference Gold Coast 2/10/93: updated 2001. [S. l.: s. n., 2001]. Disponível em: http://rainforestinfo.org.au/deep-eco/seed2.htm. Acesso em: 6 abr 2023.

SILVA, C. C. O. **A importância dos jogos com regras no desenvolvimento cognitivo infantil**. 2012. 49 p. Trabalho de Conclusão de Curso (Especialização em Docência na Educação Básica) – Faculdade de Educação, Universidade Federal de Minas Gerais, Belo Horizonte, 2012. Disponível em: https://repositorio.ufmg.br/bitstream/1843/VRNS-9NJEU9/1/a_importancia_dos_jogos_com_regras_para_o_desenvolvimento_in.pdf. Acesso em: 6 abr 2023.

SOUZA, L. O. S.; RODRIGUES, L. C. S.; CARVALHO, M. D. C.; DANIEL, M. A. (org.). **Jogos na educação**: abordagens e debates. Formiga, MG: Union, 2022. Disponível em: https://educapes.capes.gov.br/bitstream/capes/721740/2/Jogos%20na%20Educa%c3%a7%c3%a3o%20Abordagens%20e%20Debates.pdf. Acesso em: 6 abr 2023.

THE TRUE cost. Direção: Andrew Morgan. Produção: Michael Ross et al. [S. l.]: Untold Creative: Life is My Movie Entertainment, 2005. 1 DVD (93 min).

WITTGENSTEIN, L. Philosophical investigations: sections 65-78. *In*: LEVITIN, D. J. (org.). **Foundations of Cognitive Psychology**: Core Readings. Cambridge: The MIT Press, 2002. p. 271-276.

CAPÍTULO 2

A NATUREZA COMO EDUCADORA DO DESENVOLVIMENTO DE UMA VISÃO DE MUNDO HOLÍSTICA E REGENERATIVA DESDE A INFÂNCIA

Vinícius Marquesini Terzi e Adriana Rennó

1. Introdução

O momento histórico em que nos encontramos possui predominantemente uma mentalidade fundamentada em um modelo analítico, mecanicista e reducionista, que basicamente teve sua origem estabelecida no século XVIII, com a Revolução Industrial. Esse modelo dominou nossa moderna cultura ocidental e se expandiu globalmente ao longo dos últimos séculos. Por um lado, essa visão de mundo viabilizou o incrível progresso científico e tecnológico, e por outro, originou e agravou muitos problemas globais e sistêmicos que vivenciamos nos dias de hoje. A produção de tecnologias, bens e riquezas cresce a cada dia, ao mesmo tempo em que os níveis de desigualdade social, violência, fome, guerras, perda de biodiversidade, crise climática, e outras crises e tensões se agravam (Maia, 2019).

Diante deste contexto, diversos desafios foram surgindo nos âmbitos social, econômico e ecológico, tornando urgente intervenções que tenham o objetivo de encontrar caminhos e soluções para que a vida neste planeta seja viável para toda comunidade terrestre, tendo em vista que se o modelo atual continuar moldando a visão de mundo dominante da humanidade, a própria vida humana poderá passar a correr risco de extinção.

Para enfrentar os desafios é necessário a inovação, *redesign* e transformação de várias instituições. Em escala local, regional, nacional e global, precisamos de uma mudança transformacional na educação, governança, indústria, transporte, infraestrutura, distribuição de energia, gestão da água e agricultura da mesma forma que nos sistemas alimentar, de saúde e social. A fim de possibilitar que a inovação transformadora desenvolva seu potencial criativo, precisamos de um *redesign* no sistema financeiro e econômico em todos os níveis, desde o local até o global.

Mas a transformação mais radical que tem que acontecer antes de "fazer um *redesign* da presença humana na Terra" é questionar profundamente a nossa maneira de pensar, a nossa visão de mundo e o nosso sistema de valores. Mudanças nos nossos modelos mentais, crenças básicas e suposições sobre a natureza da realidade afetarão como, o que e por que do *design*, as necessidades percebidas, as perguntas que fazemos e, portanto, as soluções ou respostas que propomos (Wahl, 2020).

Diversos autores (Capra, 1996; Wahl, 2020) apontam essa crise sistêmica como resultado de uma crise de percepção, na qual seguimos operando a partir de um sistema de crenças obsoleto, que perpetua pensamentos, comportamentos e escolhas que não condizem com "o futuro que quer emergir".

Diante deste cenário, esta pesquisa sugere e ressalta a importância de olharmos com cuidado e atenção para a infância e seus territórios, pois os primeiros anos de vida de um ser humano são a base para a construção de sua personalidade, que por sua vez, constroem o mundo em que vivemos a partir da visão de mundo herdada durante as fases do desenvolvimento humano e ao longo das gerações.

As crianças estão crescendo em ambientes cada vez menos naturais. Brincar na rua, muitas vezes, tem sido considerado perigoso. Enquanto isso, as escolas delimitam todas as atividades que os alunos devem fazer, a hora de entrada e saída, qual carteira sentar, qual livro abrir. A maioria das atividades trazem a competição como estímulo e as competências, conhecimentos e habilidades são orientados para o mercado, direcionadas para a contribuição em sistemas de produção e acumulação (Maia, 2019). Isso impossibilita as crianças de fazerem suas próprias escolhas, de onde, quando e com o que brincar e o que fazer. A competição e a noção de escassez são reforçadas por uma lógica de exames que aprova poucos e exclui muitos.

A tecnologia invadiu o território fértil da imaginação infantil, hipnotizando sua preciosa atenção nas telas, com altíssimos estímulos visuais, esquecendo de desenvolver outros sentidos e habilidades. Além disso, a pandemia da Covid-19 agravou muitos desses casos, limitando ainda mais a liberdade da criança que já parecia estar cada vez mais escassa nas cidades. Claramente isso vem afirmando a crença de separação da natureza. Se a geração adulta atual se encontra, em grande parte, desconectada da natureza, como esse vínculo se dará nas novas gerações que herdarão o planeta?

Esta pesquisa vem ao mundo impulsionada por uma profunda necessidade dos tempos atuais, com o objetivo de contribuir com a disseminação e fortalecimento de uma visão de mundo holística e regenerativa, tendo como base a criação, o design e a implementação de uma trilha ecopedagógica visando, a partir de um *case* real, inspirar iniciativas que promovam e resgatem o contato frequente entre crianças e natureza. O modelo proposto e relatado é vivo e tem como inspiração o brincar livre, em que educadores e facilitadores tem o papel de criar e proporcionar experiências criativas ao ar livre, em ambientes naturais biodiversos preparados intencionalmente para que as crianças possam descobrir e explorar suas potencialidades e habilidades, relacionando cada aprendizado com seu protagonismo e liberdade em um contato profundo com a natureza viva, abundante e vibrante.

Partindo da compreensão de que a visão sistêmica proporciona, em termos qualitativos, senso de pertencimento e conexão com toda a rede dinâmica e complexa da vida pelos relacionamentos, podemos afirmar que, se os seres humanos forem incentivados, encorajados e orientados a viver experiências integrativas, notaremos qualidades inatas de cooperação, senso comunitário, empatia, compaixão, entre outras, emergirem no comportamento dos indivíduos e no coletivo.

2. A Natureza como mãe e educadora

Se compreendermos a Terra e seus ecossistemas como nosso lugar, nossa casa e, para além disso, como afirmado pela ONU, ampliarmos a noção de lar para a percepção da natureza como a Mãe Terra – expressão comum usada para se referir ao planeta Terra em vários países e regiões, o que demonstra a interdependência existente entre os seres humanos, as demais espécies vivas e o planeta que todos habitamos – podemos inferir que, atualmente, existe entre nós e a natureza uma falta de vínculo: a humanidade tem sofrido sintomas semelhantes aos que observamos nas crianças que se desenvolveram com falta de afeto de suas mães, pais e/ou adultos de referência (Alana, 2021).

A população desvinculada da natureza cresce a cada dia, assim como o medo, a desconfiança e a insegurança a respeito de seu ambiente. E, da mesma forma que é possível reverter parte dos efeitos maléficos que a falta de vínculo gera no desenvolvimento da criança, também é possível reverter a desconexão e a falta de vínculo entre a humanidade e a natureza. Sem dúvida, um dos caminhos é promover o vínculo emocional e a harmonia dos seres humanos com a natureza e a Terra (Alana, 2021).

O senso de pertencimento ao lugar e conexão com a natureza sugere uma variedade de processos, que podem ocorrer enquanto as crianças se envolvem repetidamente em aprendizado ao ar livre, relacionado a: emoções, natureza, criação de significado, compaixão e comportamento (Harris, 2021).

Hoje já se sabe que o contato frequente e positivo com a Natureza é fundamental para o desenvolvimento cognitivo, físico, social, espiritual e emocional das crianças e na primeira infância ocorrem taxas excepcionais de desenvolvimento do cérebro, o que pode ser estimulado e apoiado por meio de experiências com a Natureza (Instituto Alana, 2021).

3.Visão holística da aprendizagem

Uma educação holística, centrada no aluno e baseada na vivência na natureza, não só é possível como já vem sendo realizada com muito sucesso ao redor do mundo. Uma grande referência é a Green School em Bali, Indonésia, concebida em 2006 pelo casal Cynthia Hardy e John Hardy, inicialmente com o objetivo de criar uma escola para seus filhos e de seus amigos. É uma comunidade escolar internacional de estudantes e educadores que envolve a cultura local e, também, um novo paradigma de educação junto à natureza. Uma escola de aprendizagem baseada em projetos, na qual a pedagogia centrada no aluno permite o envolvimento na experiência de aprender em um campus educacional construído com estruturas de bambus gigantes, de tecnologia exigente, em meio à floresta tropical balinesa. As salas de aula não têm paredes e há uma integração e interação constante com o meio ambiente e tudo o que acontece ao redor, seus sons e movimento (Vivacqua, 2021).

Compartilhando dessa perspectiva holística, a Cidade Escola Ayni também é um ótimo exemplo de instituição que oferece uma nova educação. Sua missão é: "Através de cenários reais e disruptivos nas áreas da educação, economia e agroecologia inspirar e encorajar uma nova relação do ser humano consigo mesmo, com seu propósito e por consequência com seu entorno" (Cidade Escola Ayni, 2022).

Buscando maior envolvimento com o tema, o autor desta pesquisa esteve em imersão na Ayni em Guaporé, no Rio Grande do Sul, por intermédio do programa de voluntariado que recebe grupos de pessoas para viver, aprender e contribuir com o funcionamento da escola. Foram quatorze dias convivendo e participando do dia a dia junto a outros voluntários, educadoras, colaboradores e crianças. A Ayni se tornou uma das principais inspirações deste projeto.

Tendo como um de seus lemas "Deixem as crianças em paz", não há direcionamento de atividades. A criança é respeitada no seu tempo de desenvolvimento e nos interesses genuínos, que podem surgir quando há essa permissão ao seu protagonismo. As crianças são preparadas para aprenderem e conhecerem o seu contexto, para que saibam interagir com seu entorno e o quanto estão ou não prontas para seus próprios desafios e sonhos. As emoções das crianças são refletidas com atenção, para honrar o que ela está sentindo, sem julgar ou tentar atenuar. O mesmo para elogios, se procura ver o que a criança está mostrando, não necessariamente com agrados, mas sim como testemunho, com a presença da energia e da fala que espelha e reconhece o que se está vendo.

A Cidade Escola Ayni inspira por meio da educação e também pelo cenário, por ser um espaço em meio a um bosque de natureza abundante e possuir estruturas harmônicas, sustentáveis e atraentes. Os ateliês são feitos com princípios e técnicas de bioconstrução, aprimorando a iluminação dos ambientes, trazendo conforto térmico nos constantes dias de frio e maior fluidez por serem estruturas em formato circular. O ambiente externo aos ateliês é devidamente pensado para ser acessível e proporcionar experiências livres e seguras, com brinquedos de madeira, bambu, cordas, entre outros. No espaço onde é situada a agrofloresta há outras estruturas de bioconstrução, sendo uma estufa geodésica, uma casa de sementes e um almoxarifado. A prática agroecológica da escola enriquece ainda mais a experiência de voluntariado.

A imersão no programa de voluntariado da Ayni trouxe clareza e empoderamento para a continuidade desta pesquisa. Pode-se dizer que viver este período próximo àquela realidade simplificou a elaboração deste projeto, confirmando pelas experiências absorvidas sensorialmente, que não se faz necessário entregar um produto extremamente pronto, com um roteiro delimitado e detalhes devidamente projetados, dentro de estimativas ou previsões controláveis.

4. Design regenerativo

Ao favorecer e incentivar que mais experiências ocorram na natureza, torna-se necessário buscar orientação para que projetos com este contexto sejam desenhados a partir de uma visão sistêmica, que vise contribuir com todo ecossistema vivo pertencente ao ambiente, que vem sendo ou será frequentado com maior intensidade pelos seres humanos. O design regenerativo tem como meta construir soluções que operam por meio de um contínuo e crescente aumento no nível de vitalidade e potencial construtivo do sistema.

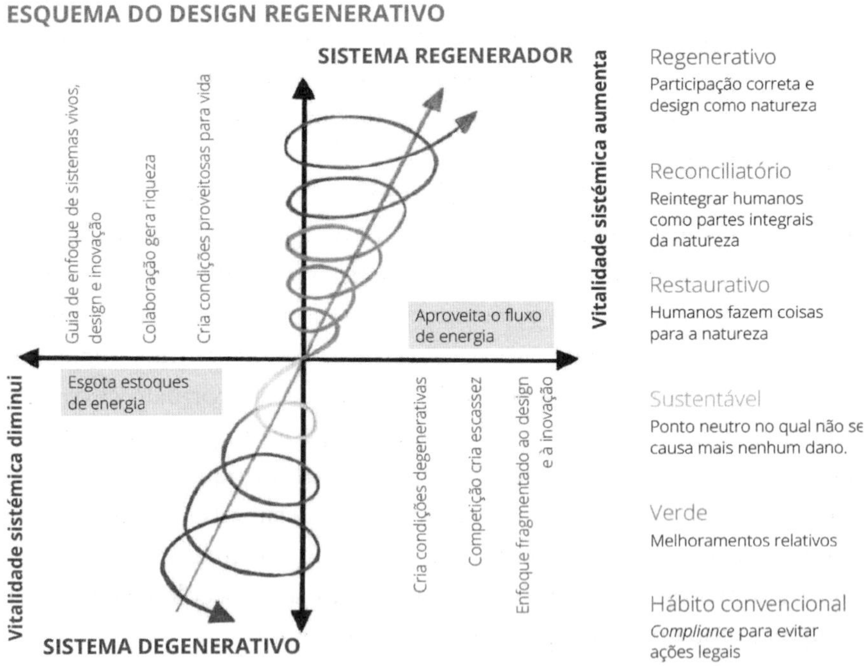

Figura 1: Esquema do design regenerativo. Fonte: Wahl (2020, p. 57)

Praticamente todas as atividades humanas requerem intervenções e utilização de recursos naturais, portanto, para o desenvolvimento do ecossistema de aprendizagem proposto para esta pesquisa, uma trilha ecopedagógica, foram utilizadas abordagens que buscam ir além de apenas práticas sustentáveis, com ações neutras, e sim, práticas que busquem regenerar o território e todas as relações envolvidas.

A permacultura, conceito utilizado neste trabalho, é um exemplo de abordagem *design* que enxerga a natureza não apenas como recurso a ser explorado, mas como fonte de inspiração no desenvolvimento de projetos que trabalham em equilíbrio e a favor dos sistemas vivos. É um campo do conhecimento que busca aprender com a observação dos princípios e processos dos ecossistemas, para o planejamento e estabelecimento de ocupações humanas "permanentes". Para David Holmgren e Bill Mollison, cofundadores do conceito na década de 1970, um *design* permacultural pode ser entendido como sistema conscientemente planejado que imita os padrões e relações encontrados na Natureza estabelecendo relações transparentes e equilibradas (Holmgren, 2015). A observação de princípios básicos dos ecossistemas naturais como "fechar ciclos" ou "diversidade gera resiliência" permite que complexos sistemas de relações entre seres humanos e o meio natural possam ser planejados e estabelecidos de modo que as necessidades de todos os indivíduos, humanos e não-humanos, sejam supridas sem que existam desgastes, mas sim processos construtivos, tanto do meio natural quanto dos sistemas sociais (Maia, 2019).

5. O projeto

Esta pesquisa impulsiona a estruturação e o nascimento do Programa Origem - Educação Viva, um projeto que visa inspirar e promover uma cultura regenerativa, que incentive o contato frequente entre crianças e natureza. Inspirado por projetos e iniciativas entusiastas de uma educação livre, pretende impactar crianças e jovens de escolas, de comunidades, de bairros, de instituições, entre outros, oferecendo vivências em ambientes naturais, em contexto rural ou urbano, incorporando os princípios embasados pelos referenciais teóricos e práticos estudados e vivenciados pelo autor deste trabalho. Com a intenção de oferecer um espaço acolhedor e amoroso para as crianças serem protagonistas junto à natureza, se expressando de forma livre pelo brincar.

Figura 2: Logotipo Programa Origem. Fonte: elaborado pelos autores, 2023.

5.1 Proposta educativa

Não há rótulo pedagógico, apenas inspirações e referências. O foco e a energia são a educação. A ideia é não direcionar as atividades que cada criança realizará, mas acompanhar o desenvolvimento de cada uma, permitindo que possam descobrir o ser humano no seu estado de pureza. Assim, enquanto humanidade, vamos caminhando em direção a recuperar a nossa essência.

A missão é guiá-las para que descubram o mundo pela curiosidade, respeitem a natureza e sejam respeitadas, que se reconheçam e sejam reconhecidas, para criar, evoluir e não adormeçam de suas capacidades e nem da sua essência de luz e união pura. Assim, há a possibilidade de não se esquecerem que o real é a realização do Ser, do amor e da união (Inkiri, 2014).

O objetivo é contribuir para a educação de seres humanos compassivos, conectados consigo e com seu entorno. Cultivando autonomia e liberdade em ambientes ricos e biodiversos, estaremos ativando memórias biológicas por meio da curiosidade em explorar livremente a natureza externa em consonância com a natureza interna. Eles estarão atendendo suas necessidades enquanto aprendem a cooperar entre si e conviver com o próprio habitat.

Os limites e as regras são estabelecidos mediante combinados prévios e dão a base para que as crianças possam desenvolver-se livremente, protegendo a harmonia e o equilíbrio. Por exemplo, as crianças devem respeitar as limitações dos espaços, manter a união com o grupo enquanto estiverem fazendo alguma trilha. O que muda são as diferentes atividades que irão se desenvolver e a forma como serão aplicadas em um processo contínuo de aprendizagem.

O papel dos adultos e educadores no contexto das vivências é observar, ser apoio, acolher, não julgar, estimular a cooperação, estar presente e atento para proporcionar o melhor ambiente possível para que a livre expressão da criança possa se manifestar.

As crianças recém chegaram a esse plano e necessitam que sejam proporcionados a elas o suporte e a segurança, que sua presença seja reconhecida, valorizada e honrada. Elas são nosso futuro, são as novas gerações que vão povoar a Terra. Quanto mais honramos sua presença desde os primeiros anos, deixando de lado antigos padrões de comportamento, programas de qualificação, juízos e demais, mais abriremos as portas para que esses seres de luz encontrem dentro de si mesmos a confiança e a segurança suficientes para expressar e criar o mundo da nova era, cheio de harmonia, amor, união. Elas trazem a essência humana na forma mais pura, uma essência que une todas as qualidades divinas em uma vida, se as permitimos manifestar-se livremente sem limitações, estaremos abrindo as portas ao despertar da nova humanidade (Inkiri, 2014). Assim, damos espaço e incentivo para que as crianças se tornem naturalmente as novas agentes regenerativas do planeta.

A mudança que este programa propõe é de que nossa percepção em relação à natureza deixe de estar vinculada apenas a ideia de recursos, produtos e mercadorias que exploramos para atender às nossas necessidades e desejos, e passe a ser a de Natureza enquanto sujeito, representada pelo arquétipo da mãe, o grande berçário de toda a vida. Em outras palavras, este projeto visa contribuir para nos levar da "narrativa da separação" para a "narrativa do interser", servindo como exemplo, partindo da ideia de que somos participantes em um todo dinâmico no qual nos definimos e criamos a nossa realidade por meio da nossa participação em relacionamentos. Ser é interser (Wahl, 2020).

5.2 Ecossistema de aprendizagem

O ecossistema de aprendizagem, elaborado para o Programa Origem, é representado por uma trilha ecopedagógica de aproximadamente 350 metros, criada e pensada para as vivências no sítio Ybirá, localizado na zona rural do município de Santa Fé, norte do Paraná.

Figura 3: Desenho da trilha ecopedagógica no sítio Ybirá e localização do município de Santa Fé (PR, Brasil). Fonte: elaborado pelos autores, 2023. Imagem aérea capturada por drone no sítio Ybirá.Mapa - Wikipédia

Sob a ótica da permacultura, o ambiente foi planejado e as intervenções foram realizadas com o intuito de utilizar os materiais locais disponíveis para a elaboração do trajeto. A preparação do espaço foi realizada utilizando de manejos ecológicos, podas, roçadas, plantio e intervenções pontuais, como a construção de uma ponte sob o riacho com materiais locais reaproveitados de baixo impacto, sempre buscando respeitar a natureza e sua biodiversidade. Este cenário foi preparado a fim de proporcionar experiências que possam despertar o entusiasmo e a curiosidade para a exploração e intervenção das áreas durante as próprias vivências, com possibilidades da realização de coleta de materiais da natureza, para criação de brinquedos e estruturas de madeira, bambu, terra e o que o espaço e a criatividade permitirem.

A trilha possui um trajeto rico, de biodiversidade abundante, passando por diversos tipos de terrenos, como campos mais abertos, bambuzal, riachos, floresta nativa, nascente, entre outros. Todo o trajeto foi pensado e preparado para ser acessível, trazer desafios e gerar curiosidade por meio do contato com esse ambiente. O processo da própria natureza, ao longo dos anos no local, foi aproveitado utilizando e aprimorando as formas e obstáculos existentes, desde caminhos formados naturalmente, árvores caídas, ambientes florestais densos e mais abertos, riachos, até finalizar em uma das nascentes da propriedade.

5.3 A vivência

O Programa Origem, criado por intermédio desta pesquisa, traz, inicialmente, alguns objetivos: se estruturar como um projeto real com potencial para realizar intervenções, com técnicas regenerativas nos ambientes propostos e executar uma vivência ecopedagógica para gerar e fornecer resultados e insumos para discussões. Para a realização do piloto, o projeto foi apresentado para a Associação Pescadores de Vida, escolhida por ser uma instituição social que cuida de crianças e adolescentes da periferia de um bairro da cidade de Sarandi, no Paraná, sul do Brasil, e por fim, realizado o convite para participarem da vivência experimental do Programa, no sítio Ybirá, local onde foi criada a trilha ecopedagógica.

Um grupo de oito crianças com idades entre 6 e 10 anos esteve presente para a vivência, acompanhadas por uma psicóloga e um biólogo voluntários. A recepção e condução da vivência foi mediada por dois educadores devidamente alinhados com o contexto a ser oferecido pelo Programa Origem.

Na vivência, procurou-se identificar – por meio da observação, diálogo com os adultos presentes e também mediante um formulário para avaliação da qualidade da experiência das crianças – de que forma os ecossistemas de aprendizagem podem contribuir para a evolução e aprendizado integrativo do ser humano e como o não direcionamento de atividades, aliado aos ambientes preparados, proporcionam que aprendizados ocorram partindo da essência, respeitando naturalmente a particularidade de cada criança.

Ao final, entrevistas qualitativas foram realizadas utilizando o instrumento de avaliação de experiências significativas entre as crianças e a natureza: ACHUNAS (Giusti *et al.*, Svane, Raymond, Beery, 2018) – com o objetivo de colher diversas perspectivas dos participantes para aprimorar as experiências constantemente. O emprego dessa ferramenta de avaliação é indicado para aprimorar os espaços verdes e as atividades desenvolvidas para as crianças na natureza. Essa ferramenta contribuiu para a visualização de atributos emergentes em experiências significativas entre crianças e natureza e tornou a estrutura do Programa Origem passível de análise, questionamento, revisão e melhoria.

6. Resultados e discussões

Como as vivências ecopedagógicas e a forma com que elas são estruturadas podem contribuir para que uma visão de mundo holística e regenerativa seja desenvolvida desde a infância? Esta pesquisa não possui intenção de definir um modelo pronto, mas identificar possibilidades de estruturação da aprendizagem coerentes com a visão de mundo regenerativa emergente e seus princípios sistêmicos, regenerativos e evolutivos.

6.1 O método emerge no caminho

Ao desapegar da ideia de que os processos de aprendizagem devem ocorrer sempre a partir de concepções preexistentes, abre-se um espaço favorável à emergência de ideias novas, resultado das interações momento a momento. A necessidade de controle substitui a diversidade de possibilidades por caminhos únicos: de pensamentos, de práticas, de processos, de tempos, de resultados.

O que se observa é que as trocas acontecem o tempo todo: mesclagens, organizações e reorganizações, agrupamentos, separações, contatos. Para que a relação caótica, auto-organizada, espontânea e emergente seja possível, a centralização da responsabilidade pela aprendizagem no papel do professor é substituída pela criação de um ambiente que permite e favorece as trocas diretas, em rede.

6.2 Entre caos e ordem emerge criatividade

O desafio dos organismos, sistemas ou organizações é se manter no fluxo do equilíbrio harmonioso e dinâmico entre os atributos do caos e da ordem, ou seja, navegar o espaço caórdico. Nesse campo intermediário, processos, práticas e atitudes favoráveis contribuem para um equilíbrio construtivo entre os dois atributos.

Na vivência proposta, houve a sensação de perda de controle em alguns momentos por parte dos adultos. Permanecer nesse lugar e confiar no processo, foram uns dos desafios detectados em um ambiente de aprendizagem baseado em auto-organização, que além do não controle, também despertou medo de que a aprendizagem simplesmente não aconteça "como deve ser". Esse estado poderia levar à criação de formas impostas de controle que enrijecem o sistema, ou à ansiedade de saltar para a entrega precipitada de soluções ou respostas que acabam com as possibilidades do campo criativo. No entanto, a auto-organização não significa confusão ou bagunça, mas que a ordem é construída, desconstruída e reconstruída continuamente por meio da participação equivalente de todos. O sistema deixa de ser dependente de um controle centralizado e passa a contar com a contribuição criativa de cada participante.

Viver o espaço caórdico significa ter paciência para dar o tempo necessário de "não-saber", sem impor uma solução nem desistir, para permitir que novas ideias e formas de organização possam emergir de forma genuína, dentro do tempo e da individualidade de cada pessoa e grupo. Requer confiança de que a inteligência coletiva conduzirá o processo para o surgimento de formas de aprendizado com mais significado (Maia, 2019).

6.3 Comunidade

Nessa abordagem integrativa, a aprendizagem acontece em um contexto de comunidade. Não como indivíduos isolados, ou meramente como um coletivo de pessoas, mas como partes integrantes e interdependentes de uma coletividade que evolui conjuntamente a partir dos vínculos e relações interpessoais. O sentimento de fazer parte de uma comunidade dá sentido ao aprendizado e ajuda a gerar a motivação e as condições de saúde emocional e mental necessárias para o autodesenvolvimento. No convívio e na experiência de comunidade, entendimentos importantes sobre a visão de mundo integrativa emergem e são integrados. Os sensos de amizade, empatia e cooperação são fortalecidos em uma aprendizagem que acontece no cotidiano da vida, no compartilhamento de uma refeição, ao organizar os espaços, lavar a louça, cuidar do jardim. Valores como solidariedade, generosidade, e um senso ético de cuidado com o bem comum, fundamentais para uma postura regenerativa, são florescimentos de uma comunidade saudável (Maia, 2019).

Uma das formas de favorecer a convivência em vivências ecopedagógicas é por meio da criação de momentos e espaços favoráveis para os encontros coletivos. Assim como ocorreu na vivência do Programa Origem, podemos preparar ambientes para serem convidativos, com lugares para se sentar em roda, onde os olhares dos participantes podem se voltar uns para os outros, para desfrutar e partilhar de alimentos em comunidade, por exemplo.

6.4 Individualidade

A intenção de proporcionar um ambiente cooperativo, onde haja espaço para a livre expressão, faz com que a autonomia se torne a essência do processo. Tomar decisões como sujeitos plenos e conscientes revela a capacidade do indivíduo ou do grupo de agir de maneira automotivada, livre de imposição, vigilância ou estímulo externo, de forma proativa, com base em seus interesses e motivações, pela construção de seu próprio processo de aprendizagem. Essa é uma competência que se desenvolve de maneira progressiva e frequentemente os níveis de autonomia de cada indivíduo são diferentes dentro de um mesmo grupo. O desafio é equilibrar a estrutura e o suporte necessários para que o indivíduo ou grupo desenvolva o máximo do seu potencial a partir do seu nível de maturidade a cada momento. O educador fornece um apoio emancipatório, ou seja, um apoio que tem como objetivo se tornar progressivamente desnecessário, na medida em que, com a autonomia crescente do educando, o educador se desloca da condução para a participação na aprendizagem

Por meio da motivação própria, os aprendizados realmente acontecem, conectados consigo mesmos e com toda a rede daquele ecossistema em que a criança também é um organismo pertencente. A diversidade de possibilidades e a flexibilidade dos ambientes de aprendizagem favorecem o acolhimento às individualidades.

6.5 Diversidade

Nos sistemas naturais um dos fatores fundamentais relacionados à resiliência é a diversidade, que pode ser expressa em diversidade de espécies, diversidade genética, diversidade de elementos, exercendo uma mesma função em um ecossistema. Em sistemas sociais a diversidade pode ser expressa em diversidade de processos, atividades, estratégias, competências, papéis, conhecimentos, aptidões, entre outras (Maia, 2019).

Figura 4: Parque naturalizado em Fortaleza (CE). Fonte: Portal Lunetas.

7. Considerações finais

Estruturas muito rígidas limitam a capacidade do ecossistema de se adaptar, melhorar, crescer e evoluir, enquanto a ausência ou indefinição de estruturas básicas limita que processos mais complexos e sofisticados de aprendizagem se estabeleçam. Por isso, para oferecer experiências significativas entre crianças e natureza, é necessária uma estrutura flexível em diversos níveis para permitir que o ecossistema sustente processos complexos e ao mesmo tempo se adapte e melhore continuamente.

A forma como a educação se estrutura tem o potencial de transformar a maneira como pensamos, como nos relacionamos entre nós e com a natureza, e como agimos para criar uma presença humana saudável e regenerativa. A construção de um futuro desejável precisa de uma aprendizagem capaz de criar em menor escala ambientes que se pareçam com esta perspectiva de vida. Uma educação que conduz a uma concepção complexa da realidade e que fornece contextos para vivenciar e praticar as estratégias para viver e navegar nesta complexidade.

Uma experiência de aprendizagem capaz de gerar transformações profundas na forma de pensar, sentir e agir emerge de um sistema como um todo, pensado e estruturado para esta experiência. As características estruturais que promovem senso de pertencimento e integração podem emergir intuitivamente nos ecossistemas de aprendizagem, mas também fazem parte de um conjunto de ciclos de reflexão, planejamento, experimentação e avaliação desenvolvidos com intencionalidade. A forma final não tem tanta importância, até porque a forma é mutável, adaptável, evolutiva. A chave é manter uma estrutura flexível, para continuar evoluindo e se adaptando aos diferentes contextos externos e às características de sua comunidade interna.

Esta pesquisa explorou possibilidades e oportunidades para a emergência de uma educação que contribua na transição de uma forma de pensar analítica, mecânica e fragmentada para uma visão de mundo sistêmica, holística, integrativa e ecológica desde a infância. O Programa Origem e todo seu embasamento demonstrou que, se estivermos orientados para essa nova visão de mundo emergente, iremos viver e proporcionar experiências contínuas de aprendizagem para todos os seres humanos envolvidos, crianças e adultos e impactar positivamente a complexa rede da vida, de dentro para fora, do local ao global. Além de impactar as crianças que participaram das vivências realizadas, este projeto também serve como inspiração para outros projetos serem criados.

As crianças são novos seres que chegam ao mundo constantemente. Proporcionar que elas possam viver e se desenvolver, como natureza em essência que são, é um serviço necessário que nós, adultos, podemos oferecer. E fazemos isso quando enxergamos a natureza e a criança como mestras e protagonistas, respeitamos seu tempo e sua autonomia, proporcionamos o livre brincar e o convívio entre diferentes idades, acolhemos com escuta e olhar sensível para toda a comunidade, tanto para as crianças como para os adultos, e cuidamos por um desenvolvimento integral e saudável.

Desenvolver uma visão de mundo holística pode começar com o sentimento de pertencimento ao ecossistema em que estamos inseridos. O senso de um profundo vínculo pessoal com o mundo natural leva a nos reconhecer como natureza, como um organismo vivo que possui um potencial, assim como todos os outros. Esse potencial surge a partir das características únicas, da essência de cada ser. E quando vivenciamos experiências que geram esse pertencimento, estamos naturalmente descobrindo e aprendendo a desempenhar um papel regenerativo inerente a nossa capacidade natural do atual momento de nossas vidas. Esse papel reflete uma atividade que permitirá com que realizemos contribuições únicas para a saúde e vitalidade do sistema maior que estamos inseridos. Assim, estaremos em uma dança recíproca, na qual contribuir para a saúde do sistema em que estamos inseridos, contribui diretamente para a nossa saúde e prosperidade. Nesse sentido, podemos dizer que uma criança brincando na natureza é a representação de um ser vivo aprendendo prazerosamente, de forma saudável, a desempenhar o seu melhor papel possível em seu habitat.

Referências bibliográficas

CAPRA, F. **A teia da vida**: uma nova concepção científica dos sistemas vivos. São Paulo: Cultrix, 1996.

CIDADE ESCOLA AYNI. **Como vivemos a educação na Cidade Escola Ayni**. Guaporé, RS: Cidade Escola Ayni, 2022. E-book.

GIUSTI, M.; SVANE, U.; RAYMOND, C. M.; BEERY, T. H. A framework to assess where and how children connect to nature. **Frontiers in Psychology**, Lausanne, v. 8, art. 2283, 2018. Disponível em: https://www.frontiersin.org/journals/psychology/articles/10.3389/fpsyg.2017.02283/full. Acesso em: 6 abr 2023.

HARRIS, F. Developing a relationship with nature and place: the potential role of forest school. **Environmental Education Research**, [S. l.], v. 27, n. 8, p. 1214-1228, 2021.

HOLMGREN, D. **Permacultura**: princípios e caminhos além da sustentabilidade. Porto Alegre: Via Sapiens, 2015.

INKIRI. **Escola Viva Inkiri**. Piracanga, BA: Inkiri, 2014.

INSTITUTO ALANA. **Apostila TiNis**: módulo 1: nosso vínculo com a natureza. São Paulo: Instituto Alana, 2021.

MAIA, C. **Ecossistemas de aprendizagem integrativos**: um olhar do design sobre a emergência de uma cultura sistêmica, regenerativa e evolutiva na educação. 2019. Dissertação (Mestrado em Design) - Departamento de Design, Universidade de Brasília, Brasília, DF, 2019.

PARQUES naturalizados: o brincar livre em uma cidade mais verde. **Lunetas**: múltiplos olhares sobre as múltiplas infâncias, [S. l.], 3 nov. 2021. Disponível em: https://lunetas.com.br/parques-naturalizados-o-brincar-livre-em-uma-cidade-mais-verde/. Acesso em: 15 maio 2024.

SANTA Fé (Paraná). In: WIKIPÉDIA: a enciclopédia livre. [San Francisco, CA: Wikimedia Foundation, 2023]. Disponível em: https://pt.wikipedia.org/wiki/Santa_Fé_ (Paraná). Acesso em: 15 maio 2023.

VIVACQUA, F. L. M. **A Pérola do Dragão**: uma jornada profunda pelas origens do método e filosofia Dragon Dreaming e outras contribuições em educação regenerativa e processos de coaprendizagem. Rio de Janeiro: Bambual, 2021.

WAHL, D. C. **Design de culturas regenerativas**. 2. ed. Rio de Janeiro: Bambual, 2020.

CAPÍTULO 3

INFÂNCIA E NATUREZA: UMA PROPOSTA PEDAGÓGICA NA BUSCA POR NARRATIVAS ENCANTADAS

Janaina Porto Soares e Marina Dain

1. Labirintos, brechas e sendas

A pandemia da Covid-19 ampliou a compreensão da crise civilizatória em que estamos imersos. Crise esta que possui múltiplas dimensões – social, econômica, política, ambiental, sanitária – que não só convergem, mas sistematicamente reforçam umas às outras. Compreender a complexa inter-relação entre elas nos levará às bases epistemológicas que estruturam a modernidade capitalista. Se, por um lado, a história da humanidade se inicia em um mundo povoado de mistérios para os quais atribuíam-se sentidos diversos, subjetivos e intersubjetivos, por outro, no processo da modernidade passamos a acreditar ter a capacidade de explicar com a ciência e, acima de tudo, com a razão, o mundo que está a sua volta. A epistemologia racional, o ideal iluminista de progresso, o pensamento mecanicista e mais adiante a globalização passam então a informar e orientar nossa visão do mundo e de como nos relacionamos com ele. A natureza deixa de ser vista como um jardim encantado e passa a se constituir como um objeto explicado e dominado, tornando-se apenas fonte de recursos à disposição humana.

Por desencantamento do mundo, Weber se refere a um processo de "desmagificação" e/ou perda de sentido (Pierucci, 2003). A narrativa moderna esvazia, restringe e homogeneiza as possibilidades de sentidos do mundo e da vida. Além disso, a relação sujeito-objeto, base sobre a qual se constrói o conhecimento científico, reduz as coisas à matéria, invisibilizando as relações e suas emergências. Levando ao limite de nos fazer acreditar na possibilidade de dominá-las, dificultando relações de analogia e similitude entre seres da natureza e até mesmo entre um indivíduo e outro. Simas e Rufino (2020, p. 6) acreditam que "a gerência de uma vida praticada em conexões plurais por uma perspectiva contrária à diversidade produz o desencanto: perda de vitalidade, que reifica as raízes mais profundas do colonialismo".

Podemos considerar então que "a crise que estamos vivendo não é somente econômica, política, ambiental, habitacional, sanitária e educacional, mas também uma crise da sensibilidade" (Patzdorf, 2021, p. 5). Crise esta que vai desde o esvaziamento da experiência sensorial, do apagamento da alteridade e das subjetividades, até a insensibilidade diária diante do sofrimento do outro, na incapacidade ou recusa de compreendê-lo e no desejo de dominá-lo (Bauman e Donskis, 2014).

Diante desse "[...] imenso vazio na subjetividade que tende a se tornar cada vez mais absurda e sem recursos" (Guattari, 2012, p. 30), e junto às desigualdades e vulnerabilidades sociais, cresce o número de diagnósticos referentes a distúrbios psíquicos (depressão, ansiedade, crise de pânico, insônia, entre outros). Termos como Ecofobia (Sobel, 1999) e Eco-ansiedade (Clayton *et al.*, 2017) surgem para nomear os impactos das mudanças climáticas na saúde mental das pessoas. Da mesma maneira, a palavra Solastalgia (Aalbrecht, 2017) descreve uma forma de angústia emocional ou existencial causada por experiências de crise socioambiental.

Segundo o relatório *Mental Health and Our Changing Climate: Impacts, Implications, and Guidance* (Clayton *et al.*, 2017), realizado pelas organizações não governamentais American Psychological Association (APA) e a ecoAmerica, as mudanças climáticas também têm impactos na saúde mental no nível da comunidade, principalmente quando agudas e de longo prazo, aumentando a hostilidade, agressão interpessoal e intergrupal e contribuindo para a perda de identidade e coesão social. O documento alerta também para o impacto em relação às crianças, que tendem a demonstrar mais ansiedade diante das incertezas do futuro e preocupações com eventos climáticos, podendo desenvolver ataques de pânico, insônia e comportamentos obsessivo-compulsivos.

Adultos desencantados se mostram incapazes de ajudar as crianças a articularem seus sentimentos em um formato narrativo que as possibilitem transmutar o medo e desenvolverem um senso de agência. Falta ao adulto ocidentalizado um repertório cultural capaz de ampliar suas visões de mundo e oferecer inspiração para outras narrativas de vida. Esse fenômeno reflete no universo das crianças, que vêm sendo apartadas da natureza e emparedadas (Tiriba, 2018).

O adulto frente à infância deveria ter a responsabilidade e o compromisso com a apresentação do mundo aos recém-chegados (Arendt, 2005). Muita da nossa esperança se apoia na novidade que cada geração traz consigo, mas devemos também as introduzir no mundo existente e apresentar-lhes sua heterogeneidade para que então, conhecendo-o nele, se inscrevam e intervenham.

Portanto, se tal desencanto, indiferença e sentimento de impotência surgem da estreiteza de visão do mundo, tomada por um aspecto utilitário e funcional, precisaremos recorrer a outras propostas, alternativas ao paradigma hegemônico, que sejam capazes de multiplicar e expandir as possibilidades de narrativas e sentidos da vida para regenerar o planeta e nossa própria existência.

Encantar é expressão que vem do latim *incantare*, o canto que enfeitiça, que envolve e provoca maravilhamento. Ao contrário daquilo que desmembra e separa, o encantamento diz sobre o efeito da composição. Aquilo que a partir do encontro toca, afeta, atravessa e por isso multiplica, transforma, produzindo, assim, mais vida, sentidos, diversidade e possibilidades.

> Nesse sentido, o encantamento dribla e enfeitiça as lógicas que querem apreender a vida em um único modelo, quase sempre ligado a um senso produtivista e utilitário. Daí o encante ser uma pulsação que rasga o humano para lhe transformar em bicho, vento, olho d'água, pedra de rio e grão de areia. O encante pluraliza o ser, o descentraliza, o evidenciando como algo que jamais será total, mas sim ecológico e inacabado (Simas, Rufino, 2020, p. 9).

Se o mundo já é encantado, para experimentá-lo de tal maneira, precisaremos utilizar outros processos cognitivos além da razão, como as emoções, a imaginação e os sentidos, compreendendo-os como igualmente produtores de conhecimento, capazes de ampliar nossa percepção e valorização de nós mesmos e do outro, do mundo e de suas inter-relações. Talvez possamos acessá-los por meio de experiências sensíveis, que reintegrem o conhecimento, mobilizando os sentidos e a afetividade, contemplando a diversidade não como elementos separados, mas em relação – aquilo que sábia e poeticamente

Krenak (2020) chama de dança cósmica –, podendo assim, quem sabe, devolver aos adultos e garantir à infância um arco-íris de saberes, sob a perspectiva da descolonização e da interculturalidade (Santos, 2017).

Para isso, é necessário que os saberes, histórias, mitos e fabulações sejam postos em roda, em movimento, que dancem, se encontrem, sejam experienciados e compartilhados. Bakhtin (1997, p. 369) aponta que "um sentido revela-se em sua profundidade ao encontrar e tocar outro sentido, um sentido alheio: estabelece-se entre eles como que um diálogo que supera o caráter fechado e unívoco, inerente ao sentido e à cultura considerada isoladamente". Contudo, López nos lembra que

> [...] há muitos anos, Walter Benjamin (1986, p. 190) fez referência ao desaparecimento da narração como um dos custos da passagem para as sociedades industrializadas, nas quais espaços intersubjetivos, mediados pela linguagem se reduzem (López, 2018, p. 34).

Escutar e contar histórias não são formas de acesso apenas a universos representacionais, mas também são modos de construção e de constituição da realidade (Bruner, 1991). As narrativas nos possibilitam organizar e dar sentido às experiências vividas, assim como compartilhar e negociar significados que nos motivam, que informam nossas ações e definem nossos modos de vida. As histórias alimentam a imaginação, mas também o sentido de identidade e pertencimento cultural e ecológico. Para Brockmeier e Harré (2003, p. 534), "uma das funções essenciais da narrativa como arte é, portanto, subjetivar o mundo, conforme Bruner (1990) formulou: abrir-nos para o hipotético, para o espectro de perspectivas reais e possíveis que constituem a vida genuína da mente interpretativa (Brockmeier, 1996)".

Portanto, o encantamento se dá no envolvimento, na fricção e no cruzamento entre paisagens externas e internas. Em convivência e mediados pelas linguagens, os mundos objetivos e subjetivos engendram possibilidades e caminhos diversos. As narrativas mantêm amplo o horizonte dos possíveis e por intermédio da subjetivação, da mente interpretativa, de associações, negociações e representações, nos movemos, nos inscrevemos e transformamos a realidade. Krenak (2019) sugere em suas *Ideias para adiar o fim do mundo* que para fazê-lo podemos sempre contar mais uma história, mantendo vivos nossos sonhos.

Neste sentido, o presente trabalho investiga, a partir do campo das narrativas, as relações entre infância e natureza, a fim de vislumbrar possibilidades e formas de encantamento. Por um lado, compreende-se a importância de cumprir com a responsabilidade de apresentação do mundo às crianças, oferecendo-lhes histórias, materiais e estímulos que possibilitem a relação e o vínculo com a natureza sob uma perspectiva diversa, íntegra, sistêmica e afetiva, por meio da criação de um tempo-espaço de convivência, contemplação e reflexão acerca daquilo que chamamos de Natureza e como nos relacionamos com ela. Por outro lado, vale ressaltar a relevância de se alcançar e registrar as narrativas e sentidos que emergem a partir da experiência de cada criança e do grupo, buscando nas culturas da infância, isto é, na forma como constroem significados, em seus modos de apreender e conviver, meios de encantamento. Reconhecendo então:

> [...] aquilo que tem de criador cada criança como sujeito que se abre para o mundo, o que há de construtor nas crianças que tem à disposição materiais e oportunidades para inventar, para brincar no território da metáfora, que é fundamentalmente o campo da narração em um sentido amplo. As crianças podem ser grandes inventoras, a relação com as palavras, com os brinquedos, com a natureza, com os outros, é uma relação de descoberta e criação (López, 2018, p. 38).

Não diz respeito, entretanto, a delegar às crianças alguma resolução para as crises que vivemos, e sim nos aproximar de suas percepções e significações podendo nos servir de suas narrativas para elaborar outros modos e possibilidades de vida, reconhecendo-as enquanto atores sociais, produtores culturais e portadores de novidade capazes de engajar suas famílias no presente (Sarmento, 2004).

Diante desse contexto, o presente trabalho tem como objetivo desenhar um percurso pedagógico capaz de iniciar as crianças em uma jornada em que elas possam agir no mundo a partir de uma visão ecológica mais sistêmica e sensível.

2. Trançar ideias, traçar caminhos

Para a realização desta pesquisa, foi desenhada uma vivência composta por oito encontros, realizada em uma escola particular em Goiânia, nos meses de maio e junho de 2022, contemplando um encontro de preparação com a equipe pedagógica e sete encontros com um grupo de crianças de 3 a 9 anos de idade, dispostas a investigar conjuntamente a seguinte questão: "Quem é a Natureza?". Desenvolvida a partir de rodas de diálogo, contação de histórias, brincadeiras e atividades artísticas, a pesquisa se deu mediante participação ativa das crianças, que refletiram questões culturais de nosso tempo e lugar, mas também levantaram suas hipóteses e construíram seus próprios sentidos. A dimensão pedagógica da vivência destaca o "como" se gera os saberes e o "quê" se aprende na produção cultural, na interação social e com a natureza.

O desejo de investigar a relação entre infância e natureza, a partir do campo das narrativas, surge da observação anterior de projetos voltados para Educação Ambiental, nos quais as crianças eram convidadas a participarem de ações de plantio, entre outras atividades em hortas e áreas verdes. Muitas vezes, essas atividades eram conduzidas de forma instrumental, sem tempo e nem espaço para contemplação, enigmas, fabulação, brincadeiras e o despertar da alegria. No geral, eram propostas focadas na execução e em narrativas científicas que não abriam brechas para o encantamento, isto é, para uma experiência íntegra, na qual ocorresse alguma mistura entre o observador e aquilo que é observado, produzindo afetos, associações e sentidos próprios, profundos.

Javier Naranjo, poeta e professor colombiano, reuniu no livro *Casa das estrelas* (2018) definições que seus alunos do primário davam a palavras diversas. Disponibilizadas em ordem alfabética, na letra N encontra-se a definição de um garoto de 6 anos para a palavra natureza, afirmando: "eu não andei por lá" (Naranjo, 2018, p. 97). O comovente distanciamento explícito na fala da criança mobilizou no projeto a necessidade de levar histórias que falassem da Natureza, não enquanto uma paisagem distante ou elementos partidos sob uma perspectiva cientificista, mas sim a partir de uma visão sistêmica, que percebe a Natureza enquanto uma força agenciadora de vida, sem começo nem fim, que o cantor e compositor Castello Branco, na música "Do Interior" (2017), chama de "ginga do infinito". Exatamente por constituir-

-se criativamente a partir das relações, a Natureza possui sua dimensão lúdica, que afeta e se relaciona com nossas subjetividades e que por isso está suscetível ao jogo e à brincadeira.

Foi realizada uma pesquisa sobre histórias, contos, mitos, lendas e teorias que narrassem a Natureza sob esta outra perspectiva, não hegemônica, chamada aqui de encantada por produzir vivacidade e desdobramentos poéticos, abrindo espaço para diversidades e subjetividades. Nesse processo, é importante ressaltar a relevância das culturas indígenas, suas cosmovisões e seus modos de vida que nos indicam caminhos de uma relação mais íntima e afetuosa com a Natureza. Algumas de suas narrativas inspiraram a elaboração das histórias que seriam contadas, como o mito da Cobra-Canoa, que narra a origem dos povos Tukano do Alto do Rio Negro (AM). A partir de uma viagem feita no ventre de uma cobra, na qual seus ancestrais tiveram contato com lugares, seres, conhecimentos, técnicas, artefatos e outros bens e rituais que os formaram e transformaram, até que estivessem prontos para emergirem nesse mundo na forma humana. A história é apresentada no filme *Pelas Águas do Rio de Leite* (Scolfaro, 2018).

Nesse caldeirão de referências, foi considerada também a teoria científica "Hipótese de Gaia", formulada pelo cientista inglês James Lovelock em 1972, que olha para o funcionamento do planeta Terra a partir das relações entre seus componentes físicos e a biosfera, de modo a compreender a complexidade das interações que promovem e mantém as condições climáticas e biogeoquímicas propícias à vida (Lovelock, 1995). Inspirou também a escrita do projeto, muito pela partilha do bioma no qual a pesquisa se dá, o trabalho do artista popular Tico Magalhães (2020), autor do Mito do Calango Voador e outras histórias do Cerrado, que se debruça sobre as características, figuras, símbolos e tradições cerratenses para criar uma mitologia própria na qual a Natureza se mostra não só presente, mas fundante, animada e encantadora.

Portanto, é desse cruzamento entre ancestralidade, ciência, arte e cultura popular, revisitando também as quatro dimensões – social, econômica, ecológica e visão de mundo – estudadas ao longo da trajetória no curso de Pós-Graduação em Educação para Sustentabilidade (Gaia Education) que surgem as histórias contadas em cada encontro da vivência.

As referências e os conteúdos foram reinterpretados e adaptados à linguagem e ao universo infantil, valendo-se do uso de muitas metáforas para o exercício da imaginação e produção de um senso de similitude, pertencimento e interdependência. Começando pela escolha do pronome na pergunta que guia os encontros: "Quem é a Natureza?", recorreu-se à prosopopeia, uma figura de linguagem muito utilizada na literatura infantil, caracterizada pela personificação de seres não-humanos. A pergunta geradora é aparentemente simples, mas carrega consigo profundidade ontológica. Quando feita para pessoas adultas provoca, na maioria, certa hesitação e até constrangimento diante da pausa necessária para tentar articular conceitos e ideias que deem contorno à grandiosidade contida na palavra Natureza.

> O desafio está em que, como sabem muitos professores, só quando precisamos explicar singelamente algum processo ou fenômeno para as crianças é que percebemos o quão pouco conhecemos sobre ele. Entre os caminhos que podem nos ajudar, enquanto educadores diante de desafios como estes, estão a pesquisa — que pode ser feita em conjunto com as crianças — e a busca experimental de linguagens adequadas ao interesse e à compreensão das crianças, para falar-lhes sobre as coisas do mundo de modo a seguir cativando sua imaginação e mobilizando sua curiosidade (Girardello, 2011, p. 88).

A intenção do uso da pergunta geradora não é exatamente respondê-la, mas investigá-la junto às crianças, usando-a como uma âncora que permita os participantes flutuarem por mais tempo em seu entorno, contemplando, refletindo, conversando, experimentando, mobilizando e criando sentidos e narrativas próprias, ainda que passageiras. Se por um lado as narrativas apresentam e oferecem elementos e estímulos para o imaginário, nutrindo-o, por outro, a expressão e o fazer possibilitam sua articulação naquilo que chamamos de imaginação. Jean (1991 *apud* Jolibert, 1997, p. 28) define imaginário e imaginação da seguinte forma:

> Globalmente, o imaginário seria um depósito, constantemente renovado, constituído por imagens, sensações, percepções; ele se constitui ao longo de toda a existência. O imaginário encontra suas fontes no real e passa necessariamente pelos órgãos dos

> sentidos [...]. Porque o nosso imaginário está sempre em ação. Não é assim com a imaginação. A imaginação implica um pensamento mais construído, mais elaborado, mais controlado também. Ela extrai elementos do imaginário, mas os organiza ou associa de uma maneira aparentemente incoerente (no sentido de que não correspondem a um esquema conhecido), para criar algo novo, original. Assim como é óbvio que todos nós possuímos um imaginário, é muito menos evidente que todos nós tenhamos imaginação.

A imaginação confere, então, uma postura ativa diante daquilo que lhe é apresentado, uma certa apropriação e articulação dos elementos que tocam o imaginário. Nesse sentido, além da pergunta geradora e das histórias que seriam contadas, foram pensadas também sugestões de atividades para cada encontro da vivência, de forma que houvesse um momento de expressão e produção artística em outras linguagens, que não somente oral como se dá nas rodas de conversa, e que estas pudessem ser registradas e incorporadas à narrativa emergente. As atividades foram, portanto, elaboradas para que houvesse um diálogo com a história contada no dia, desde a escolha da materialidade a ser trabalhada em produções artísticas, como argila e desenhos, às brincadeiras, dança e representação, de forma que, ao final do encontro, houvesse um enlace temático daquilo que foi vivenciado.

Pensando no envolvimento das pessoas educadoras, não apenas durante a realização do projeto, mas também na possibilidade de um trabalho continuado relativo à educação socioambiental, foi realizado um encontro virtual com os profissionais da escola a fim de apresentar o projeto-pesquisa e os conceitos que o embasam. No encontro houve, ainda, a oportunidade de conversa na qual a pessoa responsável pela direção da escola se posicionou enquanto bióloga e compartilhou que, tendo convivido muito com conceitos e informações relativas à destruição ambiental e depois estando na escola, sentia a necessidade de abordagens que falem sobre a Natureza e a relação humana de uma perspectiva em que haja espaço para o encantamento. Em sua busca pelo cultivo de saúde mental nas crianças, a diretora mencionou como inspiração o livro *A última criança na natureza*, de Richard Louv (2016), que aborda a ecofobia e o déficit de natureza enquanto realidades vividas por muitas crianças.

Foi necessária também a produção e a organização de materiais que apoiassem a contação das histórias e as atividades que seriam realizadas. Afinal, há também uma dimensão estética nas experiências de aprendizagem. A materialidade disposta comunica e oferece possibilidades interativas e investigativas que podem despertar mais ou menos interesse e sensibilidade. Além disso, tratando-se de uma pesquisa que sugere outras relações possíveis com a Natureza, houve uma preocupação especial com a composição dos materiais utilizados, sendo priorizados aqueles de origem natural pensando em conter a geração de lixo e desperdícios, além de promover o contato com experiências sensoriais diversas.

Com base nesse percurso pedagógico, para a realização de cada encontro foi fundamental a preparação das histórias, da organização de materiais, da compreensão da intencionalidade e das reflexões que desejavam ser alcançadas não apenas antes de dar início à vivência, mas também no espaço entre os encontros e mesmo no momento em que aconteciam, quando eram necessários ajustes e improvisações.

Nesse sentido, o ato de trançar ideias e traçar caminhos se deu contínua, infindável e coletivamente, já que eram nos encontros em que de fato a pesquisa acontecia, junto às crianças, e que o trabalho anterior àquele momento se tratava da elaboração de um contexto propício e estimulante à investigação. Infindável porque, realizada a vivência, a experiência e os sentidos produzidos e apreendidos por cada pessoa continuam trançando outras ideias, construindo narrativas e percorrendo novos caminhos.

3. Devaneios, deriva e devir

Ao longo de sete encontros com o grupo de crianças, foram oferecidas histórias e atividades que proporcionaram olhares mais sistêmicos e poéticos para a Natureza. Em contrapartida, essas mesmas crianças ofereceram seus próprios olhares, conhecimentos e fabulações. É certo que as culturas da infância manifestam muito da cultura social na qual estão inseridas, suas crenças, dilemas e visões de mundo, mas ao mesmo tempo transcendem-na fabulando e desafiando os limites da razão, ampliando as fronteiras dos possíveis.

> O mundo do "faz de conta" faz parte da construção pela criança da sua visão do mundo e da atribuição do significado às coisas. No entanto, esta expressão "faz de conta" é algo inapropriado para referenciar o modo específico como as crianças transpõem o real imediato e o reconstroem criativamente pelo imaginário, seja importando situações e personagens fantasistas para o seu quotidiano, seja interpretando de modo fantasista os eventos e situações que ocorrem. Na verdade, a dicotomia realidade-fantasia é demasiado frágil para denotar o processo de imbricação entre dois universos de referência, que nas culturas infantis efetivamente se encontram associados. Poderemos de resto, justamente, interrogar-nos sobre se essa imbricação não ocorre também no mundo dos adultos, isto é, se toda interpretação não é sempre projeção do imaginário e se o "real" não é, afinal, o efeito da segmentação, transposição e recriação feita no ato de interpretação de acontecimentos e situações (Sarmento, 2004, p. 16).

É na fronteira entre realidade e fantasia que as crianças desafiam adultos a questionarem seus modos de ver e viver. Por isso, "dar voz" a esses agentes sociais historicamente relegados às margens do presente, mas constantemente responsabilizados pelo futuro, é possibilitar que, por meio de suas narrativas, pessoas adultas se aproximem de suas próprias e esquecidas infâncias, e da integralidade de seus seres, podendo resgatar também suas capacidades narrativas e de produção de sentidos. Jung (2001) afirma que as crianças possuem diversos aspectos não encontrados mais adiante, devido a diferenciações unilaterais forçadas a fazer ao longo da vida. Ele completa dizendo que, "desse modo, porém, nos perdemos de nós mesmos e necessitamos primeiro a aprender a nos reencontrar" (Jung, 2001, p. 30). Nesse processo, talvez possam as pessoas adultas também se reencontrarem enquanto seres pertencentes à Natureza.

Ao longo dos encontros, ficou perceptível o quanto as crianças apreciam a Natureza. López (2018, p. 66) afirma que "a apreciação é um fato subjetivo, e também um rasgo sensível nos corpos das coisas do mundo". O encantamento ocorre quando se cria oportunidade para que a subjetividade de cada um penetre esses rasgos sensíveis de outros corpos, o que só é possível quando são mobilizados processos cognitivos que vão além da razão, como as emoções, os sentidos e a imaginação. Da mesma maneira, tais processos se tornam também essenciais para a aprendizagem, produzindo um nível de envolvimento que transpõem a barreira sujeito-objeto e abrem espaço para a afetividade e o senso equânime de pertencimento. Isso reforça o caráter relacional dos processos vitais e de produção de conhecimento, percebidos, por exemplo, quando uma criança leva consigo um amigo imaginário com nome de fruta ou quando busca indícios de conexão com a Natureza na interação com as galinhas.

Percebeu-se que, durante as conversas, as possibilidades de aprendizado iam sendo construídas a partir da interação das crianças com as histórias e atividades, de forma que os encontros garantiam não apenas estímulos para suscitar tais reflexões, mas principalmente tempo e espaço para diálogo, contemplação e experimentação. Em alguns momentos, as crianças chegaram a temas como desmatamento e incêndio, por exemplo, sem que fossem diretamente abordadas com tais questões e, principalmente, sem se desconectarem do encantamento que as tinha levado até ali e sustentava a disposição necessária para se manter diante de tais problemas.

Dessa forma, o campo das narrativas pôde ser trabalhado não apenas como um ato de transmissão das histórias, mas também de criação. Para que isso acontecesse, não bastava mobilizar narrativas e materiais anteriores aos encontros, mas também se mostrou necessário mobilizar recursos internos vindos das próprias crianças, como conhecimentos pré-existentes, memórias, narrativas de suas vidas e imaginação, considerando suas demonstrações de interesse e curiosidade. Assim, devemos concordar com Stengers (2017, p. 14) quando ela diz que "a reativação da magia só pode ser uma operação rizomática" e explica:

> Ao invés da figura hierárquica de uma árvore, portadora da Ciência como tronco, o que chamamos de progresso talvez tivesse tido o encanto do que Gilles Deleuze e Félix Guattari chamavam de rizoma, conectando práticas, preocupações e modos heterogêneos de dar sentido aos habitantes da Terra, sem que nenhum deles fosse privilegiado e todos fossem passíveis de se conectar uns com os outros (Stengers, 2017, p. 5).

Considerando esse caráter rizomático na própria vivência realizada, que conectou de forma horizontal e não linear diversos saberes, e reconhecendo o aspecto subjetivo que toda experiência suscita em seus viventes, deixando rastros que podem marcar profundamente a história das pessoas envolvidas, torna-se inviável desvelar de maneira totalitária algum desfecho. Contudo, a ideia de rizoma reforça a importância dos encontros para que se multipliquem conexões, saberes e sentidos, ampliando assim as possibilidades de existência.

Nesse contexto e diante das crises mencionadas na introdução deste trabalho, conclui-se a importância de seguir pensando formas de elaborar e propor encontros intencionais que se abram para o encantamento, capazes de curar a apatia e reativar o animismo (Stenger, 2017). Para isso, o roteiro escrito para a vivência realizada nesta pesquisa tornou-se uma ferramenta pedagógica que pode ser utilizada como guia e inspiração para outras experiências, sendo adaptável a diferentes realidades, lugares e grupos que produzirão suas próprias narrativas.

Considera-se, portanto, que neste trabalho contou-se com a perspectiva das culturas das infâncias, a partir da colaboração do grupo de participantes, para investigar por meio de suas narrativas a possibilidade de encantamento na relação com a Natureza.

Por fim, o que foi vislumbrado a partir desta Investigação-Ação--Participante se conecta com o que Maffesoli denomina como pensamento acariciante, "que pouco se importa com a ilusão da verdade, que não propõe um sentido definitivo das coisas e das pessoas, mas que se empenha sempre em manter-se a caminho" (Maffesoli, 2001, p. 166). Assim, um ponto de chegada nos leva a outro ponto de partida, ou uma pergunta – como "quem é a Natureza?" – nos leva não a uma resposta, mas a outras perguntas e narrativas. Por isso, um devir.

Referências bibliográficas

ALBRECHT, G.A. **Solastalgia and the new mourning**. Montreal: McGill-Queen's University Press, 2017.

ARENDT, H. A crise na educação. In: ______. **Entre o passado e o futuro**. Tradução Mauro W. Barbosa de Almeida. 5. ed. São Paulo: Perspectiva, 2005.

BAKHTIN, M. **Estética da criação verbal**. São Paulo: Martins Fontes, 1997.

BAUMAN, Z.; DONSKIS, L. **Cegueira moral**: A perda da sensibilidade na modernidade líquida. Rio de Janeiro: Zahar, 2014.

BROCKMEIER, J.; HARRE, R. Narrativa: problemas e promessas de um paradigma alternativo. **Psicologia**: Reflexão e Crítica, Porto Alegre, v. 16, n. 3, p. 525-535, 2003. Disponível em: https://www.scielo.br/j/prc/a/8z4tybyPwGwyfgfsVBQMXgH/?lang=pt. Acesso em: 6 abr. 2023.

BRUNER, J. S. The narrative construction of reality. **Critical Inquiry**, Chicago, v. 18, n. 1, p. 1-21, 1991. Disponível em: https://www.academia.edu/9503047/The_Narrative_Construction_of_ Reality. Acesso em: 6 abr. 2023.

CLAYTON, S.; MANNING, C. M.; KRYGSMAN, K.; SPEISER, M. **Mental Health and Our Changing Climate**: Impacts, Implications, and Guidance. Washington, D.C.: American Psychological Association; ecoAmerica, 2017.

DO INTERIOR. Intérprete: Castello Branco. Compositor: Castello Branco. In: SINTOMA. Intérprete: Castello Branco. Zaragoza: Atonal Industries, 2018. 1 disco vinil, lado A, faixa 5 (3 min).

GIRARDELLO, G. Imaginação: arte e ciência na infância. **Pro-Posições**, Campinas, v. 22, n. 2, p. 75-92, ago. 2011. Disponível em: https://www.scielo.br/j/pp/a/NzsgHwpBkM6X9gv7NvDvRWL/?lang=pt. Acesso em: 6 abr. 2023.

GUATTARI, F. **As três ecologias**. Tradução Maria Cristina F. Bittencourt. 21. ed. Campinas, SP: Papirus, 2012.

JOLIBERT, J. *Formar niños lectores y productores de poemas*. 2. ed. Santiago de Chile: Dolmen, 1997.

JUNG, C. G. **Seminários sobre sonhos de crianças**: sobre o método da interpretação dos sonhos: interpretação psicológica de sonhos de crianças. Tradução Lorena Kim Richter. Petrópolis: Vozes, 2001.

KRENAK, A. **Ideias para adiar o fim do mundo**. São Paulo: Companhia das Letras, 2019.

______. **A vida não é útil**. São Paulo: Companhia das Letras, 2020.

LÓPEZ, M. E. **Um mundo aberto**: cultura e primeira infância. Tradução Cicero Oliveira. São Paulo: WMF Martins Fontes, 2018.

LOVELOCK, J. **Gaia**: um novo olhar sobre a vida na Terra. Lisboa: Edições 70, 1995.

MAFFESOLI, M. **Elogio da razão sensível**. Petrópolis, RJ: Vozes, 2001.

MAGALHÃES, T. **O mito do calango voador e outras histórias do cerrado**. Brasília, DF: Teixeira Gráfica e Editora, 2020.

NARANJO, J. **Casa das estrelas**: o universo pelo olhar das crianças. Tradução Carla Branco. São Paulo: Planeta do Brasil, 2018. Disponível em: https://pladlivrosbr0. cdnstatics.com/libros_contenido_extra/39/38792_1_Casa_das_estrelas_trecho.pdf.

PATZDORF, D. Artista-educa-dor: A somatopolítica neoliberal e a crise da sensibilidade do corpo ocidental. **Urdimento**, Florianópolis, v. 1, n. 40, p. 1-28, mar./abr. 2021.

PELAS águas do rio de Leite. Direção: Aline Scolfaro. São Paulo: Instituto Socioambiental, 2018. 1 DVD (74 min). Disponível em: https://www.youtube.com/watch?v=CirpI_a_FJI. Acesso em: 20 jul. 2022.

PIERUCCI, A. F. **O desencantamento do mundo**: todos os passos do conceito em Max Weber. São Paulo: 34, 2003.

SANTOS, V. A. L. dos. Método da cartografia e razão sensível: sentidos de uma educação caminhante. **Saberes**: Revista interdisciplinar de Filosofia e Educação, Natal, v. 1, n. 15, p. 183-195, 2017. Disponível em: https://periodicos.ufrn.br/saberes/article/view/9603. Acesso em: 6 abr. 2023.

SARMENTO, M. J. As culturas da infância nas encruzilhadas da 2ª modernidade. In: SARMENTO, M. J.; CERISARA, A. B. **Crianças e miúdos**: perspectivas sociopedagógicas da infância e educação. Porto: ASA, 2004.

SIMAS, L. A.; RUFINO, L. **Encantamento**: sobre política e vida. Rio de Janeiro: Mórula, 2020.

SOBEL, D. Beyond Ecophobia: Reclaiming the Heart in Nature Education. **Orion**, Great Barrington, MA, v. 14, n. 4, 1999.

STENGERS, I. **Reativar o animismo**. Tradução Jamille Pinheiro Dias. Belo Horizonte: Chão da Feira, 2017. (Caderno de Leituras 62). Disponível em: https://chaodafeira.com/wp-content/uploads/2017/05/caderno-62-reativar-ok.pdf. Acesso em: 6 abr. 2023.

TIRIBA, L. **Educação infantil como direito à alegria**. Petrópolis, RJ: Paz e Terra, 2018..

CAPÍTULO 4

INCOMMODUS: A GAMIFICAÇÃO DO APRENDIZADO PARA A REGENERAÇÃO GLOBAL

Mariana Scomparin Pereira,
Anna Tornaghi e Gustavo Machado

1. Introdução

Século XXI. São perdidas anualmente 24 bilhões de toneladas da camada fértil do solo terrestre pelo uso de práticas devastadoras de agricultura e exploração de recursos naturais (FAO *et al.*, 2022). Aproximadamente 49,4 milhões de latino-americanos estavam em situação de subnutrição em 2021, ao passo que na África subsaariana esse número foi de cerca de 260,6 milhões de pessoas (UNCCD, 2021). Até 17 de outubro de 2021, 240,7 milhões de pessoas haviam contraído o vírus da Covid-19 no mundo e, dessas, 4,9 milhões foram a óbito (Ritchie, 2021). Todos esses dados, e vários outros ainda, indicam um mesmo fato: há uma grande crise global acontecendo, e ela acomete em diferentes níveis a vida de todos os seres vivos do planeta Terra. Mas pela primeira vez na história, o grande agente causador é uma espécie do reino animal, o *Homo Sapiens*, também conhecido como ser humano.

Uma das principais criações humanas que traz grandes impactos para a natureza é a industrialização. As cadeias produtivas de artigos industrializados são complexas e geralmente constituídas por extensos fluxos lineares, muitas vezes desconhecidos pela maioria das pessoas: começando pelo processo de desenvolvimento do produto, com pessoas que estão em regiões normalmente distantes umas das outras; usando matérias-primas de diferentes partes do mundo (algumas destas provenientes de uma exploração sem precedentes de recursos naturais), maquinários que consomem muita energia e água, e gerando resíduos que, muitas vezes, são descartados de forma imprópria; além de gastos com transporte e tantas outras etapas que contribuem para a pegada de carbono do produto.[13]

Em concomitância, a forma atual de educação sustenta esse desconhecimento, na medida que, em vez de atualizar-se para uma educação que estimule o ímpeto criador do ser humano (com todo o seu potencial de gerar reflexões sobre o mundo e, assim, identificar os problemas), persiste no antigo modelo de alienação, em que a pessoa só aprende a reproduzir aquilo que lhe é passado, não desenvolvendo uma consciência crítica. As palavras de Paulo Freire definem bem a importância dessa atualização na educação:

> Um educador que restringe os educandos a um plano pessoal impede-os de criar. Muitos acham que o aluno deve repetir o que o professor diz na classe. Isso significa tomar o sujeito como instrumento. O desenvolvimento de uma consciência crítica que permite ao homem transformar a realidade se faz cada vez mais urgente (Freire, 1979, p. 41).

Permanecendo assim, ao passar pelo processo de educação formal, o ser humano adquire pouca ou nenhuma real percepção do grau de desconexão que se estabelece entre ele, o mundo natural e os seres vivos não-humanos, o que, muitas vezes, fá-lo também desconhecer o caminho que a sociedade está trilhando rumo ao esgotamento de recursos naturais e o risco disso para a existência da própria espécie.

1.1 A luz na escuridão

Considerando todo o potencial da educação, tida como um dos pilares básicos para o desenvolvimento da vida humana (Berry, 1999), é possível romper o padrão de alienação do indivíduo acomodado/servil e despertar a sua criatividade. Por isso, por mais que a ciência desenvolva novas tecnologias, o ser humano precisa se desconectar da ideia de que é só nas inovações tecnológicas que será encontrada

---

13 A partir da ideia de pegada ecológica, criada por William Rees e Mathis Wackernagel no início dos anos 1990, surge o conceito da pegada de carbono, que diz respeito à quantidade de emissões de gás carbônico geradas pelas nossas ações (pessoas físicas, empresas, países, etc) – emissões essas que colaboram diretamente com o aquecimento global e suas consequências (Selin, 2020).

a solução para a continuidade da espécie ou para a regeneração do planeta. Por isso, é preciso transformar o padrão de educação atual, que prepara os alunos para seu papel de protagonistas na extensão da dominação humana sobre o mundo natural (Berry, 1999) para novos que promovam a força criadora e regeneradora do ser humano.

Além de não exercer todo o seu potencial, os métodos de aprendizado convencionais, que não apresentam grandes diferenças em relação àqueles de um século atrás ou mais, têm provocado uma perda de interesse das pessoas (Kapp, 2012), uma vez que elas estão com tempo limitado para se dedicar a aprender e com um foco cada vez mais frágil e dispersado por estímulos externos. Com isso, uma alternativa interessante é o educador se utilizar de novas ferramentas que o ajudem a engajar seu público, como dinâmicas, jogos, entre outros.

O jogo de tabuleiro foi a ferramenta utilizada neste trabalho pela sua relevante lista de vantagens quando aplicado como linguagem de aprendizagem, entre elas a redução da complexidade de determinado "problema" ao limitá-lo a um espaço menor (realidade abstrata), que remove fatores extras, facilitando uma rápida identificação de causa e efeito, e uma visualização clara do objetivo final.

Por meio dessa educação que estimula a pessoa-aluno-jogador à ciência reflexiva, aquele que se enxerga como parte do mundo natural desenvolve uma grande capacidade de se relacionar com outros seres, por intermédio projeção que faz de si mesmo nos demais, e isso o impulsiona a transcender de um estado de alienação para a ação. Hoje se faz necessário, mais do que nunca, resgatar essa habilidade humana.

Pressupondo essa qualidade de transcendência, este trabalho teve como principal objetivo desenvolver um jogo que provocasse um movimento de reflexão crítica e promovesse uma (re)conexão do ser humano com o mundo natural para a regeneração de seu *modus vivendi* na Terra e de sua relação com todos os seres, gerando assim um modo de agir que ecoa no presente e pelas suas relações. Mais especificamente, para essa mudança, buscou-se utilizar o potencial da educação de impulsionar o desenvolvimento do conhecimento para tratar da crise global, promovendo senso de urgência, de impacto individual e de coletivo na regeneração a partir da gamificação.

2 Fundamentação conceitual

2.1 Crise global

Logo no começo de seu livro, *Design de culturas regenerativas*, Wahl faz uma provocação: "Precisamos fazer a pergunta mais profunda de por que vale a pena nos sustentar" (2019, p. 23). Ao encarar a autorresponsabilidade, os próximos passos são, ao mesmo tempo, questionar e agir. Questionar para romper com as visões que guiam uma parcela da humanidade no caminho da destruição, e para não repetir os mesmos erros que moldaram a cultura da escassez. E agir, pois a urgência é grande e, do ponto de vista da Terra, não há diferenças entre um sujeito que ignora a crise climática (não se enxergando como coautor dela) e um que entenda a crise e assuma seu protagonismo, mas não faça nada para ajudar (Hawken, 2021).

Mas para que isso ocorra, a Educação deve caminhar junto, reforçando essas novas visões e guiando as pessoas para uma relação mais íntima com o planeta (Berry, 1999), permitindo a elas recriar a realidade, atendendo ao seu impulso criador que permite transformarem-se para serem mais (Freire, 2021).

2.2 Educação

Segundo Paul Hawken (2021, p. 7), "regeneração é colocar a vida no centro de toda ação e decisão", e toma-se por vida não só a humana, mas qualquer forma de vida do mundo natural. E "regenerar", segundo o dicionário Michaelis[14], significa "tornar a dar vida ou vitalidade" – o que está sem vitalidade está ficando sem vida, e é esse estado que caracteriza a crise que está tomando forma.

Para que a Educação caminhe junto e dê apoio à transformação pela qual a sociedade começa a passar, ela precisa escolher uma estrada diferente daquela que vem percorrendo nas últimas décadas, que ensina o ser humano a permanecer separado do mundo natural, a dominá-lo, explorá-lo, e que faz com que, muitas vezes, ao concluí-la, ele

14 Disponível em: https://michaelis.uol.com.br/palavra/OK3Qa/regenerar/ . Acesso em: 31 mar. 2022..

não tenha capacidade de desenvolver um pensamento integrativo que o ajude a captar as conexões do mundo (Wahl, 2019, p. 79).

Assim, a educação deve, antes de tudo, parar de tentar adaptar as pessoas à sociedade (Freire, 2021); pelo contrário, deve provocá-las para despertarem seu poder de transformação e de recriação. Uma dessas formas é pela gamificação do aprendizado.

Há pouco mais de 80 anos, o historiador holandês Johan Huizinga escreveu que "No jogo existe alguma coisa [...] que transcende as necessidades imediatas da vida e confere um sentido à ação. Todo jogo significa alguma coisa" (Huizinga, 2018, p. 4). Cabe ressaltar que o ensinar por meio de jogos não é algo novo e é utilizado em diversas tradições e caminhos, tornando o aprendizado mais interessante. Assim, como Kapp (2012) coloca, alguns educadores têm utilizado as mecânicas dos jogos para ensinar, tornando o aprendizado mais divertido e atraente – isso é conhecido hoje como gamificação do aprendizado.

Na educação e nos jogos há uma dinâmica de troca, de aprendizado com o outro e de sentido da ação. Em seu livro *Pedagogia da autonomia*, Paulo Freire afirma que: "Quem ensina aprende ao ensinar e quem aprende ensina ao aprender. (...) ensinar não é transferir conhecimento, mas criar as possibilidades para a sua produção ou a sua construção" (2021, p. 24-26). Ambos os lados envolvidos precisam aprender algo, isso porque o ser humano é capaz de construir suas próprias visões críticas, a partir do momento que se reconheça como sujeito de sua presença no mundo, capaz de transformar.

2.3 No caminho errado

Em *The Great Work*, Thomas Berry afirma que: "A universidade prepara os alunos para seu papel em dar continuidade à dominação humana sobre o mundo natural, e não para criar uma presença íntima com ele" (1999, p. 73). Essa é a realidade do mundo contemporâneo, no qual estudantes são ensinados a exercer ofícios de forma (indiretamente) predatória, isso porque são limitados a pensar no que fazem de forma não-sistêmica.

Esse processo educativo apoiado na passividade acrítica sustenta a formação de pessoas-objeto, que são seres humanos inaptos a articular mudanças, que aceitam vidas prédeterminadas e não se sentem capazes de transformar suas realidades; enquanto a natureza humana é, na verdade, crítica, rebelde e de curiosidade não facilmente satisfeita. Apesar da propensão do ser humano de ser sujeito, essa condição não se desenvolve sozinha, ela precisa de estímulos. Esse processo é o que caracteriza a "caminhada da heteronomia para a autonomia" (Freire, 2021, p. 68), que ocorre durante o desenvolvimento do ser humano, da passagem da fase criança para a maturidade da vida adulta, quando ele passa a fazer suas próprias escolhas e assumir os seus riscos e consequências. Porém, sem incentivo é difícil que esse processo ocorra de forma saudável, é mais provável que essa pessoa recorra a caminhos deterministas, dando continuidade a processos de passividade que aprendeu desde sua infância.

> "Nós, os brancos, não contamos coisas do mundo adulto para as crianças para não assustá-las". Eu disse para ele: "Olha, o povo indígena conta tudo para as crianças para que elas não vivam assustadas". Para que eles sejam seres vivos em uma Terra Viva, e não seres dormindo em uma Terra viva (Krenak, 2020, p. 23).

Pessoas que crescem em ambientes estéreis, sem contato com os processos naturais, cercados por concreto, estímulos digitais e alimentos industrializados, vão adquirir vivências desse contexto de desconexão com o meio natural; isso leva ao que Thomas Berry chamava de "Transtorno do Déficit de Natureza" (2008). Um transtorno baseado em verdades que colocam a natureza como fornecedora de recursos para o ser humano, que, nessa perspectiva, não seria parte integrante dela. Ou seja, independente dos caminhos a serem percorridos para os processos de educação, além do resgate da relação simbiótica existente entre ser humano e natureza, é imprescindível levar em consideração o contexto do educando nos temas a serem tratados, para que esse possa ter vivências e adquirir conceitos morais regenerativos, fortalecendo-se neles.

2.4 Mudança de rota: gamificação do aprendizado

A educação é capaz de transformar o mundo e tem o poder de estimular esse potencial crítico, mas, para isso, antigos modelos precisam ser transformados e atualizados para que estejam mais alinhados com o *modus vivendi* regenerativo. Uma dessas "atualizações" se dá por meio da formação de seres humanos que ajam como sujeitos (e não objetos) de suas histórias, responsáveis pelo que fazem, questionam e não se contentam com o determinismo tradicional.

Em seu livro *Homo ludens*, Johan Huizinga coloca o jogo como fenômeno que possui "função significante" (2018, p. 3), ou seja, capaz de dar significado a algo. A partir desse ponto de vista é possível dizer que jogar é uma das primeiras formas de aprender do ser humano. Essa característica tem um grande valor para a resolução de problemas, pois é possível isolar determinada questão colocando-a em um ambiente de observação diferente daquele a que ela pertence e analisá-la sob outra perspectiva – funciona quase como uma simulação de parte da realidade.

Jogos são compostos por uma série de elementos que podem servir como ferramentas que facilitam o aprendizado porque caracterizam também os possíveis "novos" caminhos da educação. Entre tais elementos, além do desafio e da interatividade, é interessante destacar também a reação emocional, o incentivo de ações e a abstração, para prover um propósito dentro daquilo que precisa ser realizado.

A busca proposta foi transformar as pessoas-objeto em pessoas-sujeito, e para isso se faz necessário estimular seu lado crítico, seu ímpeto criador, seus questionamentos de mundo e de crenças. E que isso seja feito gradualmente, de forma leve, proporcionando novas vivências e novos conceitos morais adquiridos, alinhados com o movimento que visa à continuidade da existência humana na Terra.

3. Metodologia do projeto

Considerando que o desenvolvimento do jogo de tabuleiro (gamificação) foi a ferramenta utilizada neste trabalho para promover uma forma de educar que engajasse a pessoa-aluno-jogador, cabe descrever de que forma foi conduzido o projeto. Para isso, foi utilizada a metodologia da pesquisa-ação (Thiollent, 2011), para a criação do protótipo do jogo, com *playtests* e participação das pessoas ao longo do processo. De forma que pudessem se apresentar um ou mais dos três aspectos da metodologia proposta por Thiollent: a resolução de problemas, a tomada de consciência ou a produção de conhecimento (Machado, 2019).

A pesquisa-ação foi originada por Kurt Lewin e traz na sua base a compreensão dos pesquisadores da necessidade de envolver-se, para além do estudo, em realidades práticas, que modificam uma situação social, gerando aprendizados reais (Scharmer, 2009 *apud* Simas, 2013).

O uso da pesquisa-ação neste trabalho se deu por meio de diálogos com colaboradores externos e participantes da pós-graduação, inclusive para a concepção do tema e desenvolvimento do jogo. A pesquisa-ação se deu com maior participação coletiva ao longo das rodadas de *playtest*, a partir da reflexão crítica das pessoas sobre o processo e da observação participante realizada por uma das autoras, com gravação e transcrição das principais impressões, como descrito ao longo do processo e apresentado mais detalhadamente no Trabalho de Conclusão de Curso de Pereira (2022).

De forma resumida, o primeiro passo foi definir a temática do jogo, a história que o ilustra e um contexto com aspectos integrantes bem definidos, que servem de forma clara ao objetivo do jogo. Depois, foram selecionadas quais serão as mecânicas-base (como o jogo funciona) que ditam a dinâmica do conflito (Kapp, 2012). Por fim, explorou-se possíveis experiências aplicáveis além do tabuleiro que sejam capazes de estimular o aparelho sensorial humano, como o simples ato de tirar os sapatos antes do início de uma atividade (Stelzner, 2010).

3.1 Temática e mecânica

O tema de um jogo pode ser definido como uma história que ilustra a mecânica. Para que o jogo cumprisse seu papel de ser uma ferramenta de aprendizado e que colaborasse com a regeneração do planeta, mostrou-se interessante que o tema conseguisse ampliar a consciência das pessoas em relação aos seus hábitos, crenças incorporadas e adquiridas. Dessa forma, nesse projeto, o tema procurou dialogar sobre o consumo, com um olhar sobre as cadeias de produção de itens de consumo e sobre as escolhas de quem consome: esses itens são feitos a partir de qual matéria-prima? Qual a origem dela? A quais processos ela é submetida? Como isso ocorre? O que mais integra essas cadeias? Qual o impacto das cadeias para as pessoas dentro do seu espaço individual? E na sociedade? Como as pessoas se relacionam com aquilo que consomem? Como o consumo impacta o meio natural?

Para que um olhar questionador sobre o ato do consumo fosse desenvolvido, optou-se por utilizar ideias que reforçam o pensamento em sistema, trazendo clareza às relações diretas e indiretas entre escolha e impacto, local e global, imediato e de médio-longo prazo.

A mecânica de um jogo pode ser definida como as narrativas possíveis para a história que o tema está contando. As mecânicas servem ao jogador como métodos, caminhos. Essencialmente, existem dois tipos de jogo: competitivo e cooperativo. No competitivo, os oponentes ficam focados em otimizar o próprio desempenho. Já no jogo cooperativo, é necessário que os jogadores trabalhem juntos para alcançar um objetivo.

Considerando o contexto da crise global e a necessidade de um processo de regeneração para, de certa forma, apoiar a recuperação da saúde do planeta, a presença das duas formas de jogar se mostrou importante: competir contra a crise, cooperando com todos os seres, afinal regenerar é um objetivo significativo para todos eles e, em essência, todos os sistemas regenerativos são colaborativos (Wahl, 2019, p. 321). É dessa forma então que foi definido no jogo *Incommodus*.

3.2 Percurso metodológico

O quadro a seguir demonstra o caminho metodológico percorrido para desenvolvimento do jogo *Incommodus*, apresentando um roteiro que pode ser replicado em outras temáticas que promovam a reflexão crítica para regeneração.

Quadro 1: Percurso metodológico para desenvolvimento do game *Incommodus.* Fonte: Pereira, 2022, p. 47.

ETAPA	OBJETIVOS DA PESQUISA	TÉCNICA EMPREGADA	PRINCIPAIS REFERÊNCIAS UTILIZADAS
1	Entender o quanto a compreensão acerca do consumo colabora para uma consciência regenerativa *[pesquisa]*	Pesquisa bibliográfica	Baudrillard (2009), Berry (1999), Hawken (2021)
1	Identificar quais os principais tipos de mecânica são utilizados em jogos de tabuleiro e qual mais se encaixa na proposta do projeto *[pesquisa]*	Pesquisa bibliográfica	Huizinga (2018), Kapp (2012)
1	Investigar possíveis jogos inspiradores – suas mecânicas e como trabalham suas temáticas *[referências]*	Pesquisa-ação	Jogos: estudo - Catan e Mariposas; referências - Takenoko, Calico e Mancala
2	Escolher alguns jogos e *brainstorming* de adaptações sobre eles *[esboços]*	Pesquisa-ação	Jogos: Onirim
2	Identificar quais as mecânicas-base que ajudarão o projeto em seus objetivos *[esboços]*	Pesquisa bibliográfica, estudo de caso	Kapp (2012), Wahl (2019) Jogos: Onirim
2	Explorar a importância de agregar experiências extratabuleiro no momento do jogo *[esboços]*	Pesquisa bibliográfica, pesquisa-ação	Pallasmaa *et al.* (2010), Stelzner *et al.* (2010)
3	Construir um *mockup* do jogo e fazer análise do mesmo por meio de *playtests [prototipagem]*	Pesquisa-ação	
3	Redesenho do jogo a partir dos *feedbacks* que surgirem durante os *playtests* e retestar com as alterações realizadas.	Pesquisa-ação	
4	Avaliar, a partir dos *playtests*, os potenciais das dinâmicas extratabuleiro *[testes]*	Pesquisa de campo	

A etapa 1 consistiu na pesquisa bibliográfica para enriquecer o tema proposto e ampliar a compreensão acerca das etapas necessárias para a criação de um jogo, além de uma pesquisa em possíveis referências de jogos de tabuleiro já existentes que poderiam servir como ponto de partida, sendo realizada entre os meses de outubro de 2021 a fevereiro de 2022.

A etapa 2 consistiu no desenvolvimento do jogo em si: na definição da principal referência, aplicação da temática da crise global, exploração de alterações nas mecânicas e experimentações, sendo realizada entre março e abril de 2022.

A etapa 3 consistiu na prototipagem do jogo, *playtests* e coleta de *feedbacks*, sendo realizada entre abril e julho de 2022.

Por fim, a etapa 4 aconteceu paralelamente à 3 e permitiu, a partir dos *feedbacks* da etapa anterior, explorar ações do jogo que extravasaram o tabuleiro, envolvendo fatos da vida real dos jogadores na dinâmica; ela foi realizada entre maio e julho de 2022. A seguir são apresentados os resultados das etapas supracitadas.

4. Resultados

4.1 *Incommodus*: o desenvolvimento do jogo de tabuleiro

Antes de mais nada, é importante ressaltar que o ponto de partida do projeto foi o incômodo, por isso ele nomeia também o jogo, *Incommodus*. A etimologia de *incômodo* está em sua origem latina: COM (junto) + MODUS (maneira, jeito) = COMMODUS (satisfatório, adequado) + IN (negação) = perturbação do que está satisfatório; inconveniente.

Ou seja, o ser humano se sente incomodado quando sua zona de satisfação, de conveniência, é perturbada por algo que lhe é, normalmente, externo. A crise global, em todos os seus aspectos, talvez tenha se tornado o principal incômodo da humanidade.

Portanto, para o projeto do jogo *Incommodus*, uma das primeiras definições foi que a temática buscaria se sobressair à mecânica, para que fosse possível destacar a importância da educação acerca da etapa "pré-consumo" na conscientização a respeito do meio natural.

Dessa forma, o desenvolvimento do jogo passou por algumas referências de jogos já existentes, como *Takenoko*, *Mancala*, *Calico* e *Onirim*, entendendo como a temática proposta poderia ser aplicada a cada um deles. O processo de estudo e compreensão dos jogos se mostrou importante para definir o melhor caminho e é retratado no Trabalho de Conclusão de Curso que deu origem a este artigo (Pereira, 2022). O jogo *Onirim*[15], no entanto, foi o que apresentou mais possibilidades para tratar as questões da crise global, com mecânicas que proporcionaram a identificação das relações entre ações dos jogadores e fatos reais, além de viabilizar a construção de soluções que buscam mudar o atual caminho que a humanidade vem percorrendo para outro regenerativo.

Onirim é um jogo que se passa no universo onírico, onde o jogador, durante uma jornada de sonhos, que tem como objetivo abrir doze portas desse universo, se depara com pesadelos que precisa resolver para continuar sua busca.

No jogo *Incommodus*, as cartas de *Pesadelo* do *Onirim*, que já causavam incômodo aos jogadores, se tornaram as cartas de *Crise*, trazendo situações que ocorreram previamente, estão ocorrendo ou que estão previstas para acontecer decorrentes da crise global, gerando ainda mais incômodo.

Em *Incommodus*, os jogadores buscam desbloquear locais que representam alternativas sustentáveis a modelos atuais de consumo, comércio, serviços e experiências, mas ao mesmo tempo devem contornar as *Crises* assim que elas aparecem. No entanto, ao contrário das cartas *Pesadelo* do jogo de referência, as cartas *Crise* possuem penalidades específicas e impactam na construção da estratégia da partida, buscando gerar reflexões sobre a situação e a possibilidade de transformar escolhas de consumo em ações mais benéficas ao planeta Terra.

O jogo ainda trouxe uma nova família de cartas, que são bônus, chamadas *Minha Ação*, aplicada antes da partida, que se empenha em criar um momento de reflexão e troca entre os jogadores com relação às suas próprias ações, isso porque práticas individuais benéficas ao planeta

---

15 TORBEY, S.; GUÉRIN, P.; PLESSIS, E. Onirim. 2. ed. Brussels : inPatience, 2014. Jogo de tabuleiro. Disponível em: https://boardgamegeek.com/boardgame/156336/onirim-second-edition. Acesso em: 27 maio 2022.

podem proporcionar aos participantes mais uma alternativa de contornar as penalidades das cartas de *Crise* no jogo. Por conta disso, o principal público para o qual o *Incommodus* foi pensado foi o adulto, uma vez que, geralmente, é nessa fase que as pessoas passam a ter maior controle sobre as escolhas daquilo que compõem e permeiam suas vidas.

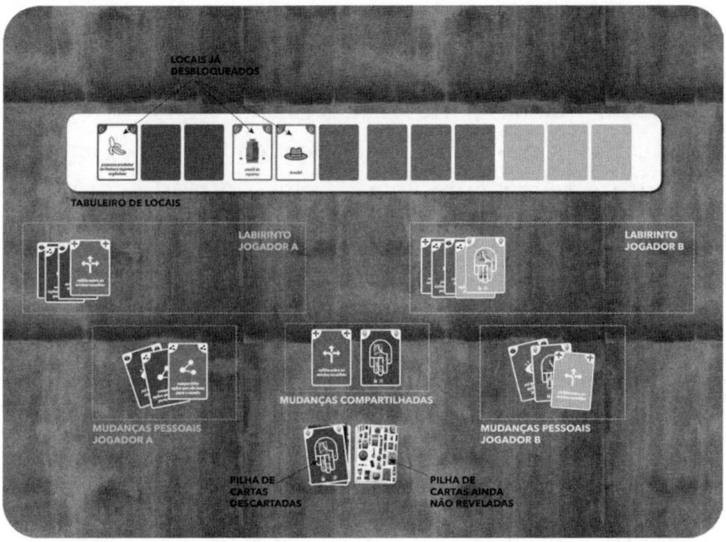

Figura 1: Layout da montagem do jogo *Incommodus*. Fonte: Pereira, 2022.

Ainda, há outras famílias de cartas no jogo, como os Locais, Mudança e Apoio. Desbloquear os Locais é o objetivo do jogo, enquanto exclui as cartas Mudança e Apoio servem para desbloquear esses Locais. O labirinto é o espaço físico onde essas cartas são colocadas no decorrer do jogo. Para mais informações, no vídeo "Jogo *Incommodus*"[16] é possível observar uma partida completa do jogo.

4.2 *Playtests*: vivenciando o jogo

Playtests são partidas-teste do jogo para avaliar suas regras, mecânicas e temática em funcionamento e coletar os *feedbacks* dos jogado-

16 JOGO Incommodus. [S. l.: s. n.], 3 ago. 2022. 1 vídeo (9 min). Publicado pelo canal Mariana Scomparin. Disponível em: https://youtu.be/rx7bx0_Rjp4.

res. Por meio dessas partidas foi possível identificar problemas, ajustar e fazer melhorias. Elas revelarem-se importantíssimas para definir diversos atributos do projeto.

Após a criação do primeiro protótipo do *Incommodus*, o jogo foi testado com três grupos de diferentes pessoas em cinco *playtests* – especificados no quadro abaixo. A cada *playtest*, mecânicas novas foram testadas, cartas modificadas para os testes seguintes, e até mesmo a forma de jogar sofreu alterações.

"Para mim, uma das partes mais legais do jogo é você começar refletindo nas cartas bônus sobre as suas ações" (Gabriela Tiemy, *playtester*)

O quadro a seguir apresenta os cinco *playtests*, com as características dos jogadores e as observações resumidas obtidas a partir do vivenciar o jogo.

Quadro 2: *Playtests* consolidados. Fonte: Pereira, 2022.

PLAYTEST	LOCAL	Nº DE PESSOAS	CARACTERÍSTICAS OBSERVADAS DOS JOGADORES	OBSERVAÇÕES
1	Terra Una, MG	2 pessoas	Pessoas conscientes da crise global e que praticam ações sustentáveis e regenerativas. Jogadores: amigos.	Alta interação com as cartas-bônus *Minha Ação*; os jogadores interagiram bastante entre si durante toda a partida.
2	São Paulo, SP	2 pessoas	Pessoas conscientes da crise global e que praticam ações sustentáveis e regenerativas. Jogadores: amigos.	Alta interação com as cartas-bônus *Minha Ação*; mesmo entendendo que o jogo era cooperativo, na primeira partida um dos jogadores manteve as cartas para si, só compartilhando quando o momento do jogo pedia.

PLAYTEST	LOCAL	Nº DE PESSOAS	CARACTERÍSTICAS OBSERVADAS DOS JOGADORES	OBSERVAÇÕES
3	São Paulo, SP	2 pessoas	Pessoas conscientes da crise global e que praticam ações sustentáveis e regenerativas em menor grau que os grupos anteriores. Jogadores: casal.	Maior dificuldade de compreensão do jogo por parte de um dos jogadores; menor atenção às cartas de *Crise*; menor quantidade de cartas-bônus ativadas. *Inputs*: criar penalidades específicas para as *Crises*; criar carta de ajuda.
4	São Paulo, SP	2 pessoas	Pessoas conscientes da crise global e que praticam ações sustentáveis e regenerativas. Jogadores: casal.	Após alterações resultantes do *playtest* 3, sentiu-se que o jogo ganhou mais complexidade e se tornou mais interessante; aumento da atenção às cartas de *Crise*.
5	São Paulo, SP	3 pessoas	Pessoas conscientes da crise global em menor grau e que praticam pouquíssimas/nenhuma ações sustentáveis e regenerativas. Jogadores: primos.	Alta interação e muito incômodo (em um dos jogadores) com as cartas-bônus *Minha Ação*; muita atenção às cartas de *Crise*.

4.3 Percepções

De forma geral, desenvolver um projeto que se aprofunda em incômodos é desafiador, mas é também estimulante. Pode ser difícil digerir leituras que trazem fatos da crise de forma crua e direta, pois isso possibilita a consciência de responsabilidade individual, traz reflexões profundas sobre ações realizadas, pensamentos do presente e consequências na vida futura de cada um. O jogo *Incommodus*, como ferramenta de aprendizado, alcançou grande parte das expectativas que surgiram no projeto: das trocas iniciais sobre ações individuais ao medo dos jogadores com relação às cartas de *Crise* serem reveladas durante as partidas e o impacto provocado por seus conteúdos. Cada etapa do desenvolvimento trouxe realizações singulares e valiosas.

Foi interessante a percepção das pessoas que jogaram. Algumas disseram que se sentiram extremamente desafiadas pelo jogo, outras muito incomodadas sobre o quanto suas ações individuais da vida real, que são exploradas pelas cartas-bônus, acabaram prejudicando-as no jogo. Em alguns momentos houve também pequenas manifestações de um senso de urgência em relação às ações necessárias para contornar os efeitos da crise atual e buscar a regeneração da Terra. Houve quem se fechou em uma breve pausa de reflexão diante das cartas de *Crise*.

Para a criação do *Incommodus,* foi necessário se desapegar de ter, logo no início, um desenho mental de como o projeto ficaria no final, pois a tentativa de atingir um resultado específico desde o começo pode ser frustrante e limitar o potencial do projeto. Afinal, as expectativas em relação a algo (ou alguém) são constituídas com base naquilo que já foi vivido ou no que se conhece, comprometendo a abertura ao novo e a um universo imenso de desconhecimentos ao qual só tem acesso quando se abre para explorá-los e se expandir, inclusive na experiência de um jogo.

Ao mesmo tempo, mostrou-se importante voltar-se para os sentimentos inesperados que surgiram durante o desenvolvimento do jogo e, em quem jogou, para as reflexões compartilhadas sobre o projeto - manifestações que são os verdadeiros frutos colhidos no trabalho.

5. Fim: começo das mudanças – Considerações finais

Incômodos perturbam o equilíbrio das coisas e podem fazer as pessoas sentirem que precisam mudar. O desconhecido também incomoda porque pode gerar mudanças. Ele causa medo, insegurança, ansiedade, expectativas, e pode até mesmo intensificar um apego àquilo que já é conhecido.

Para o caminho da regeneração, recomendam-se doses homeopáticas de incômodo: para que os sentimentos dele derivados sejam sutis e abram espaço suficiente para que haja reflexão. Isso traz mudanças graduais, que só são realmente percebidas após um longo tempo, quando as pessoas se percebem diferentes.

Este trabalho nasceu de um pequeno incômodo particular de uma das autoras. Até que permitiu-se ser traduzido para o mundo por meio do projeto de um jogo de tabuleiro, criado pelo seu potencial identificado na disseminação da educação regenerativa. O porquê da escolha dessa mídia reside na vontade de estimular incômodos parecidos nas pessoas, e se o jogo é uma projeção da vida, então a vontade é estimular quem joga a refletir além do jogo: porque ele não acaba quando termina.

A educação é uma das maiores esperanças defendidas aqui para a regeneração da Terra, mas para isso ela precisa se atualizar e a gamificação do aprendizado é um dos caminhos possíveis. Dos entendimentos adquiridos por intermédio do design regenerativo, durante o processo de concepção de um jogo que busca simbioticamente aprender e ensinar, ao que o aluno-jogador absorve, processa e produz no jogo-mundo, tudo que frutifica desse caminho é rico.

Os próximos passos e possibilidades para desenvolvimento do jogo *Incommodus*, a partir do ponto em que ele se encontra na conclusão deste projeto, são inúmeras. Com o intuito de que ele atinja mais pessoas, de diferentes "bolhas", o jogo será oferecido a estúdios de jogos de tabuleiro de fora do Brasil na tentativa de publicá-lo internacionalmente.

Desenvolve-se também um estudo de como ele pode ser jogado por crianças e adolescentes – sozinhos ou acompanhados por adultos. Para isso, está sendo avaliado como o jogo sem alterações é recebido e compreendido por esse novo público, quais *inputs* eles trazem e quais as suas percepções. A partir desse estudo, as dinâmicas atuais serão avaliadas e ajustadas conforme necessidade.

Para fomentar essa última proposta, o protótipo do jogo está sendo apresentado a escolas, com o intuito de entender como os alunos recebem, além de propor uma ferramenta aos professores capaz de promover nas crianças e adolescentes uma visão sistêmica que engloba tudo aquilo que aprendem nas mais diversas disciplinas, além de proporcionar mais dinamismo ao conteúdo.

Referências bibliográficas

BAUDRILLARD, J. **O sistema dos objetos**. 5. ed. São Paulo: Perspectiva, 2009.

BERRY, T. **On Nature and Humans.** [Entrevista cedida a] Caroline Webb. [S. l.: s. n.], 5 out. 2008. 1 vídeo (9 min). Publicado pelo canal Video2Webb. Disponível em: https://www.youtube.com/watch?v=pWdo2vpr-Rs. Acesso em: 12 out. 2021.

______. **The Great Work**: Our Way into the Future. New York: Bell Tower, 1999.

CANNON DESIGN; VS FURNITURE; BRUCE MAU DESIGN. The Third Teacher: 79 Ways You Can Use Design to Transform Teaching & Learning. New York: Abrams, 2010.

COVID-19 Data Explorer. Oxford, 2021. Base de dados mantida por Our World in Data. Disponível em: https://ourworldindata.org/coronavirus-data. Acesso em: 19 out. 2021.

FAO – Food and Agriculture Organization of the United Nations; IFAD – International Fund for Agricultural Development; UNICEF – United Nations Children's Fund; WFP – World Food Programme; WHO – World Health Organization. **The State of Food Security and Nutrition in the World 2022**: Repurposing food and agricultural policies to make healthy diets more affordable. Roma: FAO, 2022. DOI: https://doi.org/10.4060/cc0639en.

______. **Suite of Food Security Indicators**. Rome: FAO, 20 ago. 2021. Disponível em: https://www.fao.org/faostat/en/#data/FS. Acesso em: 15 out. 2021.

FREIRE, P. **Educação e mudança**. Rio de Janeiro: Paz & Terra, 1979.

______. **Pedagogia da autonomia**: saberes necessários à prática educativa. 69. ed. Rio de Janeiro: Paz e Terra. 2021.

HAWKEN, P. **Regeneration**: Ending the Climate Crisis in One Generation. New York: Penguin, 2021.

HUIZINGA, J. **Homo ludens**. 8. ed. São Paulo: Perspectiva, 2018.

INCÔMODO. In: ORIGEM DA PALAVRA. [S. l.: s. n.], 2012. Disponível em: https://origemdapalavra. com.br/palavras/incomodo/. Acesso em 27 maio 2022.

KAPP, K. M. **The Gamification of Learning and Instruction**: Game-based Methods and Strategies for Training and Education. San Francisco: Pfeiffer, 2012.

KRENAK, A. **Ideias para adiar o fim do mundo**. 2. ed. São Paulo: Companhia das Letras, 2020.

MACHADO, G. C. X. M. **Saneamento ecológico**: uma abordagem integral de pesquisa-ação aplicada na comunidade caiçara da Praia do Sono em Paraty. 2019. 422 p. Tese (Doutorado em Psicossociologia de Comunidade e Ecologia Social) – Universidade Federal do Rio de Janeiro, Rio de Janeiro, 2019.

PEREIRA, M. S. **A importância de outras formas de educação para a conscientização sobre a crise global a partir das escolhas de consumo**. 2022. Trabalho de conclusão de curso (Especialização em Educação para a Sustentabilidade) – Universidade Federal de Alfenas, Varginha, 2022.

REGENERAR. In: MICHAELIS. Dicionário brasileiro de língua portuguesa. São Paulo: Melhoramentos, 2022. Disponível em: https://michaelis.uol.com.br/palavra/OK3Qa/regenerar/. Acesso em: 31 mar. 2022.

SELIN, N. E. Carbon footprint: ecology and conservation. In: ENCYCLOPÆDIA Britannica. Chicago: Encyclopædia Britannica, 6 jan. 2020. Disponível em: https://www.britannica.com/science/carbon-footprint. Acesso em: 3 fev. 2022.

SIMAS, A. C. B. F. **Comunicação e diferença**: estudos em comunicação colaborativa para a sustentabilidade comunitária. 2013. 397 p. Tese (Doutorado em Comunicação) – Escola de Comunicação, Universidade Federal do Rio de Janeiro, Rio de Janeiro, 2013.

THIOLLENT, M. **Metodologia da pesquisa-ação**. 18. ed. São Paulo: Cortez, 2011.

THOMAS Berry on Nature and Humans - Subtitled Interview. *[S. l.: s. n.]*, 2008. 1 vídeo (9 min). Publicado pelo canal Caroline Webb. Disponível em: https://www.youtube.com/watch?v=pWdo2vpr-Rs. Acesso em 12 de out. 2021.

UNCCD – United Nations Convention to Combat Desertification; UN – United Nations. **High-Level Dialogue on Desertification, Land Degradation and Drought**: UN General Assembly, 75th session: 14 June 2021. New York: UN, 2021. Disponível em: https://library.unccd.int/Details/fullCatalogue/100000043. Acesso em: 21 out. 2021.

WAHL, D. C. **Design de culturas regenerativas**. Rio de Janeiro: Bambual, 2019.

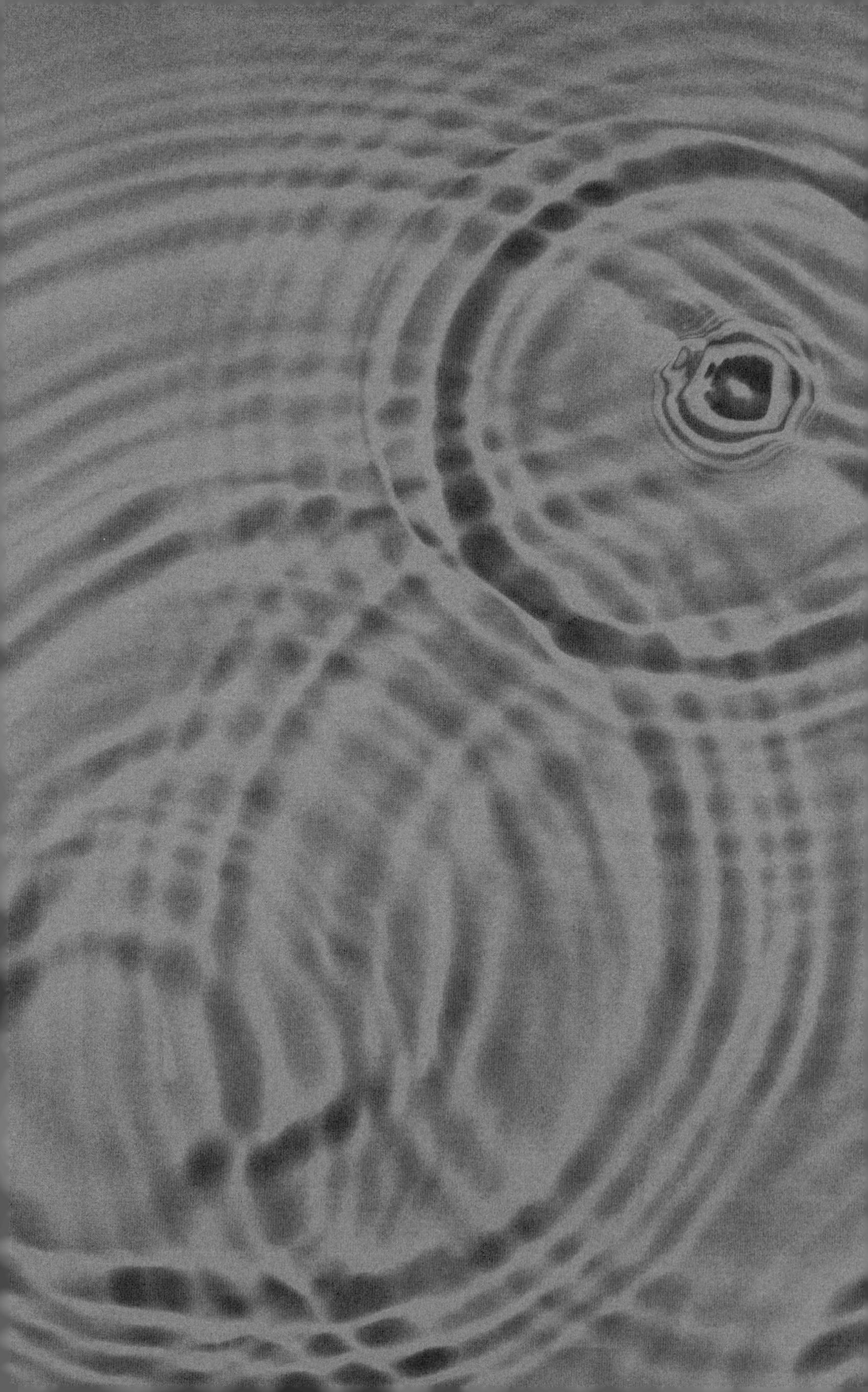

PARTE 2

CULTURA ORGANIZACIONAL, NOVOS ARRANJOS COLABORATIVOS E INVESTIMENTOS DE IMPACTO

CAPÍTULO 5

O MARKETING FRENTE AO SEU MAIOR DILEMA HISTÓRICO: A CRISE CLIMÁTICA

Luísa Fedrizzi Machado,
Emmanuel Khodja e Tom Rodrigues

1. Introdução

O empilhamento de crises que estamos vivendo – social, econômica, política, ambiental – demanda repensar nossos modos de operar em todas as esferas da vida. Um dos pontos cruciais de mudança é o domínio da lógica neoliberal – presente mesmo no chamado "capitalismo de Estado" chinês –, que transformou e transforma tudo em mercadoria, sendo capaz de cooptar até os aspectos mais privados de nossa existência e de nossa subjetividade e transpô-los para um contexto de "produtização" e mercantilização da vida.

Um setor se destaca neste debate: o de marketing e publicidade. Pode-se dizer que ele é, sem surpresa, o motor dessa lógica e da consequente invenção de um estilo de vida baseado em materialismo e consumismo, no qual nossa existência se constrói e se valida por meio do que temos, deslocando o valor intrínseco da vida para o valor extrínseco da mercadoria como posse e como construção de identidade. Durante o século XX, a publicidade acompanhou a evolução do capitalismo sob diferentes formas, tendo se estabelecido em formatos que permanecem ainda hoje muito semelhantes, por volta da década de 1950. A lógica subjacente, colocando de forma simplificada, é: empresas criam produtos, que são revestidos por uma marca – em um processo conhecido como *branding* –, e estabelecem departamentos de marketing, responsáveis por definir canais e mensagens que divulgam estes produtos e incentivam as vendas, ou seja, seu consumo. Estes departamentos, então, contratam agências de publicidade e propaganda, que criam campanhas, anúncios, materiais promocionais, eventos e outros formatos de ativação e divulgação das marcas e de seus produtos e serviços.

No sistema político-econômico-social atual, e a partir da publicidade, nos tornamos pessoas-consumidoras, e não pessoas-indivíduos: somos *targets* (públicos-alvo), sempre na mira de uma estratégia de vendas. Ademais, no "capitalismo tardio" em que vivemos (Crary, 2014), "[...] as novas tecnologias e a etapa global de financeirização do capital são determinantes para a transfiguração da nossa relação com o tempo, com nossos próprios corpos e com outros indivíduos" (Rodrigues, 2016, p. 3). E, consequentemente, com a natureza e os demais seres vivos. A publicidade também ocupa um papel central por ter se tornado um dispositivo normalizador de diferentes comportamentos, atitudes e valores culturais.

Nesse contexto, o presente texto retoma, num caráter de ensaio crítico, as relações históricas entre *marketing*, publicidade, *branding* e consumo, de modo a compreender como determinados conceitos e práticas se estabeleceram, em uma trajetória que, grosso modo, explica como chegamos no ponto de saturação dos ecossistemas. Partindo dessa base, realizamos uma reflexão crítica sobre as formas de operar do setor de marketing e propaganda, demonstrando seu papel político e social na atualidade – do qual muitas vezes busca se esquivar – e abrindo espaço para o desenho de alternativas que possam servir como rotas de transformação.

Para tal, a primeira sessão traz um breve panorama de como a produção de marcas (mais do que de produtos) ocupa um papel central no marketing, alterando a experiência do consumidor e modelando culturas. Em seguida, aprofundamos na percepção do poder do marketing em criar narrativas e influenciar a opinião pública, sem nos abstermos da reflexão ética sobre essa "responsabilidade" em influenciar os valores sociais. Por fim, analisamos o descompasso crítico entre o efetivo aumento da produção e consumo e a já comprovada necessidade de sua redução, como estratégia para frear as múltiplas crises globais que vivemos, destacando a PCS (Produção e Consumo Sustentáveis) como forma de contribuir para o reposicionamento do *marketing* como um processo social mais amplo do que apenas uma estratégia gerencial de vendas.

2. O protagonismo do elemento "marca" no marketing e publicidade contemporâneos

De forma geral e simplificada, pode-se dizer que o marketing se ocupa de planejar o antes, o durante e o depois do processo de vendas, enquanto a publicidade é uma forma de estimular o cliente a realizar a compra.

A maior parte das definições e conceituações destes dois campos específicos coloca, até hoje, a publicidade como parte de um dos chamados quatro "Ps" do marketing, o de promoção. Embora haja uma série de debates e revisões dessa forma de estruturar o fazer da disciplina, esse modo de classificar o chamado *marketing mix* – os ingredientes ou procedimentos a serem misturados de forma sempre criativa e específica para se chegar em resultados positivos para os negócios – permanece extremamente presente na literatura e na práxis do marketing, por sua simplicidade e efetividade em resumir e organizar a atuação na área.

Os "quatro Ps" foram criados por E. Jerome McCarthy no livro *Basic Marketing: A Managerial Approach,* de 1960. Em sua abordagem, o autor argumenta que o desenvolvimento de produtos e de linhas de produtos não é tarefa fácil, já que as necessidades e preferências dos clientes mudam constantemente e a concorrência torna, com frequência, os produtos vigentes obsoletos. Dessa forma, a busca pelo atendimento das necessidades dos clientes envolve o desenvolvimento do produto correto (primeiro P), que precisa ser colocado no lugar correto (o segundo P, de *place*, em inglês), e vendido com o preço e a promoção (terceiro e quarto Ps, respectivamente) corretos. Conforme destaca Loureiro (2008), acadêmicos em marketing, de vez em quando, inserem Ps adicionais à lista de categorias do *marketing mix*, por entenderem que ela estaria muito limitada.

Embora a publicidade possa ser definida como parte dos recursos estratégicos do marketing, respondendo pela promoção dos produtos, ela existe como prática desde muito antes desta organização dos ditos quatro Ps. Naomi Klein, em seu livro *Sem Logo - A Tirania Das Marcas Em Um Planeta Vendido*, sugere que as primeiras campanhas de marketing de massa, que começaram na segunda metade do século XIX, já trabalhavam com publicidade. Diante de um leque de produtos então recém-inventados – rádio, fonógrafo, carro, lâmpada elétrica e assim por diante –, os publicitários tinham a tarefa de mudar o modo como as pessoas viviam.

A ideia de marcas como diferenciais surgiu logo em seguida, em grande parte graças a outra inovação: a fábrica. Nesse contexto, a marca competitiva tornou-se uma necessidade, "[...] a diferença baseada na imagem tinha de ser fabricada junto com o produto" (Klein, 2002, p. 29-30). Mas foi ainda no final dos anos 1940 que surgiu a noção de que uma marca não era apenas um recurso como mascotes, *slogans* ou imagens impressas na etiqueta do produto (Klein, 2002). E, com a evolução dessa ideia, o publicitário deixou de ver a si mesmo como um tipo de vendedor e passou a se considerar, como relembra Naomi Klein, "[...] 'o rei-filósofo da cultura comercial', nas palavras do crítico de publicidade Randall Rothberg" (2002, p. 31). Trazendo, para os campos do marketing como um todo e da publicidade de forma mais específica, conhecimentos e ferramentas oriundos, por exemplo, da administração e de outras ciências sociais, como a psicologia, criando uma ênfase na decisão gerencial que considerasse aspectos societais e na análise qualitativa do marketing (Santos *et al.*, 2009). Foi assim, por exemplo, que a escola behaviorista ingressou na área de "Comportamento do Consumidor", cuja emergência nos anos 1950 levou o foco do marketing para os mercados consumidores e para as informações demográficas sobre quantos e quem são esses consumidores, aplicando princípios de análises comportamentais para compreender e influenciar o indivíduo ao consumir (Santos *et al.*, 2009).

O desenvolvimento dessas perspectivas no campo mais amplo do marketing também alterou as formas de fazer e pensar na publicidade, com o nascimento do chamado movimento de *Account Planning*, em 1968, a partir do pensamento de profissionais como Stephen King, diretor de pesquisa, e John Treasure, presidente da agência JWT de Londres, que, junto de Timothy Joyce, líder da empresa de pesquisa da JWT, a BMRB, passavam a questionar a ideia de que a publicidade funcionava por persuasão racional e de que seu trabalho residia na "conversão" em vendas, foco de praticamente todo o pensamento em publicidade existente desde os primórdios do marketing. Para eles, "[...] o papel da publicidade era reforçar e nutrir preferências por uma determinada marca, e essas preferências eram amplamente baseadas em sinais emocionais e não verbais" (Feldwick, 2015, p. 51).

Em artigos como "What is a brand?" ("O que é uma marca?", em tradução nossa), também de 1970, Stephen King desenvolveu o conceito de *branding* como central para a publicidade e o marketing, usando a ideia de *gestalt* ou todo, para enfatizar que era assim que os consumidores experimentavam as marcas – como uma totalidade, não como uma coleção de elementos (Feldwick, 2015).

Levou várias décadas para que o mundo dos fabricantes se adaptasse a essa mudança. Embora nos anos 1970, departamentos e diretorias de marketing tenham se proliferado em todas as grandes empresas e também em outros setores da atividade humana (governos, organizações civis, entidades religiosas, partidos políticos) pelo mundo, fabricantes de produtos se mantinham fiéis à ideia de que seu negócio essencial ainda era a produção, e que a marca era apenas uma importante contribuição (Klein, 2002).

> Então chegou a mania do capital de marca, o *brand equity* dos anos 80, a hora da verdade, em 1988, quando a Philip Morris comprou a Kraft por US$ 16,2 bilhões – seis vezes o que a empresa valia no papel. A diferença de preço, aparentemente, estava no custo da palavra "Kraft". É claro que Wall Street sabia que décadas de marketing e favorecimento de marcas agregava muito mais valor a uma empresa do que seus ativos e vendas anuais totais. Mas com a compra da Kraft um imenso valor em dinheiro fora atribuído a algo que antes tinha sido abstrato e não quantificável – uma marca. Foi uma notícia espetacular para o mundo da publicidade, que agora podia argumentar que os gastos em propaganda eram mais do que uma simples estratégia de venda: eram um investimento em capital puro. (Klein, 2002, p. 31-32).

Como consequência desse processo, nas décadas de 1980 e 1990, como apontam Santos *et al.* (2009), nasce o fenômeno dos "gurus de marketing" e uma profusão de livros e autores acerca do tema, em geral sem um cuidado com a investigação científica e com uma tendência a modismos. Este fenômeno levou o marketing até as pequenas e médias empresas e a todo tipo de profissional.

A partir daí, a ideia de as companhias produzirem marcas, e não produtos, tornou-se a principal perspectiva de um renascimento do marketing, liderado por uma nova classe de empresas que "[...] se viam como 'agentes de significado' em vez de fabricantes de produtos", como coloca Naomi Klein (Klein, 2002, p. 45). O que mudava com a ascensão deste prisma era a ideia de que o produto sempre é secundário ao "verdadeiro produto": a marca. E a venda de uma marca, por sua vez, adquire um componente adicional que "[...] só pode ser descrito como espiritual" (Klein, 2002, p. 45).

Em meados dos anos 1990, grandes empresas com grandes marcas – Nike, Polo, Tommy Hilfiger, por exemplo – estavam prontas para migrar para o patamar seguinte: "[...] não mais simplesmente conferir sua marca a seus produtos, mas também à cultura externa", patrocinando eventos culturais de forma a ser possível "sair pelo mundo" (Klein, 2002, p. 52). Para essas empresas, o *branding* não servia apenas para agregar valor aos produtos. "Tratava-se de cobiçosamente infiltrar ideias e iconografias culturais que suas marcas podiam refletir, ao projetar essas ideias e imagens na cultura como 'extensões' de suas marcas" (Klein, 2002, p. 53).

É neste cenário que nascem dois novos conceitos e escolas de marketing fundamentais para o debate do presente trabalho: o marketing experiencial (ou de experiência) e o marketing societal ou social. O primeiro tem seu foco nas sensações que os produtos podem proporcionar aos clientes e não meramente nas necessidades dos consumidores (Santos *et al.*, 2009), enquanto o segundo se direciona ao bem-estar da sociedade, à ideia de geração de impacto positivo – ainda que não houvesse esta expressão em uso –, transformando a responsabilidade social corporativa em vantagem competitiva.

Embora a publicidade e o patrocínio sempre tenham utilizado a imagem para equiparar produtos a experiências culturais e sociais positivas, a diferença do que passa a ocorrer entre os anos 1990 e 2000 é que essas associações saem do âmbito da representação e se transformam em "uma realidade da vida", como destaca Naomi Klein. Para Kotler (1992), o marketing social é uma mudança estratégica de comportamento. Para fazer isso, insere ideias e práticas com a intenção de alterar crenças, atitudes, valores e comportamentos de uma determinada sociedade ou coletivo. O efeito desse tipo de *branding* é empurrar a cultura que o hospeda para o fundo do palco e tornar a marca a estrela do show. Assim, a partir da percepção de que marcas não são produtos, mas sim conceitos, atitudes, valores e experiências, elas passam também a ser cultura.

Esse foi o cenário, na virada do século XX para o XXI, do nascimento do chamado "marketing 3.0", uma evolução das lógicas dos períodos anteriores já relatados aqui, baseado em valores – e cujos símbolos são justamente as marcas (Rez, 2018). Elas constroem status e significados atrelados ao espírito, aos propósitos, anseios e estilos de vida das pessoas. O conceito de marketing 3.0 foi cunhado por Philip Kotler em seu livro homônimo, de 2010, como sendo o estágio em que as empresas deixam de estar centradas no consumidor para tornarem-se centradas na pessoa e no qual os lucros são balanceados com a responsabilidade da corporação (Patel, 2019). Importante dizer que o dito marketing 3.0 emerge junto com a expansão da internet no mundo na primeira década dos anos 2000, não só em termos de acesso, mas em termos de importância frente às mais variadas dinâmicas sociais.

A internet foi e segue sendo, obviamente, um catalisador desse processo de estabelecimento de relações mais "pessoais", para usar os termos de Kotler, entre indivíduos e empresas, por ter transformado a forma como as pessoas buscam não só por informações, mas também por produtos e serviços, bem como por ter permitido, como já comentado anteriormente, que a ideia de um mundo "global" se instaurasse em sua plenitude e totalidade. Conforme resume Patel (2019), para Philip Kotler existem três forças propulsoras do marketing 3.0: a colaboração (pessoas que produzem seus próprios conteúdos, interagem entre si e constroem novas ideias), a globalização (como o fim das barreiras de comunicação, a emergência de tribos culturais e a readequação, por parte das empresas, das ideias sobre públicos-alvo) e a criatividade (pela facilidade de se compartilhar conhecimentos, interesses e ideias e o impacto que isso tem sobre a oferta de produtos e serviços). Com a profusão das redes sociais, foi possível estabelecer um novo patamar de conectividade e interatividade, com uma velocidade até então inédita, entre pessoas e comunidades e também entre elas e as empresas e marcas, expandindo ainda mais as possibilidades de construção desse lugar simbólico e totalmente incorporado à cultura em que elas, hoje, atuam.

Os canais de mídia – que não apenas servem à informação, mas também à promoção de produtos e serviços, como espaços-chave para a publicidade e as relações públicas – também foram transformados pela internet e pelas redes sociais. Pouco a pouco, perdem força as grandes empresas de mídia, oriundas do jornalismo e do entretenimento, e tomam o palco as empresas de tecnologia, que passam a dominar esses novos espaços de conexão e interação também como espaços de mídia, transformando-os em novas frentes de negócio: rentabilizando alcance, visibilidade e, sobretudo, atenção. Esses novos vetores de mudança andam lado a lado a outros desdobramentos com impactos já sabidos ou potenciais sobre a psique humana, as relações sociais, as articulações políticas, entre outros fatores, mas não cabe a esta pesquisa abrir esse campo de análise. Aqui, focamos nos resultados que estes movimentos geraram e vêm gerando para o marketing, o *branding* e a publicidade – setores em que os aspectos derivados da massificação da internet e da alteração dos *players* que detêm o poder sobre o fluxo de informações, recursos e acessos vêm sendo profundamente transformadores.

As mudanças são tão intensas que, pouco tempo depois de lançar *Marketing 3.0*, Philip Kotler se uniu aos consultores Hermawan Kartajaya e Iwan Setiawan para examinar as transformações subsequentes em *Marketing 4.0: do tradicional ao digital*, publicado em 2016. No livro, os autores argumentam que o digital está se tornando o principal responsável pelos resultados das marcas, por conta do poder de influência sobre os indivíduos que a internet e as redes sociais possuem.

Quase 20 anos antes dessas conceituações chamativas de Kotler serem lançadas, Naomi Klein já apontava que, após o *boom* das marcas entre o final dos anos 1980 e o começo da década seguinte, o que as companhias buscavam eram "novas áreas nas quais 'ampliar' a marca, bem como perpetuamente sondar o *zeitgeist* para garantir que a 'essência' escolhida para uma marca ressoasse carmicamente com seu mercado-alvo" (Klein, 2002, p. 32). Como bem apontou, tal mudança radical na filosofia e na prática corporativas fez as marcas buscarem todas as formas possíveis de fomentar a cultura, "[...] à medida que se apoderavam de cada canto da paisagem sem marca em busca do oxigênio necessário para inflar suas grifes" (Klein, 2002, p. 31-32). Assim, há mais de trinta anos, nascia um novo consenso: "[...] os produtos que florescerão no futuro serão aqueles apresentados não como 'produtos', mas como conceitos: a marca como experiência, como estilo de vida" (Klein, 2002, p. 46).

Nenhum cenário poderia ser mais fértil e mais propício para essa visão do que o suposto campo global unificado, acessível, livre de barreiras e de materialidades que é a internet. Assim, é preciso dimensionar a importância do marketing e do *branding* num contexto de uma sociedade hiperconectada.

3. Poder e influência do setor de marketing e publicidade

Com tamanho porte no mundo e no Brasil (Dimitrioski, 2019; Deloitte, 2021; Cenp Meios, 2022)[17], o setor de marketing e publicidade precisa ser analisado à luz de seu poder – tanto de mover diferentes setores públicos e privados quanto de influenciar as pessoas. Mas não é só "da porta para fora" que tal perspectiva deve ser pensada: é, também, da "porta para dentro", seja no que é a própria estrutura merca-

17 Em 2019, uma pesquisa da firma de investimentos Redburn, junto com a PwC, calculou que a indústria de marketing transacionava US$ 1,7 trilhão em todo o mundo, muito mais do que se tinha em conta em estimativas anteriores (Dimitrioski, 2019). Outra pesquisa, conduzida no mesmo ano pelo GroupM, grupo de empresas globais de serviços de marketing e publicidade, chegou a um cálculo parecido: companhias em todo o mundo gastam cerca de US$ 1,6 a US$ 1,9 trilhão anualmente em marketing. No Brasil, pesquisas apontam que, desde 2001, os investimentos em compra de mídia seguiram uma tendência de crescimento no Brasil. Em 2019, o Brasil apareceu em sétimo lugar no ranking global (Deloitte, 2021, p. 11). Em 2020, o investimento em publicidade estava na casa de R$ 14,2 bilhões, segundo o Conselho Executivo das Normas-Padrão (Cenp), entidade que reúne os principais anunciantes, veículos de comunicação e agências de propaganda do país, em cálculo feito a partir de dados de 217 agências de publicidade de todo o país. Em março de 2022, a pesquisa foi atualizada, reunindo informações de 298 agências e apontando para uma recuperação do setor pós-pandemia: foram R$ 19,7 bilhões investidos em mídia no ano anterior (Cenp Meios, 2022).

dológica, onde o setor se insere e a qual ele alimenta, seja na atuação dos profissionais e empresas que o constituem.

O conceito de marketing social, como comentado anteriormente, apesar do nome, não carregava mais a ideia de discutir benefícios ou problemas que o poder e a influência do marketing e das marcas poderiam trazer para as sociedades. Essa nova disciplina emergiu a partir da percepção de que, além de vender produtos, o marketing também atuava como propagador de atitudes, causas e comportamentos. Ele tem influência sobre a opinião pública e sobre as atitudes e escolhas que indivíduos tomam cotidianamente – quer estejam conscientes dessas influências ou não.

Desde a década de 1920, os pioneiros das Relações Públicas – área que é uma espécie de "prima" da publicidade e uma das ferramentas-chave do marketing e do *branding* na construção da imagem das empresas e de suas marcas – traziam a noção de que "[...] a opinião pública, cultura, o mundo de significados que compartilhamos não é absoluto, mas sempre está ali para ser influenciado – e que se você não influenciar, outros o influenciarão" (Feldwick, 2015, p. 75, tradução nossa). Ou seja, ainda segundo o autor, os efeitos da publicidade são, em grande medida, sociais. A preferência por uma marca será influenciada também pelo fato de outros a usarem, pelas conversas que são compartilhadas sobre ela ou simplesmente pela percepção de que uma marca é popular entre as pessoas – uma percepção que uma publicidade suficientemente onipresente pode ajudar a criar.

No artigo "O momento da aceleração", a publicitária Ana Cortat destaca que a comunicação de marketing contribui para a construção de um imaginário social, e que os profissionais da área devem ter a responsabilidade de garantir que não estão "[...] legitimando nem estimulando a adoção de ideias, conceitos ou comportamentos que de alguma forma terminem por prejudicar o indivíduo ou a sociedade" (Cortat, 2017, p. 26). Nesse sentido, Nason (1989 *apud* Silva *et al.* 2021, p. 84) aponta justamente que a produção e o consumo de produtos e serviços podem causar efeitos nocivos aos indivíduos e às organizações – mesmo que de forma não premeditada e intencional.

Isso implica que o setor não apenas incorpore um momento de mudança exponencial em sua "linha de frente" relacionada à construção de marcas, mas que também atue por mudanças "[...] em processos ainda mais difíceis de serem alterados: a origem de mão de obra e matéria-prima, a cadeia de produção, a geração de resíduos antes e depois do consumo" (Cortat, 2017, p. 26).

Esta centralidade das corporações e suas marcas no debate não se dá à toa. Dados do *Edelman Trust Barometer 2022* – a 22ª edição do estudo global sobre confiança e credibilidade conduzido pela Edelman Data & Intelligence (DxI), um dos mais reconhecidos do mundo – mostram que "[...] o mundo, e o Brasil, se encontram enredados em um círculo vicioso de desconfiança, alimentado por uma crescente descrença na mídia e no governo" (Edelman, 2022). O estudo sugere que esse contexto leva as pessoas a esperarem mais da atuação social das empresas.

Esse cenário aumenta ainda mais o poder e a influência que o marketing, a publicidade e o *branding* podem ter – considerando que todos eles trabalham, de alguma forma, construindo a presença e a imagem das empresas perante as pessoas e as sociedades. Como afirma Edelman, quando "[...] todos os *stakeholders* cobram responsabilidade das empresas", quando "[...] 63% dos brasileiros compram ou defendem marcas com base em seus valores e crenças" e quando "Governos não são vistos como capazes de coordenar esforços interinstitucionais para solucionar problemas", tem-se um cenário bastante propício para que as ferramentas do marketing sejam usadas para responder a essas demandas sociais – ou ao menos criar a ilusão de uma atuação engajada.

Esse cenário pode até ser compreensível, mas não deixa de ser problemático, afinal, como descreve Leslie Savan, autora de *The Sponsored Life: Ads, TV, and American Culture*, esse é o sintoma número um da mentalidade de patrocínio: "tornamo-nos coletivamente convencidos não de que as corporações estão pegando carona em nossas atividades culturais e comunitárias, mas de que a criatividade e a congregação seriam impossíveis sem sua generosidade" (Savan, 1994 *apud* Klein, 2002, p. 59).

É assim que chegamos a um contexto em que entregamos não só o dever, mas também o direito sobre a construção de algum tipo de bem-estar social para o mundo dos negócios, esquecendo-nos que, nesse domínio, não é o interesse público nem o bem comum que regem as práticas. Esse processo histórico conduziu a um cenário em que questões sociais, embora cada vez mais misturadas à atuação das marcas, são postas em segundo plano pela maioria dos pesquisadores de marketing (Silva *et al.*, 2021). Há, ainda, um agravante no reconhecimento das implicações nocivas por parte do consumidor, dado que ele "[...] não consegue avaliar adequadamente se as estratégias de *marketing* das empresas são éticas ou não em termos de contribuição socioambiental e os danos que os produtos podem causar". (Silva *et al.*, 2021, p. 85).

À medida que as consequências decorrentes das atividades de mercado acumulam-se, geram complicações que podem influenciar a vida das pessoas, o funcionamento das sociedades e, é claro, o meio ambiente. No entanto, esses problemas não são comumente atribuídos à disciplina e/ou à prática do marketing, como parte da própria estrutura mercadológica, e sim compreendidos como erros de gestão, comportamentos antiéticos específicos ou oportunismo.

Nesse sentido, Rory Sutherland, vice-presidente da agência de publicidade Ogilvy UK, e presidente do Institute of Practitioners in Advertising (IPA), órgão comercial e instituto profissional que representa agências e pessoas que trabalham na indústria de publicidade, mídia e marketing no Reino Unido, há alguns anos, escreveu em um artigo: "[...] estou muito mais interessado em aceitarmos as vastas implicações morais do que fazemos e debatê-las abertamente em vez de acobertar a questão" (Alexander, Crompton, Shrubsole, 2011, p. 14, tradução nossa). Para ele:

> A verdade é que o marketing levanta enormes questões éticas todos os dias – pelo menos, se você estiver fazendo certo. Se não fosse esse o caso, as únicas explicações possíveis seriam que você acredita que os profissionais de marketing são ineficazes demais para fazer qualquer diferença ou acredita que as atividades de marketing afetam as pessoas apenas no nível do argumento consciente. Nenhuma dessas possibilidades me atrai. Prefiro ser considerado mau do que inútil. (Alexander, Crompton, Shrubsole, 2011, p. 2, tradução nossa).

Essas frases foram as grandes motivadoras do desenvolvimento do estudo *Think of me as Evil? Opening the Ethical Debates in Advertising* (em uma tradução livre: "Pensa que sou do mal? Abrindo os debates éticos na publicidade"), conduzido pelas ONGs Public Interest Research Centre (PIRC) e WWF do Reino Unido, em 2011, para endereçar os impactos culturais – e, portanto, sociais – da publicidade como uma das forças que mais influenciam os valores das sociedades. Partindo de uma análise mais específica do caso britânico, o relatório argumenta que o efeito tende a ser "[...] prejudicial ao nosso bem-estar e pode exacerbar os problemas sociais e ambientais que enfrentamos coletivamente" (Alexander, Crompton, Shrubsole, 2011, p. 14, tradução nossa). Às críticas sobre seus poderes excessivos, a indústria do marketing e da publicidade costumam responder com três argumentos, obviamente rechaçados por esta pesquisa: a publicidade apenas redistribui o consumo; a publicidade é simplesmente um espelho dos valores culturais; e publicidade é sobre a promoção do poder de escolha. O que o estudo supracitado afirma é que há:

> [...] evidências de que a publicidade aumenta o consumo geral; de que promove e normaliza toda uma série de comportamentos, atitudes e valores, muitos dos quais são social e ambientalmente prejudiciais; de que manipula os indivíduos em um nível subconsciente, tanto crianças quanto adultos; e de que é tão difundida na sociedade moderna que torna virtualmente impossível a escolha de não se sujeitar à exposição. (Alexander, Crompton, Shrubsole, 2011, p. 15, tradução nossa)

Com um volume imenso de recursos – não apenas financeiros – posto à disposição de departamentos e profissionais de marketing e de publicidade, cujas cifras precisam também ser vistas à luz da crise econômica atual, no Brasil e no mundo, esse setor tem uma posição estratégica nas sociedades e no mercado. Tal posição é reforçada pela confiança e pela expectativa crescentes que as pessoas têm sobre as empresas de onde saem esses capitais, como já argumentamos. E é por isso que questionar suas práticas, confrontando-as com as implicações geradas em relação aos temas emergentes e emergenciais na atualidade se faz fundamental para "[...] acelerar a prática de posturas e iniciativas há muito necessárias para a sobrevivência e melhor qualidade de vida da humanidade — sem a qual não existe mercado" (Cortat, 2017, p. 27).

4. Considerações finais: crise climática e consumo

Frente à urgência das crises sociais e ambientais que enfrentamos, as implicações éticas citadas ao final da seção anterior precisam ser debatidas, pois a negação do valor intrínseco da vida é, também, a negação do planeta em si. Conforme destacam Pagotto e Gonçalves-Dias (2020), a discussão sobre os limites ecossistêmicos para sustentar os atuais níveis de produção e consumo é um tema relevante na atualidade e que vem ocorrendo em diferentes setores da sociedade. Especificamente nos planejamentos estratégicos empresariais, o desafio recorrente é a "reengenharia de se produzir cada vez mais com menos para poupar recursos, aumentar lucros e atender demandas mercadológicas" (Pagotto; Gonçalves-Dias, 2020, p. 2). Enquanto isso, as pessoas passam a enfrentar "apagões" e a escassez de determinados bens, produtos e serviços por conta dos impactos do atual modelo econômico sobre a disponibilidade de insumos e recursos. Produção e consumo são duas faces da mesma moeda, assim como o meio ambiente e a sociedade.

Sabendo que, desde a década de 1970, o saldo dos impactos humanos sobre os recursos do planeta (a chamada "pegada ecológica") tem aumentado muito mais que sua capacidade de reposição (biocapacidade) (Pagotto; Gonçalves-Dias, 2020), é preciso conceber uma forma de marketing em que o consumo é harmonizado com a capacidade de suporte dos ecossistemas planetários. Isso demanda que se compreenda o marketing como um processo social, não apenas como uma tecnologia gerencial. Conforme coloca Varey (2011, p. 70, tradução nossa), "[...] o marketing para uma sociedade sustentável não é impulsionado pelo crescimento, mas sim um meio baseado em serviços para se alcançar o bem-estar". Essa não é uma mudança simples, pois implica mudar o cerne da visão que temos, não somente sobre o marketing em si, mas sobre as formas de se existir no mundo.

Embora atos de negação do consumo, boicotes e campanhas "antimarcas" possam parecer sinais de preocupação dos cidadãos com o impacto ambiental do consumo e de um crescente desejo por produtos "amigos do planeta", no sistema em que vivemos não existe, verdadeiramente, uma escolha entre consumir e não consumir. "Viver é consumir", diz Borgmann (2000 *apud* Varey, 2011, p. 70). A questão fundamental que se apresenta para os profissionais de marketing é que promover o consumo é alimentar um descompasso com a já sabida necessidade de conservação de recursos, eficiência energética e redução de resíduos. Esse paradoxo levanta debates sobre o que, como, quanto e por que consumimos.

Pesquisas e políticas nos âmbitos público e privado a respeito de "Produção e Consumo Sustentáveis" (PCS) surgem como possíveis respostas a essa crise, reconhecendo o problema e buscando compreender melhor as possibilidades de retomada desse equilíbrio (Pagotto; Gonçalves-Dias, 2020). A definição de PCS foi proposta durante o Simpósio de Oslo, em 1994, como sendo o uso de serviços e produtos que atendam às necessidades básicas, ao mesmo tempo em que trazem uma melhor qualidade de vida, minimizam o emprego de recursos naturais e materiais tóxicos, bem como as emissões de resíduos e poluentes ao longo de seu ciclo de vida, de modo a não comprometer as necessidades das gerações futuras (Buralli *et al.*, 2018). No entanto, como afirma Stern (2000 *apud* Pagotto; Gonçalves-Dias, 2020, p. 2), "[...] o incremento dos impactos socioambientais ao longo de toda cadeia de processos produtivos está intrinsecamente associado ao atual estilo de vida, típico da pós-modernidade, e à forma como as economias mundializadas têm se desenvolvido".

Para buscar tornar a PCS uma realidade, os países signatários operacionalizam suas iniciativas por meio dos chamados Planos de Ação para Produção e Consumo Sustentáveis (PPCS). No Brasil, o plano é conduzido pelo Ministério do Meio Ambiente – já houve duas formulações, 2011-2014 e 2016-2020 – e possui as seguintes áreas prioritárias: Educação para o Consumo, Compras Públicas Sustentáveis, Agenda Ambiental na Administração Pública, Resíduos Sólidos e Construções Sustentáveis. Interessante notar que, no processo de desenho desses planos de ação, diversos atores não-estatais foram envolvidos, mas entre eles não havia sequer uma organização representante do setor de marketing e/ou publicidade. Pagotto e Gonçalves-Dias (2020) analisaram o conteúdo dos planos e concluíram que os representantes empresariais trazem uma visão reformista das políticas de PCS, evitando rupturas com o setor privado, enfatizando a adoção de uma economia sustentável. Por outro lado, os atores da sociedade civil presentes, além de reforçarem a importância de o poder público atuar na regulação econômico-política e institucional, mostraram preocupações com a "publicidade massacrante" do setor privado.

Esse quadro evidentemente não surpreende, afinal o mercado se movimenta para preservar sua existência e sua capacidade de gerar lucro. Por mais que se aproxime da sociedade, ele obviamente não substitui o sistema sociopolítico. Eis aí nossa grande ilusão coletiva contemporânea: esperar que empresas busquem soluções que sejam, ao mesmo tempo, capazes de corrigir os impactos ambientais e sociais negativos da produção e do consumo e responder às demandas decorrentes dos novos contextos. Essa encruzilhada ressalta uma visão particularmente problemática a respeito da relação entre consumo e meio ambiente. A importância de se traçar uma linha direta de conexão entre consumo e crise climática advém desse cenário, afinal, no presente – e considerando a natureza pecuniária dos negócios e das marcas –, uma produção sustentável precisa estar relacionada a um consumo também sustentável: tanto para a preservação da natureza quanto para os negócios em si.

> Diante de um número crescente de acusações relacionadas à criação de demanda artificial por produtos e serviços por meio da venda de ofertas e do estímulo ao aumento do consumo para maximizar os lucros, [o marketing] deve ser percebido agora no contexto social mais amplo. Neste contexto, muitos assumem que a luta por uma melhor qualidade de vida contribui para a deterioração gradual das bases de prosperidade no futuro. Assim, gestores e círculos científicos precisam refletir sobre se e como seria possível conciliar o foco na satisfação do cliente, os lucros para a empresa e a prosperidade de longo prazo para clientes e gerações futuras. (Kalva, 2017, p. 9, tradução nossa).

Assim, o marketing contemporâneo, tendo se tornado um conceito-chave de gestão e um dispositivo de saber-poder normalizador de valores e comportamentos, precisa enfrentar seu mais sério dilema: transformar-se em um espaço de fomento de uma nova visão de mundo, capaz de estimular a criação e consolidação de modelos de negócio mais adequados às urgências socioambientais do presente e do futuro próximo, ou consolidar-se como um grande vilão, responsável por acelerar a trajetória de colapso socioecológico e de ameaça existencial da espécie humana, de nossa biodiversidade e da própria biosfera, como a conhecemos.

Referências bibliográficas

ALEXANDER, J.; CROMPTON, T.; SHRUBSOLE, G. **Think of me as evil?** Opening the ethical debates in advertising. Macynlleth: Public Interest Research Centre; Godalming: WWF-UK, 2011. Disponível em: https://publicinterest.org.uk/think_of_me_as_evil.pdf. Acesso em: 23 out. 2021.

BURALLI, R. J.; CANELAS, T.; CARVALHO, L. M. de; DUIM, E.; ITAGYBA, R. F.; FONSECA, M.; OLIVER, S. L.; CLEMENTE, N. S. Moving towards the sustainable development goals: the UNLEASH innovation lab experience. **Ambiente & Sociedade**, São Paulo, v. 21, e00010, 2018. DOI: 10.1590/1809-4422asoc17Ex0001vu18L1TD

CENP MEIOS. Investimentos em mídia via agências atinge quase R$ 20 bi no ano passado. **Cenp em revista**, São Paulo, ed. 83, ano 18, p. 4-6, 1 mar. 2022. Disponível em: https://cenp.com.br/wp-content/uploads/2022/03/Cenp-em-Revista-ed.83- marco.2022.pdf. Acesso em: 4 ago. 2022.

CORTAT, A. O momento da aceleração. In: PORTO, M. **Comunicação no centro da mudança**. Rio de Janeiro: Agência Juntos, 2017. (Trendbook, 1). p. 17-51. Disponível em: https://sinapse.gife.org.br/download/comunicacao-no-centro-da-mudanca. Acesso em: 6 ago. 2022.

CRARY, J. **24/7**: Capitalismo tardio e os fins do sono. São Paulo: Cosac Naify, 2014.

DELOITTE. **O valor da publicidade no Brasil**: o impacto do setor nos negócios, na economia e na sociedade. São Paulo: Deloitte, 2021. Disponível em: https://www.abap.com.br/wp-content/uploads/2021/09/deloittevalorpublicidadeptdigital.pdf. Acesso em: 18 fev. 2022.

DIMITRIOSKI, Z. How Much Money Is In The Global Marketing Industry. More Than We Believed. **Forbes**, New Jersey, 13 fev. 2019. Seção Consumer/Media. Disponível em: https://www.forbes.com/sites/zarkodimitrioski/2019/02/13/how-much-money-is-in-the-global-marketing-industry-more-than-we-believed/?sh=306566ee17c3. Acesso em: 4 ago. 2022.

EDELMAN. **Edelman Trust Barometer**. São Paulo: Edelman, 2022. Disponível em: https://www.edelman.com.br/edelman-trust-barometer-2022. Acesso em: 6 ago. 2022.

FELDWICK, P. **The Anatomy of Humbug**: How to Think Differently About Advertising. Leicestershire: Troubador, 2015.

KALVA, R. S. A Model for Strategic Marketing Sustainability (Marketing mix to Marketing matrix). In: National Conference on Marketing and Sustainable Development, 2017, Vadodara. **Proceedings** [...]. Vadodara: AIMS International, 2017. p. 7-23

KLEIN, N. **A tirania das marcas em um planeta vendido**. São Paulo: Record, 2002.

KOTLER, P. **Marketing social**: estratégias para alterar o comportamento público. Rio de Janeiro: Campus, 1992.

LOUREIRO, O. I. Origens e evolução do marketing: um estudo sobre as influências das correntes teóricas no ensino do marketing no Brasil. In: SEMINÁRIOS EM ADMINISTRAÇÃO, 11., 2008, [s. l.]. **Anais** [...]. [S. l.: s. n.], 2008. p. 1-17. Disponível em: http://sistema.semead.com.br/11semead/resultado/trabalhosPDF/788.pdf. Acesso em: 20 fev. 2022.

PAGOTTO, E. L.; GONÇALVES-DIAS, S. L. F. Produção e consumo sustentáveis: um estudo à luz da teoria de campos de ação estratégica. **Ambiente & Sociedade**. São Paulo, v. 23, p. 1-22, 2020. Disponível em: https://www.scielo.br/j/asoc/a/KdCJFyNj8Y4pMn9LDqGSHjk/?lang=pt#. Acesso em: 3 abr. 2022.

PATEL, N. Marketing 3.0: o que é e como aplicar na sua empresa: +4 exemplos. **Neil Patel**. São Paulo, 19 set. 2019. Disponível em: https://neilpatel.com/br/blog/marketing-3-0/. Acesso em: 2 ago. 2022.

RODRIGUES, A. Resenha do livro "24/7 - Capitalismo tardio e os fins do sono". **Revista Habitus**, Rio de Janeiro, v. 14, n. 2, p. 131-135, 2016. Disponível em: https://revistas.ufrj.br/index.php/habitus/issue/viewIssue/819/345. Acesso em: 20 out. 2021.

REZ, R. **Marketing 4.0**: do tradicional ao digital, passo a passo. Campinas, 31 jan. 2018. Disponível em: https:// novaescolademarketing.com.br/marketing-4-0/. Acesso em: 30 jul. 2022.

SANTOS, T.; LIMA, M. V. V.; BRUNETTA, D. F.; FABRIS, C.; SELEME, A. O desenvolvimento do marketing: uma perspectiva histórica. **REGE Revista de Gestão**, São Paulo, v. 16, n. 1, p. 89-102, jan./mar. 2009. Disponível em: https://www.revistas.usp.br/rege/article/view/36663/39384. Acesso em: 7 fev. 2022.

SILVA, R. O. da; BARROS, D. F.; GOUVEIA, T. M. O. A.; MERABET. D. O. B. Uma discussão necessária sobre a vulnerabilidade do consumidor: avanços, lacunas e novas perspectivas. **Cadernos EBAPE.BR**, Rio de Janeiro, v. 19, n. 1, p. 83-95, jan./mar. 2021. DOI: 10.1590/1679-395120200026.

VAREY, R. J. A sustainable society logic for marketing. **Social Business**, Helensburgh, v. 1, n. 1, p. 69-83, 2011. Disponível em: https://www.ingentaconnect.com/content/westburn/sb/2011/00000001/00000001/art00005. Acesso em: 20 nov. 2021.

CAPÍTULO 6

A PROPOSTA DE *BLENDED FINANCE* COMO SOLUÇÃO FINANCEIRA PARA O IMPACTO SOCIOAMBIENTAL

Camila Correa de Araujo e Tom Rodrigues

1. Introdução

Faz tempo que o papel da empresa na sociedade vai muito além de gerar emprego e pagar tributos. De acordo com Carlo Pereira, secretário executivo da Rede Brasil do Pacto Global, entre as 200 maiores potências econômicas globais, 153 são representadas por empresas, cuja contribuição para o Produto Interno Bruto (PIB) é tão substancial que, se consideradas como entidades econômicas independentes, equipárariam ao tamanho de economias nacionais inteiras, podendo representar um potencial extremamente construtivo ou destrutivo (Istoé Dinheiro, 2018). Por possuir poder econômico, ser fonte de inovações tecnológicas e ter grande influência na sociedade, o setor privado desempenha um papel determinante no alcance dos desafios para o desenvolvimento sustentável.

De acordo com a Aliança Financeira de Glasgow para as Emissões Zero (GFANZ, na sigla em inglês), o financiamento privado pode alavancar iniciativas e transformar bilhões prometidos para investimento climático em trilhões por meio de canais públicos. No entanto, a promoção de arranjos público-privado exigirá compromissos ambiciosos e colaborativos e ações de curto prazo em todo o sistema financeiro (ONU, 2021).

Uma frente possível de ação é expressa pela Agenda ESG (*Enviromental, Social and Governance*), a qual estabelece boas práticas relacionadas às temáticas ambiental, social e de governança, a fim de estimular as companhias a alinharem seus investimentos a tais princípios, destinando recursos para projetos com motivação sustentável (Bethonico, 2021). O chamado investimento de impacto é uma categoria dentro da temática ESG que tenta garantir que o dinheiro promova reais mudanças na sociedade e/ou no meio ambiente (Bertão, 2020).

Estima-se que o tamanho do mercado global de investimentos de impacto, em 2021, era de 502 bilhões de dólares, o que, apesar de ser um mercado em ascensão, significa menos de 1% do total investido no mercado de investimentos tradicionais (Purchio, 2021). No Brasil, o setor avança timidamente – o total estimado de recursos disponíveis para investimentos de impacto é de 186 milhões de dólares – e a tendência é que esse ativismo empresarial impulsione uma maior participação das empresas no ecossistema de impacto de forma estruturada, programática e pragmática (Sitawi, 2021).

A Organisation for Economic Co-operation and Development (OECD), organização intergovernamental que se dedica à promoção do desenvolvimento econômico e bem-estar social, estima que para alcance dos Objetivos do Desenvolvimento Sustentável (ODS) e das metas da Agenda 2030[18], são necessários recursos adicionais aos já investidos entre 2,5 e 3 trilhões de dólares anuais, o que seria equivalente a cerca de 6% do PIB global (Convergence, 2021). Nesse sentido, o Laboratório de Inovação Financeira (LAB)[19] sugere que deve haver uma mudança cultural na lógica do investimento, o que gradativamente já está em curso com o fortalecimento das finanças sustentáveis e do investimento de impacto, e com a proliferação de instrumentos financeiros que incorporem nas métricas de avaliação e acompanhamento dos investimentos, os aspectos ambiental, social e de governança em prol da sustentabilidade (LAB, 2022).

---

18 A Agenda 2030 da ONU, composta por 17 ODS, busca promover a igualdade, erradicar a pobreza e abordar questões globais críticas até 2030, por meio de colaboração internacional e ações interconectadas.

19 Fundo intersetorial criado em 2017, fruto de parceria entre a Associação Brasileira de Desenvolvimento (ABDE), o Banco Interamericano de Desenvolvimento (BID), a Comissão de Valores Mobiliários (CVM) e a Deutsche Gesellschaft für Internationale Zusammenarbeit (GIZ) GmbH. Ver informações complementares em https://labinovacaofinanceira.com/quem-somos/

Entre os novos conceitos presentes no cotidiano dos investidores, que decidem enveredar pelo mercado de negócios de impacto, ganha destaque o conceito de financiamento híbrido, também conhecido como *blended finance*. Trata-se da combinação estratégica de investimento privado, proveniente do segundo setor, com outras fontes de captação, como subsídios e incentivos governamentais do primeiro setor, bem como doações e apoio filantrópico do terceiro setor, de fundações e organizações sem fins lucrativos. Essa ferramenta vem se transformando em um instrumento com grande potencial de unir os diversos recursos para catalisar capital privado para negócios de impacto alinhados aos ODS (Sitawi, 2022).

Se os próximos anos são cruciais para viabilização dos resultados da Agenda 2030 (Figuere, Rivett-Carnac, 2020), a convergência de mercados e o senso de urgência que começa a crescer nas empresas e investidores podem ser um catalisador de recursos para os negócios de impacto socioambiental. Portanto, propomos uma reflexão sobre a seguinte questão: como o mecanismo de *blended finance* pode ser desenhado para potencializar negócios capazes de mitigar problemas socioambientais estruturantes e acelerar o alcance das metas descritas pelos ODS das Nações Unidas?

Assim, com o objetivo de conhecer as potencialidades e os desafios do *blended finance* para acelerar negócios que fomentem o alcance das metas descritas pelos Objetivos do Desenvolvimento Sustentáveis (ODS) das Nações Unidas, realizou-se uma pesquisa documental e bibliográfica introduzindo conceitos-chave referentes a negócios de impacto e os debates acerca do fortalecimento de finanças sociais, como apresentado na seção a seguir. A terceira seção apresenta uma análise descritiva do panorama de *blended finance* em nível internacional e nacional, para, na quarta seção, concentrar-se no mapeamento dos desafios e oportunidades associados à consolidação desse mecanismo no mercado brasileiro.

Essa pesquisa justifica-se na medida que é imprescindível promover uma reflexão aprofundada acerca do potencial efetivo do *blended finance*, em contribuir com a promoção de um ambiente favorável ao desenvolvimento de empreendimentos capazes de gerar soluções de mercado para os problemas sociais e ambientais de nosso país, por meio da articulação entre atores público e privado.

2. O ecossistema de investimentos de negócios de impacto

O momento atual traz a urgência – não só no Brasil, mas também no mundo inteiro – de se discutir as características que definem um negócio de impacto. Como escreveu Sir Ronald Cohen,

> O capitalismo nos serviu por mais de 250 anos, mas se tornou insustentável em sua forma atual. É necessária uma mudança radical. A revolução tecnológica está sendo seguida pela revolução do impacto, que nasce da simples ideia de que podemos romper com o foco único do capitalismo no lucro para gerar lucro e impacto social simultaneamente, redirecionando grandes quantias de dinheiro para melhorar o mundo. [...]. O momento atual exige nada menos que uma revolução, e é preciso colocar o impacto no centro da nossa consciência. Em vez de confiarmos exclusivamente nos governos e na filantropia para alcançarmos mudanças sociais, precisamos inaugurar uma terceira força para acelerar o ritmo da mudança: o setor privado (Cohen, 2018, p. 17).

Nesse contexto, diversos modelos e iniciativas surgem e passam a se comprometer em resolver problemas sociais e ambientais, de forma direta ou indireta. Juntos, privilegiam as atividades e as relações locais, valorizando a cultura e a capacidade das comunidades para a construção de um mundo com mais justiça social, igualdade de oportunidades e respeito à natureza (Pipe Social, 2019).

Os negócios de impacto são parte das engrenagens de uma nova economia social e solidária, representam uma parcela do segmento dentro desse novo ecossistema, no qual uma série de outros atores podem ser citados. São definidos como empreendimentos com missão e soluções voltadas para a resolução de problemas sociais e ambientais – comprometidos em monitorar seu impacto e gerar resultados financeiro positivo e sustentável. Os negócios de impacto podem assumir diferentes formatos legais como associações, cooperativas ou empresas (Pipe Social, 2019).

Portanto, investimentos de impacto fornecem capital que financia soluções para desafios de nossa sociedade em diversos setores, tais como o acesso a serviços básicos, moradia, saúde e educação, agricultura sustentável, energia renovável, conservação ambiental, acesso ao crédito, conexão via redes de dados e voz, etc. O surgimento global dos investimentos e negócios de impacto se deve ao déficit contínuo de recursos filantrópicos e governamentais para responder às necessidades sociais existentes e à crescente sofisticação dos empreendedores sociais na proposta de soluções com escala, sustentabilidade financeira e metas socioambientais (Salamon, 2014).

Apesar de seu crescimento ao longo dos últimos anos, os negócios de impacto ainda enfrentam uma série de obstáculos à maior inclusão na cadeia de valor de grandes empresas e governo; à maior escala dos negócios e de seus impactos; à atuação mais colaborativa entre primeiro, segundo e terceiro setores; à busca de melhores ferramentas para avaliar e monitorar o impacto social das empresas; e ao maior protagonismo de populações minorizadas como a periferia e o povo negro (Barki, Comini, Torres, 2019).

Um dos caminhos inovadores para contribuir com a resolução desses problemas passa pela estruturação do campo dos investimentos e negócios de impacto descritos na Figura 1.

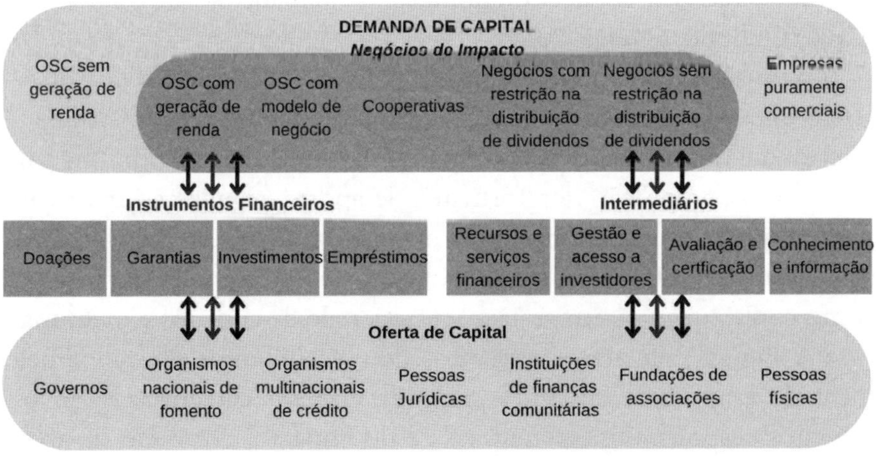

Figura 1: O ecossistema de investimentos e negócios de impacto.
Fonte: Cruz; Quitério; Scretas (2019, p. 27)

A Figura 1 descreve o ecossistema de investimentos e negócios de impacto como sendo composto por quatro grupos de atores: os negócios que têm a missão de gerar impacto socioambiental, com resultado financeiro positivo e sustentável; as entidades que doam, investem ou emprestam recursos; os mecanismos e instrumentos financeiros que permitem que os recursos circulem de um lado ao outro; e, por fim, as organizações intermediárias ou facilitadoras.

Neste trabalho, será enfatizado o papel dos investidores de impacto, descrito na sequência.

2.1 Investidores dos negócios de impacto

Representam a oferta de capital e podem assumir diferentes formatos como indivíduos, corporações, institutos, fundações (corporativas, familiares ou independentes), bancos e agências de fomento (como BNDES, Banco do Nordeste e Desenvolve SP), fundos de pensão, empresas de seguros, organismos multilaterais (como o Banco Interamericano de Desenvolvimento, BID, ou o Banco Mundial) e o governo. Alguns desses atores estão mais estruturados, outros são recém-chegados ou estão "tateando" esse universo, com diferentes teses, métricas e expertises de monitoramento, mas todos com foco no impacto e retorno financeiro conjunto, o chamado *blended value returns* (Cruz, Quitério, Scretas, 2019).

A Aliança pelos Investimentos e Negócios de Impacto (2020) defende que a pluralidade de atores aportando capital no ecossistema é importante por três motivos: diversificação dos valores disponíveis para os negócios, ampliação dos formatos de aporte (alguns vão querer investir, outros emprestar ou estarão dispostos a doar) e possibilidade de agregação de *smartmoney* – nome dado aos apoios complementares, tais como conhecimentos em gestão, acesso a rede de contatos e mentorias.

A Figura 2 ilustra os espectros de investimentos ofertados pelo mercado e aponta a diferença existente entre as categorias de investimentos responsáveis, sustentáveis e de impacto, por meio da abordagem e pelo escopo de suas considerações não apenas financeiras. Investimentos responsáveis incorporam critérios ESG (ambientais, sociais e de governança) na tomada de decisão, visando minimizar riscos e equilibrar retornos financeiros com práticas sustentáveis e éticas. Investimentos sustentáveis expandem esse enfoque, direcionando recursos para oportunidades que demonstram alto desempenho em métricas ESG e, frequentemente, excluindo setores controversos. Já os investimentos de impacto vão além, selecionando soluções que buscam resolver desafios sociais e ambientais, priorizando a realização de mudanças positivas e mensuráveis na sociedade, ao mesmo tempo em que buscam retornos financeiros viáveis.

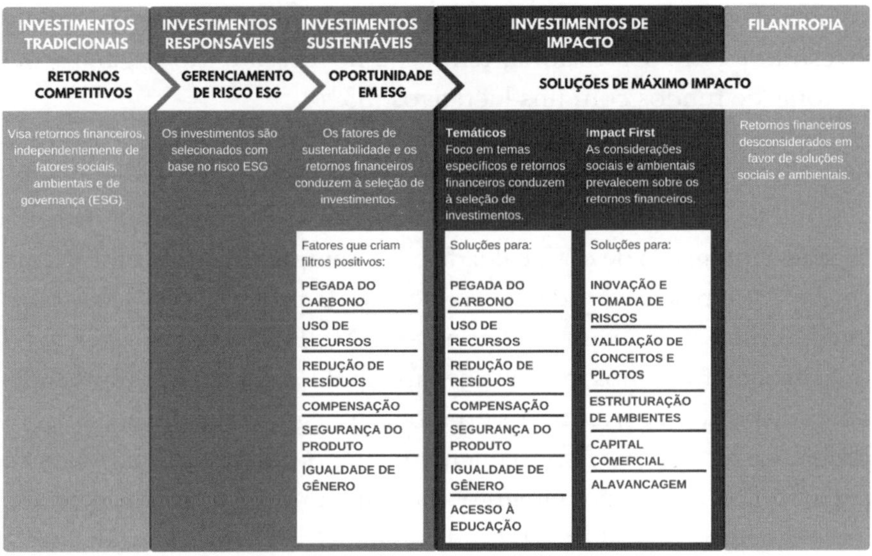

Figura 2: Investimentos de impacto dentro do espectro de investimentos financeiros. Fonte: ICE (2017, p.9).

Uma pesquisa da Global Impact Investing Network – GIIN (2020) analisou as principais expectativas desses investidores. O resultado apontou que, das 294 organizações respondentes em todo o mundo, 67% indicaram que buscam taxas de retorno ajustadas ao risco compatíveis com o mercado. Cerca de 18% dos investidores toleram retornos abaixo da taxa do mercado, desde que na média os retornos estejam próximos do mercado e 15% realizam operações com taxas inferiores às do mercado, com retornos-alvo mais próximos do objetivo apenas de preservação do capital. Essas expectativas variam de acordo com a natureza da organização, sendo bancos, gestores de fundos de investimento, fundos de pensão, *family offices* e organismos multilaterais mais voltados para taxa de mercado e fundações e gestores de fundos sem fins lucrativos e fundações empresariais ou familiares, mais tolerantes a taxas inferiores ao mercado.

No Brasil, o mercado de investimentos de impacto é considerado emergente e, em 2021, contou com R$18,7 bilhões em ativos sob gestão, de acordo com o relatório do programa *Aspen Network of Development Entrepreneurs* – ANDE (2023). O relatório destaca que, em relação ao levantamento do ano anterior realizado em dezembro de 2020, o volume de ativos sob gestão reportado é cerca de 60% maior e que os investidores, em sua maioria, têm sede no Brasil e são organizações gestoras de fundos com fins lucrativos (53%).

Os investidores de impacto, no País, tendem a alinhar seus investimentos e suas áreas de interesse com os ODS das Nações Unidas (71% deles). Em 2021, desse montante, 76% investiram em projetos ligados à mitigação de desigualdades, que sempre foi a pauta local principal, 72% em ações ligadas à erradicação da pobreza e 76% ao trabalho decente e crescimento econômico (ANDE, 2023).

Nos últimos anos, percebe-se um rápido aumento de empreendedores dispostos a correr riscos e a modelar negócios para solucionar os problemas do Brasil, e consequentemente, o número de negócios de impacto tem registrado aumento aproximado de 7% ao ano, segundo levantamento da ANDE (2023). Em paralelo, "os times fundadores" amadureceram, possuindo *expertise* no setor e conhecimento técnico, impulsionado pela expressiva taxa de 78% dos negócios de impacto que contam com equipes com formação superior completa; desses, 53% possuem pós-graduação, mestrado, doutorado ou pós-doutorado (Pipe Social, 2021). Os critérios de seleção para negócios de impacto se tornaram rigorosos, exigindo preparo sólido e estruturas robustas para atrair investimentos essenciais.

3. *Blended finance*

A OECD (2017, p. 4) conceitua o mecanismo de *blended finance* como sendo "[...] o uso estratégico de fundos de fomento (recursos subsidiados) para a mobilização de fluxos adicionais de capital comercial para o desenvolvimento sustentável". Assim, os fundos de fomento/desenvolvimento (capital concessional) são alocados com o objetivo de equilibrar a relação de risco e retorno e, com isso, atrair o capital comercial, como retratado esquematicamente pela Figura 3.

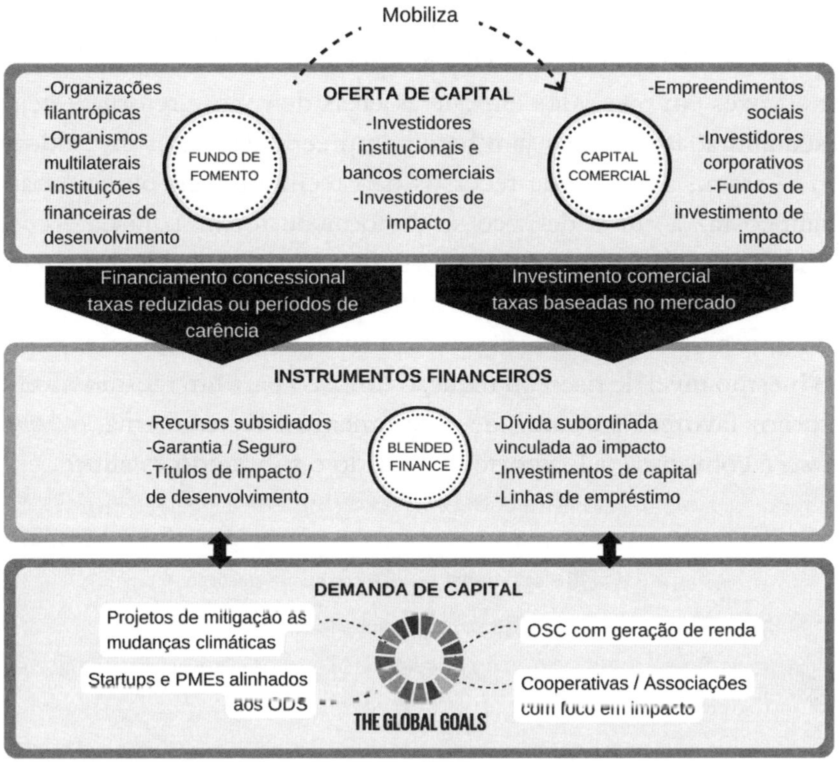

Figura 3: Esquema conceitual de *blended finance*. Nota: PMEs = Pequenas e médias empresas; OSC = Organizações da sociedade civil; ODS = Objetivos de desenvolvimento sustentável. Fonte: elaborado pelos autores, 2022.

Essa estrutura permite que organizações com objetivos diferentes invistam lado a lado enquanto atingem seus próprios objetivos, sejam retorno financeiro, impacto social ou uma combinação de ambos. Na perspectiva da GIIN (2018), mecanismos dessa natureza são cada vez mais relevantes para a consolidação do ecossistema de investimentos de impacto, particularmente pelo potencial positivo de enfrentamento dos desafios críticos contemporâneos.

Em geral, essas operações apresentam quatro pilares: (i) alavancagem de capital de fomento e filantrópico para atrair capital privado ou comercial; (ii) retornos financeiros para investidores privados (capital comercial) em linha com expectativas do mercado; (iii) equilíbrio de riscos para os diferentes perfis de investidores; e (iv) impacto socioambiental positivo nos investimentos (LAB, 2022).

De acordo com LAB (2022), as operações de *blended finance* podem ser eficazes em mercados em que as taxas de risco e retorno estejam desequilibradas ou não sejam bem compreendidas pelos investidores. Sendo assim, o aporte de recursos não reembolsáveis ou com papel catalítico faz a curva de risco se deslocar de forma paralela à curva de risco original, bem como o aporte de recursos subsidiados altera o ângulo da mesma, como mostra a Figura 4. Em ambos os casos, essa alteração na relação entre risco e retorno (aumento do retorno para um mesmo nível de risco ou redução do risco para um mesmo nível de retorno) favorece a atração de investimentos. Dessa forma, o *blended finance* é composto pelo aporte subsidiado e sobretudo catalítico.

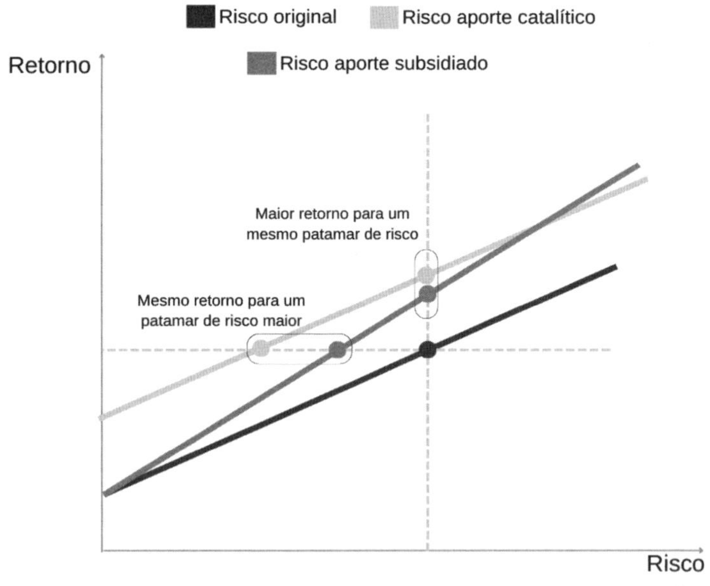

Figura 4: Fundos de Desenvolvimento alteram a relação risco x retorno.
Fonte: adaptado de LAB (2022).

Na visão dos autores do citado artigo, esse mecanismo tem potencial benéfico para além da "simples" atração do capital privado. A atuação colaborativa do setor público, privado e do terceiro setor fortalece a atuação individual de cada um desses setores e pode ser fundamental para o enfrentamento de desafios de alta complexidade.

O comportamento descrito na Figura 4 é especialmente importante, pois as principais barreiras para investidores privados são exatamente o alto risco percebido e real e retornos insuficientes para o risco assumido, quando comparado a investimentos similares (Convergence, 2021).

3.1 O avanço da agenda do *blended finance* em nível global e no Brasil

Embora mais pesquisas e avaliações sejam necessárias, evidências preliminares sugerem que o *blended finance* pode ampliar o impacto de fundos de desenvolvimento, ao atrair investimento privado para os mesmos objetivos. O relatório da OCDE (2020) destaca que, entre 2012 e 2018, o *blended finance* mobilizou aproximadamente US$ 144 bilhões em investimentos privados para projetos de desenvolvimento sustentável em países de regiões menos desenvolvidas (continente africano, sul da Ásia, Caribe) e segmentos da América Latina. Isso inclui investimentos em vários setores, como infraestrutura, energia renovável, agricultura, saúde e educação, entre outros. No entanto, é importante observar que esse valor representa uma estimativa agregada e pode variar com base em diferentes fontes e metodologias.

Além disso, o relatório enfatiza que o valor mobilizado em 2018 foi quase o dobro do valor em 2012, o que sugere que tal estrutura tem potencial para alavancar o capital público e filantrópico, permitindo a mobilização de recursos adicionais do setor privado. A combinação de diferentes tipos de financiamento, como financiamento concessional, garantias e assistência técnica, pode ajudar a mitigar riscos e criar oportunidades de investimento mais atraentes para investidores privados em países em desenvolvimento, ajudando a criar mercados e demonstrar a viabilidade de soluções e tecnologias.

Entre as recomendações da Convergence (2021) para aprimorar a mobilização de capital privado, estão: (i) melhorar a divulgação dos valores já doados a operações de *blended finance*; (ii) ampliar o uso de instituições financeiras de desenvolvimento como originadoras de operações e aportadoras de recursos concessionais; e (iii) aumentar a transparência e divulgação de resultados que possibilitem acelerar o aprendizado e a consolidação de modelos financeiros híbridos.

No Brasil, embora o uso de arquiteturas de *blended finance* ainda seja incipiente, observa-se um momento propício para fomentá-las. Conforme estudo do BNDES (2021), há convergências entre o interesse de agentes que demandam investimentos com elevados padrões ESG e a necessidade crescente de canalizar recursos para projetos socioambientais que contribuam com o desenvolvimento do País e a melhoria da qualidade de vida da população.

Existem diversas aplicações nesse sentido, como o Programa Vivenda, focado em reformas de moradias populares em São Paulo, exemplifica a primeira debênture de impacto social do Brasil (2014), realizada com Din4Mo e Grupo Gaia. A estratégia de *blended finance* resolveu desafios captando 5 milhões de reais, beneficiando cerca de 32 mil pessoas (ICE, 2019). O Bem Fundo, lançado em 2019 pelo BID e BNDES, financia pequenas e médias empresas (PMEs) com foco em impacto socioambiental no Brasil (BNDES, 2020). Com investimento de US$ 28 milhões e abordagem mista de financiamento, apoiou negócios como a Floresta Viva, que aportou capital para expandir operações e inovar em monitoramento e manejo das áreas (FUNBIO, 2022).

A Trê Investindo com Causa conduz rodadas de investimento via Plataforma de Empréstimo Coletivo desde 2018 e já mobilizou mais de R$ 11 milhões para impulsionar 52 negócios de impacto socioambiental com a participação de mais de 600 investidores em todo o país. Coordenou o Programa Covida20, estabelecendo o Fundo Filantrópico Rotativo Covida20, que mitiga riscos para investidores com reservas para repactuações de negócios, gerenciado pela Sitawi Finanças do Bem. Além disso, junto à Fundación Avina e Parsifal21, conduz o Programa Territórios Regenerativos, buscando impulsionar a sustentabilidade e prosperidade em territórios brasileiros (LAB, 2022). O Quadro 1 apresenta os principais aspectos comparativos para cada caso aplicado.

Quadro 1: Síntese dos casos aplicados de *blended finance* no Brasil.
Fonte: elaborado pelos autores, 2023.

	Programa Vivenda (2014)	**Bem Fundo (2019)**	**Trê - Covida20 (2020)**	**Trê - Territórios Regenarativos**
Objetivo	Reformar moradias populares em São Paulo	Financiar PMEs de impacto social no Brasil	Apoiar negócios de impacto socioambiental no Brasil	Promover sustentabilidade em territórios da Mata Atlântica e da Mata da Várzea
Parcerias	Din4Mo, Grupo Gaia	BID, BNDES	Sistema B, Capitalismo Consciente Brasil e Dín4mo	Fundación Avina e Parsifal21
Montante	R$ 5 milhões	US$ 28 milhões	R$ 6,7 milhões	-
Mecanismo	Solução para capital de giro e crédito para cliente de baixa renda (primeira debênture de impacto social no Brasil)	Combinação de financiamento concessional e investimentos de capital	Fundo filantrópico rotativo para receber doações e servir como "colchão" de reserva para repactuações com negócios	Investimentos via plataforma de empréstimo coletivo
Impacto	Captação de R$ 5 milhões, cerca de 32 mil pessoas beneficiadas	Aporte de capital para Floresta Viva, negócio de reflorestamento e manejo sustentável de áreas florestais	Mobilização de mais de 400 investidores e apoio a 47 negócios de impacto	Fomento de cadeias de valor produtivas da sociobiodiversidade

4. Desafios e potencialidades da agenda de *blended finance*

Para certos especialistas, o *blended finance* é visto como uma abordagem ou conjunto de estratégias financeiras versáteis e eficazes. Sob um ponto de vista estritamente técnico de quem atua no mercado financeiro, essa perspectiva pode até ser considerada coerente, mas o que está sendo proposto neste texto é uma compreensão mais ampla desta classe de investimento, na medida em que a enxergamos como uma arquitetura financeira criada para potencializar a atratividade dos investimentos em projetos socioambientais realizados por atores com perfis diversos, porém complementares.

Tal estrutura de financiamento pode desempenhar um papel significativo na catalisação das transformações, ao mobilizar o investimento do setor privado para projetos socioambientais, por meio da combinação de capitais que ajuda a preencher a lacuna entre os retornos esperados pelos investidores e a tolerância ao risco dos financiadores públicos. Em muitos casos, o setor privado sozinho pode não investir em projetos socioambientais devido a "falhas de mercado", como a assimetria de informações, ausência de garantias e externalidades, que podem introduzir incertezas substanciais sobre os resultados esperados. O *blended finance* minimiza tais desafios, fornecendo financiamento público para reduzir o risco percebido e aumentar a viabilidade financeira de tais projetos, tornando-os mais atraentes para os investidores do setor privado. Além disso, a combinação de pontos fortes do financiamento público e privado pode criar oportunidades de experimentação, aprendizado e inovação no desenvolvimento de soluções sustentáveis, financiando projetos disruptivos que atacam problemas estruturantes.

Ao alinhar os fluxos financeiros com os ODS, direcionando fundos para projetos que tenham um impacto positivo no meio ambiente, no desenvolvimento social e no crescimento econômico, o *blended finance* pode ajudar a acelerar o progresso em direção à consecução das metas globais previstas na Agenda 2030. E, ainda, criar parcerias entre partes interessadas dos setores público e privado focadas em iniciativas socioambientais, que podem fornecer uma plataforma para colaboração, compartilhamento de conhecimento e ação conjunta, levando a resultados mais eficazes e sustentáveis.

A *Climate Bonds Initiative* (2021) informa que o Brasil é um emissor significativo de títulos verdes, que são financiamentos híbridos para projetos com benefícios ambientais, como energia renovável e eficiência energética. Em 2021, o País foi o segundo maior emissor desses ativos na América Latina, depois do Chile, com mais de US$ 2,5 bilhões emitidos. Resultado o qual, considerando nossa economia em relação aos vizinhos latino-americanos, principalmente o Chile, se mostra desfavorável, entretanto, aponta para oportunidades a serem aproveitadas no impulso ao crescimento futuro.

Embora o *blended finance* tenha se mostrado promissor na resolução de problemas socioambientais no Brasil, há limitações para seu impacto. Uma questão é que muitos dos projetos financiados estão localizados em regiões mais ricas do país, e não em áreas onde os problemas socioambientais são mais agudos. Isso sugere que o financiamento pode não estar efetivamente visando as causas profundas desses problemas. Outro desafio é a falta de transparência e responsabilidade no uso desses fundos. Há uma necessidade de dados mais abrangentes e acessíveis sobre o uso de *blended finance* no Brasil, incluindo informações sobre os projetos específicos financiados, a distribuição de benefícios e a sustentabilidade de longo prazo desses projetos. É importante garantir que os recursos estejam sendo usados de maneira eficaz para combater as causas profundas dos problemas socioambientais, e não apenas tratar de seus sintomas.

Diante desse panorama, imbuídos de certo otimismo realista, usamos o modelo SWOT (Quadro 2) para realizar uma análise crítica contextual, focada na realidade brasileira, tendo como propósito compreender como o *blended finance* pode ser aperfeiçoado para acelerar a consolidação de negócios capazes de mitigar problemas socioambientais estruturantes, contribuindo para o cumprimento dos ODS.

Quadro 2: Análise SWOT do potencial do *blended finance* no Brasil.
Fonte: elaborado pelos autores, 2022.

FORÇAS	FRAQUEZAS
1. Mobiliza capital adicional fornecendo recursos para projetos de enfrentamento de problemas estruturais socioambientais; **2. Mitiga riscos**, distribuídos entre diferentes atores, incentivando investidores privados a participar de projetos considerados arriscados ou incertos; **3. Catalisa a inovação** ao estimular a colaboração entre os setores público e privado, o que leva ao desenvolvimento de soluções mais eficazes para abordar questões socioambientais; **4. Alavanca conhecimento e recursos** de vários *stakeholders*, potencializando o impacto de intervenções voltadas para o enfrentamento de problemas socioambientais estruturais; **5. Alinha metas financeiras e de sustentabilidade**, incentivando os investidores privados a considerar fatores ESG em suas decisões; **6. Potencializa o impacto** das intervenções ao apoiar projetos de maior porte que tenham capacidade de abordar problemas estruturais socioambientais em escala.	**1. Rentabilidade limitada para investidores privados,** que dificulta a implementação de iniciativas focadas apenas no impacto social ou ambiental sem benefícios financeiros imediatos; **2. Complexidade de coordenação** de diferentes interesses, mecanismos financeiros e relatórios que levam a maiores custos de transação, o que pode desencorajar alguns investidores; **3. Desvio dos objetivos socioambientais** por investidores privados que priorizam a lucratividade de curto prazo em detrimento da sustentabilidade de longo prazo; **4. Falta de estruturas adequadas de medição e avaliação** da eficácia e o impacto das intervenções; **5. Dependência de recursos públicos** afeta potencialmente a sustentabilidade das iniciativas para enfrentar os desafios socioambientais; **6. Desigualdade de investimentos privados** que priorizam projetos lucrativos em áreas ricas, deixando comunidades ou regiões marginalizadas com acesso limitado a oportunidades.
OPORTUNIDADES	**DESAFIOS**
1. Preenchimento da lacuna de financiamento para apoiar iniciativas de maior escala que abordam desafios socioambientais; **2. Desbloqueio de soluções inovadoras**, novas tecnologias, modelos de negócios e mecanismos eficazes para iniciativas; **3. Incentivo a investimentos com retorno financeiro e socioambiental** pode contribuir para o crescimento de uma economia verde; **4. Alavancagem de *expertise* e parcerias internacionais** para acesso a melhores práticas, transferência de tecnologia e capacitação; **5. Fortalecimento de estruturas políticas e regulatórias** para um ambiente favorável ao investimento, reduzindo barreiras fiscais e proporcionando clareza aos investidores; **6. Melhoria da sustentabilidade e da medição do impacto** incentivando uma abordagem holística que vai além dos retornos financeiros; **7. Capacitação das comunidades locais e as partes interessadas** envolvendo-as nas decisões e desenvolvendo soluções reais.	**1. Instabilidade do mercado e riscos financeiros** que impactam a acessibilidade do capital privado, a viabilidade e implementação de projetos socioambientais; **2. Dificuldades de viabilidade financeira,** estabelecida por investidores privados, criando desafios para atrair financiamento; **3. Riscos regulatórios e políticos** para as iniciativas socioambientais que afetam a atratividade e a estabilidade do ambiente de investimento e implementação; **4. Capacidade institucional local limitada** para implementação bem-sucedida, com foco em áreas remotas ou marginalizadas; **5. Falha em abordar adequadamente os riscos socioambientais** leva a impactos negativos nas comunidades, na biodiversidade, nos ecossistemas e no patrimônio cultural; **6. Replicação das desigualdades e exclusão** das comunidades marginalizadas, se iniciativas não forem cuidadosamente projetadas; **7. Escalabilidade e replicação limitadas** de modelos bem-sucedidos de projetos. 8. **Transparência e responsabilidade insuficientes no uso dos fundos**

A análise SWOT permite concluir que o *blended finance* é uma alavanca estratégica de "*de-risking* sistêmico", o que, concretamente, significa tornar o ativo-alvo do investimento (o projeto social ou ambiental) "mais financiável" ("*bankable*"), deixando-o interessante aos olhos do capital comercial privado. Permite ainda inferir que lidar com as fraquezas/desafios desse mecanismo, exigirá uma investigação profunda sobre as causas subjacentes das questões estruturais de nossa sociedade e o desenvolvimento da capacidade das partes interessadas em implementar soluções eficazes endereçadas às questões sustentáveis. Pensando nisso, a OECD apresentou cinco diretrizes que ajudariam a mobilizar o capital por meio do *blended finance* e assim direcionar recursos comerciais para os desafios sociais, econômicos e ambientais (OECD, 2017).

1. **Apresentar estratégia ancorada à lógica do desenvolvimento sustentável:** o *blended finance* precisa ser mais estrategicamente direcionado para atender a uma gama mais ampla dos ODS.

2. **Projetar o *blended finance* para aumentar a mobilização das finanças comerciais:** é necessário mobilizar o financiamento comercial. Levantamento de fundos e a participação privada é bastante limitada quando comparada com investidores convencionais.

3. **Ajustar o *blended finance* ao contexto local:** o desenvolvimento do mercado e infraestrutura local é fundamental para a sustentabilidade a longo prazo.

4. **Focar em governança e parcerias eficientes:** promover uma melhor articulação entre os diferentes atores, a fim de melhorar a alocação e minimizar riscos. Os intermediários são facilitadores essenciais para atividades de *blending*.

5. **Monitorar para gerar transparência e difundir os resultados:** mais dados sobre o mercado de *blended finance* são cruciais para promover transparência dos investimentos, medir os impactos e melhor comunicá-los.

Avançar na adoção do *blended finance* significa migrar para um paradigma no qual os investimentos financeiros abandonem a esterilidade dos ativos improdutivos e cumpram o nobre papel de gerar bem-estar coletivo. *Blended* não é só um mecanismo catalisador de capital financeiro comercial, mas um instrumento acelerador das transformações que desejamos e precisamos no mundo. Por isso, mais que uma técnica, essa arquitetura de investimento representa uma nova mentalidade para o setor financeiro (Gorini, 2021), ao engajar as organizações no debate público sobre o futuro da humanidade com a necessária transparência na seleção de negócios de impacto real, evitando meros artifícios superficiais (*greenwashing*[20]). Esse aspecto é extremamente relevante, dado as profundas transformações na governança mundial geradas pelas organizações e o aumento de sua influência relativa em comparação aos Estados nacionais (Barros, 2018; Coelho; Barros, 2021).

5. Considerações finais

A integração da agenda de sustentabilidade ao setor financeiro se intensifica a partir da compreensão, cada vez mais acurada por parte das instituições, de que os riscos de natureza ambiental e social apresentam potencial de minar a performance e o retorno dos negócios. Esse movimento tem trazido a agenda ESG para o centro do sistema financeiro, abrindo um grande campo para que as organizações atualizem seus portfólios de investimento e financiamento.

Esse trabalho teve como objetivo geral explorar as recentes formas de interação entre agentes econômicos a fim de acelerar os esforços para alcance dos ODS no Brasil, por meio de estratégias de *blended finance*. Para isso, buscou-se caracterizar o ecossistema de investimentos de negócios de impacto e o papel do capital privado como principal engrenagem transformadora do sistema, para, assim, abordar o conceito de *blended finance* e investigar o seu potencial de acelerar o financiamento dos ODS pactuados em nível global. Dessa forma, des-

20 Prática em que empresas fazem alegações falsas sobre sustentabilidade para melhorar imagem, sem ações concretas. Pode enganar o público e minar esforços reais de preservação ambiental.

tacou-se a aplicação dessa estrutura de financiamento na mitigação de problemas socioambientais gerados pelo desenvolvimento econômico irresponsável. Em que o uso estratégico de fundos dos setores público e privado, bem como de capital filantrópico, para atrair capital privado, pode apoiar projetos que promovam o desenvolvimento sustentável, protejam o meio ambiente e atendam às necessidades das comunidades locais.

Uma matriz SWOT é proposta de modo a compreender as potencialidades e os desafios desse mecanismo para acelerar negócios que auxiliam o alcance das metas descritas pelos ODS das Nações Unidas no Brasil. Resulta-se que o *blended finance* reúne características promotoras de um ambiente favorável ao desenvolvimento desses empreendimentos por meio da articulação entre atores público e privado, mas há desafios importantes a serem enfrentados. A aplicação bem-sucedida do *blended finance* nesse contexto requer que os projetos sejam elaborados considerando os impactos sociais, ambientais e econômicos ao longo de todo o seu ciclo de vida, evitando quaisquer tentativas superficiais de promover uma imagem ambiental positiva, garantindo, assim, a legitimidade das iniciativas de impacto. Para além disso, envolver as comunidades locais e as partes interessadas para garantir que suas necessidades e preocupações sejam levadas em consideração no desenho do projeto, e estabelecer relações de confiança sólidas, para promover uma cultura de cooperação e comprometimento. Bem como aprimorar os protocolos de medição e avaliação desses investimentos, criar marcos regulatórios e regras de governança que blindem o projeto de influências políticas negativas e, por fim, de promover alocação de recursos de modo a impedir a reprodução das desigualdades sociais nos contextos urbanos e rurais.

A conclusão precisa de Gorini (2021) é que não falta dinheiro no mundo. Há, isso sim, um problema de alocação e, portanto, de escolhas. Temos um extraordinário desalinhamento entre oferta e demanda de capital quando se trata de encarar os desafios globais, isto é, recursos direcionados predominantemente para ganhos seguros em detrimento de questões éticas, ambientais e sociais. E o caminho para essa transformação não pode replicar o mesmo que nos trouxe até aqui. É necessário mudar as crenças que dão suporte à forma como tomamos nossas decisões, alterando normas, práticas e estruturas caducas, deixando de reproduzir padrões que não fazem mais sentido. Só será possível a transição para um novo paradigma, e sua manutenção, caso uma quarta dimensão seja acrescentada ao *frame* decisório dos gestores de ativos: impacto positivo.

Referências bibliográficas

ALIANÇA PELOS INVESTIMENTOS E NEGÓCIOS DE IMPACTO. **O ecossistema de investimentos e negócios de impacto entre 2015 e 2020**: evidências e relatos sobre os avanços do campo no Brasil a partir de 15 recomendações. São Paulo, SP: Instituto de Cidadania Empresarial. 2020. Disponível em: https://aliancapeloimpacto.org.br/wp-content/uploads/2020/12/2020-relatorioalianca-15-20-v09.pdf. Acesso em: 10 fev. 2022.

ANDE – Aspen Network of Development Entrepreneurs. Investimentos de impacto no Brasil 2021. São Paulo: Ande, mar. 2023. Disponível em: https://andeglobal.org/wp-content/uploads/2023/07/ANDE_2023_PT_FINAL.pdf. Acesso em: 17 maio 2023.

BARROS, A. Empresas e direitos humanos: premissas, tensões e possibilidades. **Organizações & Sociedade**, Salvador, v. 25, n. 84, p. 87-99, jan./mar. 2018. DOI: 10.1590/1984-9240845.

BERTÃO, N. Já ouviu falar em investimento de impacto? Conheça a mais nova tendência entre os mais ricos. **Valor Investe**, São Paulo, 17 jul. 2020. Disponível em: https://valorinveste.globo.com/objetivo/hora-de-investir/noticia/2020/07/17/ja-ouviu-falar-em-investimento-de-impacto-conheca-a-mais-nova-tendencia-entre-os-mais-ricos.ghtml. Acesso em: 10 fev. 2022.

BETHONICO, T. Empresas alinham investimentos a boas práticas ambientais e sociais: agenda ESG passa a ditar decisões de negócios promovidos por diversas companhias no Brasil. **Folha de S.Paulo**, São Paulo, 30 out. 2021. Disponível em: https://www1.folha.uol.com.br/mercado/2021/10/empresas-calibram-investimentos-a-boas-praticas-ambientais-e-sociais.shtml. Acesso em: 10 fev. 2022.

COELHO, C. C.; BARROS, A. Padrinhos e caciques: o lado sombrio da atividade política corporativa na captura do Estado. **Revista Eletrônica de Ciência Administrativa**, Campo Largo, PR, v. 20, n. 1, 2021. DOI: 10.21529/RECADM.2021001.

BID e BNDES levarão quase R$ 5 bilhões a pequenas empresas brasileiras. **BNDES**, Rio de Janeiro, 18 dez. 2020. Disponível em: https://www.bndes.gov.br/wps/portal/site/home/imprensa/noticias/conteudo/bid-e-bndes-levarao-quase-5-bilhoes-a-pequenas-empresas-brasileiras. Acesso em: 12 maio 2023.

BLENDED Finance. [S. l.], [2018]. Base de dados mantida por Convergence: Blending Global Finance. Disponível em: https://www.convergence.finance/blended-finance. Acesso em: 15 jun. 2022.

BNDES – Banco Nacional do Desenvolvimento Social. **Blended Finance**. Rio de Janeiro: BNDES, 2021. Disponível em: https://agenciadenoticias.bndes.gov.br/export/sites/default/.galleries/downloadgallery/BNDES_WHITE_PAPER_BLENDED_FINANCE.pdf. Acesso em: 15 jun. 2022.

CLIMATE BONDS INITIATIVE. **Análise do Mercado na América Latina e Caribe 2021**. [Bogotá]: Climate Bonds Initiative, 2021. Disponível em: https://www.climatebonds.

net/resources/reports/an%C3%A1lise-do-mercado-na-am%C3%A9rica-latina-e-caribe. Acesso em: 12 maio 2023.

COHEN, R. **Sobre o impacto**: um guia para a revolução do impacto. [S. l.: s. n.], 2018. Disponível em: https://www.aliancapeloimpacto.org.br/wp-content/uploads/2020/10/sobre-impacto-sir-ronald-cohen.pdf. Acesso em: 6 abr. 2023.

CRUZ, C.; QUITÉRIO, D.; SCRETAS, B. O ecossistema de fomento aos investimentos e negócios de impacto: rompendo fronteiras. In: BARKI, E.; COMINI, G. M. Comini; TORRES, H. G. T. (org.). **Negócios de impacto socioambiental no Brasil**: como empreender, financiar e apoiar. Rio de Janeiro: Editora FGV, 2019. Disponível em: https://ice.org.br/wp-content/uploads/2022/07/negocios-de-impacto-socioambiental-no-brasil-ebook.pdf. Acesso em: 6 abr. 2023.

FIGUERES, C.; RIVETT-CARNAC, T. **The Future We Choose**: Surviving the Climate Crisis. New York: Knopf, 2020.

FUNBIO na COP27 do clima. **Funbio**, Rio de Janeiro, 18 nov. 2022. Disponível em: https://www.funbio.org.br/funbio-na-cop27-do-clima/?id=44248. Acesso em: 12 maio 2023.

GIIN – Global Impact Investing Network. **A Resource for Structuring Blended Finance Vehicles**. New York: Giin, 17 out. 2018. Disponível em: https://www.convergence.finance/resource/a-resource-for-structuring-blended-finance-vehicles/view. Acesso em: 15 jun. 2022.

______. **Annual Impact Investor Survey 2020**. New York: Giin, 11 jun. 2020. Disponível em: https://thegiin.org/publication/research/impinv-survey-2020/. Acesso em: 15 jun. 2022.

GORINI, M. A hora e a vez do blended finance. **MIT Sloan Management Review Brasil**, ano 3, n. 8, p. 46-51, ago. 2021. Disponível em: https://bit.ly/MIT_BlendedFinance_MarcoGorini. Acesso em: 20 jul. 2022.

ICE – Instituto de Cidadania Empresarial. **Como as instituições financeiras locais e internacionais estão se posicionando no tema de investimento de impacto**. São Paulo: ICE, 7 jul. 2018. Disponível em: https://ice.org.br/publicacao/9899-2/. Acesso em: 10 fev. 2022.

LAB – Laboratório de Inovação Financeira. Financiamento para o alcance dos ODS: A Agenda do Blended Finance no Brasil. Rio de Janeiro: LAB, 2022. Disponível em: https://labinovacaofinanceira.com/2022/06/06/lab-divulga-publicacao-financiamento-para-o-alcance-dos-ods-a-agenda-do-blended-finance-no-brasil-confira/. Acesso em: 15 jun. 2022.

OECD – Organization for Economic Cooperation and Development. OECD DAC Blended Finance Principles: Unlocking Commercial Finance for the Sustainable Development Goals. Paris: OECD, jan. 2018. Disponível em: https://www.oecd.org/dac/financing-sustainable-development/blended-finances-principles/. Acesso em: 20 jul. 2022.

______. **Blended Finance in the Least Developed Countries 2020**: Supporting a Resilient COVID-19 Recovery. Paris: OECD, 16 dez. 2020. Disponível em: https://www.oecd.org/dac/blended-finance-in-the-least-developed-countries-57620d04-en.htm. Acesso em: 6 maio 2023.

PEREIRA, C. As empresas perceberam que a corrupção não traz valor para ninguém. [Entrevista cedida a] Carlos Eduardo Valim. **Istoé Dinheiro**, São Paulo, n. 1079, 20 jul. 2018. Disponível em: https://www.istoedinheiro.com.br/as-empresas-perceberam-que-a-corrupcao-nao-traz-valor-para-ninguem/. Acesso em: 10 fev. 2022.

PIPE.SOCIAL. **3º Mapa de negócios de impacto**: social + ambiental. 2021. São Paulo: Pipe.Labo, 2021. Disponível em: https://mapa2021.pipelabo.com/downloads/3_Mapa_de_Impacto_Relatorio_ Nacional.pdf. Acesso em: 10 fev. 2022.

______. **O que são negócios de impacto**: características que definem empreendimentos como negócios de impacto. São Paulo: ICE, nov. 2019. Disponível em: https://aliancapeloimpacto.org.br/wp-content/uploads/2020/03/ice-estudo-negocios-de-impacto-2019-web.pdf. Acesso em: 10 fev. 2022.

PRIMEIRO seminário brasileiro sobre Blended Finance discute capital para desenvolvimento sustentável. **ICE**, São Paulo, 27 set. 2019. Disponível em: https://ice.org.br/2019/09/27/primeiro-seminario-brasileiro-sobre-blended-finance-discute-capital-para-desenvolvimento-sustentavel/. Acesso em: 6 abr. 2023.

PURCHIO, L. Meio ambiente entra na agenda do mercado, mas Brasil enfrenta desafios. **Veja**, São Paulo, 11 jun. 2021. Agenda Verde. Disponível em: https://veja.abril.com.br/agenda-verde/meio-ambiente-entra-na-agenda-do-mercado-mas-brasil-enfrenta-desafios/ Acesso em: 10. fev. 2022.

SALAMON, L. **New frontiers of philanthropy**: a guide to the new tools and new actors that are reshaping global philanthropy and social investing. Oxford: Oxford University Publishing, 2014. DOI: 10.1093/acprof:oso/9780199357543.001.0001.

SETOR privado se compromete com financiamento para o clima na COP 26. **Nações Unidas Brasil**, Brasília, DF, 4 nov. 2021. Disponível em: https://brasil.un.org/pt-br/156799-setor-privado-se-compromete-com-financiamento-para-o-clima-na-cop26. Acesso em: 10. fev. 2022.

SITAWI FINANÇAS DO BEM. **Investimento de Impacto no Brasil**. 2021. Disponível em: https://sitawi.net/investimento-de-impacto-no-brasil/. Acesso em: 12 mai. 2023.

______. **Financiamento de empreendimentos socioambientais**. 2022. Disponível em: https://www.sitawi.net/publicacoes/financiamento-de-empreendimentos-socioambientais-2/. Acesso em: 10 fev. 2022.

CAPÍTULO 7

F.E.R.VO! PLATAFORMA COLABORATIVA: EXPERIMENTANDO A PRODUÇÃO DE ENGAJAMENTO, A CORRESPONSABILIDADE E A CULTURA REGENERATIVA ENTRE ARTISTAS DE DANÇA

Mariana Barbosa e Tom Rodrigues

Agradecimento

Um agradecimento todo especial a Tom Rodrigues por me encorajar e me ensinar a fluir entre as palavras, à minha mãe Moema Barbosa pelo apoio emocional, participação no processo de construção e revisão do texto e aos artistas incríveis que participaram do Laboratório F.E.R.VO! com muito envolvimento e dedicação: Paula Mori, Edigar Palmeira, Fernanda Raupp, Danilo Lima, Samira Sinara, Marcelo Sena, Dani Leite, Arthur Doomer, Bruno Novais, Moema Barbosa, Laura Virgínia e Ivna Messina. Grata pelo campo afetivo que criamos juntos. Nossas vozes se misturaram e se coletivizaram de uma maneira linda neste caldeirão fervente que ainda vai dar muito caldo! A contribuição de vocês foi fundamental. Um muito obrigada também aos professores Rita Aquino e André Martinez cujas percepções contribuíram enormemente para esta pesquisa e para as flechas para o futuro apontadas nas considerações finais.

1. Introdução

O sistema produtivo de arte e cultura – como o da dança e das artes do corpo – é marcado tanto pela escassez em suas mais diversas acepções como pela precariedade. De Norte a Sul do país, artistas reivindicam por condições de trabalho, pelo financiamento público e privado de seus projetos e pela possibilidade de viver de seu fazer artístico. Em um país sem políticas culturais estruturadas e contínuas, que delega a responsabilidade da maioria dos aportes financeiros para empresas privadas que consideram o fomento cultural uma ação de *marketing*, tais demandas são completamente plausíveis. O reconhecimento alcançado, o registro das ações realizadas e a produção de indicadores do que é gerado pela atuação artística parecem ser ações possíveis para poucos, pois demandam um tempo e uma estrutura cada vez mais raros.

Com desafios tão complexos, propomos uma rota de fuga: o artista da dança precisa aprender a se entender de uma maneira mais sistêmica, para além de si e da sua própria sobrevivência. Deve saber que as iniciativas públicas e privadas têm a responsabilidade de financiar o seu trabalho porque a sociedade tem o direito ao acesso à arte e à cultura, e não porque sua carreira precisa ser sustentada continuamente por elas. Artistas da dança precisam aprender a potencializar a abundância em lugar da falta; a vender os seus produtos e serviços; a atuar em rede. Mas, como ativar essa percepção sem reforçar a *uberização* do trabalho?[21]

Nesse sentido, esta pesquisa tem como principal objetivo experimentar a proposição de uma rede de gestão compartilhada que colabore com a circulação de ideias, de modos de produção e, principalmente, de trabalho remunerado e abundância financeira entre artistas do corpo e seus parceiros. Tendo por base a autogestão, as economias alternativas e a cultura regenerativa, esta pesquisa visa, portanto, a criação de uma plataforma colaborativa de atuação híbrida chamada F.E.R.VO!. Em um país continental como o Brasil, estruturar a comunicação entre uma diversidade de artistas e seus projetos, conectar pessoas e reforçar seus laços afetivos e profissionais é um ato político.

Portanto, esta é uma pesquisa-ação que pretende formular intervenções possíveis no campo da dança e nas práticas de (auto)gestão cultural. A metodologia adotada consiste em uma interlocução entre o método fenomenológico e o método dialético. As pesquisas exploratória e bibliográfica foram iniciadas a partir das perguntas disparadoras do trabalho e foram sendo agregadas, de modo contínuo, à escrita com os questionamentos que emergiram ao longo do processo. Técnicas interativas, como a observação aliada à realização de entrevistas, foram procedimentos metodológicos adotados no decorrer da investigação.

21 O termo *uberização* tem sido utilizado para deflagrar o reforço à precarização do trabalho que as plataformas digitais têm empreendido, sob uma falsa ideia de autonomia e liberdade profissional e mais, de preservação do meio ambiente, uma vez que os modos de consumo das pessoas passariam do "comprar para o compartilhar". Para aprofundar este tema, v. Scholz (2016).

Para materializar tais metodologias, foi realizado o Laboratório F.E.R.VO! – uma série de quatro encontros com artistas convidados realizados ao longo dos meses de abril, maio e junho de 2022. Tais encontros geraram matéria de elaboração e articulação teórico-prática da pesquisa. Os participantes foram ativados por meio de diversas ferramentas que permeiam o pensamento sistêmico, sendo provocados a atuar em rede e a refletir sobre seus processos de autogestão na relação com os contextos nos quais estão inseridos. O perfil desses participantes tem por base suas experiências em interface com atuações coletivas em suas localidades.

O objetivo é que essa plataforma faça emergir modos de produção geradores de redes de afetos e, principalmente, de trabalho e abundância financeira entre artistas de todas as regiões do Brasil. Que seja de forma equânime, conectando pessoas propositivas que tenham o desejo de subverter os modos de produção artística atuais de modo colaborativo, não-hierárquico e experimental.

Este texto estrutura-se em introdução, três seções e considerações finais. A Seção 1 trata de desafios contemporâneos da gestão cultural nas artes do corpo, propondo mudanças nos modos de enunciação e de aproximação desses desafios. A Seção 2 trata do tensionamento entre os termos precarização e precariedade, realizando uma discussão ampla sobre trabalho, produtividade e exploração da subjetividade em prol da ampliação do capital financeiro. A precariedade e a precarização se relacionam com questões de ordem econômica e de sistemas de trabalho; e com a necessidade da expansão dessas concepções. Tensionar o imaginário que se tem destas palavras com o que podem ser na prática é um exercício interessante para encontrar nelas outras relações que possam nos ajudar a reconhecer o que se tem, em vez de vibrar somente nas projeções do que se deseja, daquilo que nos falta. A Seção 3 faz um exercício de imaginação ativa relatando as discussões e desdobramentos dos encontros do Laboratório F.E.R.VO!, trazendo pistas de que a formação de comunidades de relações entre artistas pode gerar desdobramentos múltiplos no agenciamento de suas carreiras. Por fim, as considerações finais vislumbram possibilidades e desejos futuros, fazendo do F.E.R.VO! uma proposta para esperançar.

2. Desafios contemporâneos no ecossistema das artes do corpo

No âmbito da luta por políticas públicas, é importante que a dança seja nomeada a fim de que possam ser garantidos projetos e orçamentos próprios para o setor. Nesta pesquisa, é fundamental exercitar a ampliação da interlocução da dança com outras áreas de conhecimento, expandindo o seu próprio modo de se nomear sendo então "artes do corpo" uma nomenclatura mais plural, que pode abarcar mais parceiros em prol da construção e da afirmação de redes de trabalho. E, como arte é trabalho, nomear seus fazedores como trabalhadores é um posicionamento político importante para desfazer preconceitos e afirmar esse campo de atuação como um exercício profissional específico, que possui características e demandas próprias, vitais para a educação e o bem viver.

Nesse sentido, um conceito que desafia debates sobre os modos de reconhecimento de si é o do "artista-etc.", formulado pelo artista e professor Ricardo Basbaum (2013), no livro *Manual do artista-etc.*, no qual ele admite a multiplicidade de funções profissionais e sociais que o artista brasileiro precisa assumir, no seu labor diário, para garantir as suas múltiplas sustentabilidades, ao mesmo tempo que questiona seu papel como artista na contemporaneidade:

> Quando um artista é artista em tempo integral, nós o chamaremos de "artista-artista"; quando o artista questiona a natureza e a função de seu papel como artista escreveremos "artista-etc." (de modo que poderemos imaginar diversas categorias: artista-curador, artista-escritor, artista-ativista, artista-produtor, artista-agenciador, artista-teórico, artista-terapeuta, artista-professor, artista-químico, etc.) (Basbaum, 2013, p. 8).

Basbaum tensiona tanto o desafio da questão econômica pela impossibilidade da maior parte dos artistas brasileiros conseguirem ser artistas-artistas (sem o etc.), ao mesmo tempo em que afirma a importância dos artistas não se ensimesmarem em torno de suas obras, não hierarquizando, portanto, as outras funções que lhes cabem dentro do fazer artístico, tais como o ativismo político, o ensino, a gestão, a articulação de contextos, a curadoria, entre outras atividades abarcadas pela transdisciplinaridade da arte. Se essa multiplicidade de funções pode ser vista como precariedade – uma vez que o que todo artista gostaria mesmo era de conseguir sobreviver de suas criações –, pode ser considerada também como potência, se não cindirmos o ato criativo dessas outras funções.

Outra provocação relaciona-se com uma mudança do viés de "cadeia produtiva" da cultura para "sistema produtivo", migrando para uma visão sistêmica e, por conseguinte, ecossistêmica a partir do pensamento regenerativo desenvolvido por Daniel Wahl (2019). Essa mudança de concepção explicita que as artes do corpo fazem parte de um ambiente, de uma ecologia, de lógicas próprias de vida que afetam umas às outras. Tal noção precisa ser agregada como forma de oposição às esferas de atuação e à exploração indiscriminada de recursos pelo capitalismo, o neoliberalismo e suas leis de mercado que provocam o agravamento das crises ambientais em decorrência da ação humana.

Conectar ações artísticas a um território de modo sistêmico parece uma ação orgânica, porém, o caráter dinâmico de circulação de obras que caracteriza as artes pode acabar por distanciar o artista-etc. do seu espaço e dos elementos que o compõem. Um dos desejos primordiais dos artistas é circular sua obra, fazer com que ela seja vista por um grande número de pessoas, realizar intercâmbios com pessoas e lugares e que esse movimento seja feito a partir de grandes festivais e grandes instituições – instâncias que podem conferir mais visibilidade e retorno financeiro para essas iniciativas. Quanto mais visibilidade e retorno financeiro o artista vai tendo a partir dessas circulações, mais afastado ele pode ficar da articulação de seus contextos locais. Surge, então, um paradoxo que tem sido cada vez mais comum: os artistas que circulam e têm visibilidade representando o seu local, muito pouco articulam e permanecem neles fisicamente, por estarem sempre circulando.

Cria-se, então, uma relação endógena do artista com seu próprio trabalho, na qual o foco da sua sobrevivência está vinculado à sobrevivência do seu trabalho artístico em si, descolando-se do meio em que vive (mesmo porque este meio torna-se mais um lugar de passagem de uma cidade para a outra, do que de permanência). Um exemplo disso – muitos artistas que representam o Brasil em contextos internacionais já não moram no Brasil. Essa problemática reafirma lógicas excludentes e coloniais que não colaboram com um acesso democrático aos meios de circulação e difusão artística.

O pensamento ecossistêmico é um desafio a ser encarado pelos artistas na corresponsabilidade com os lugares onde estão e por onde passam, e de quais maneiras o seu trabalho afeta o seu território – percepção ligada aos modos de cuidar dos espaços que os nutriram e os nutrem. Isso irá construir aproximações mais qualitativas com os públicos, os quais a mediação também é desafiadora para os artistas e iniciativas culturais, sobretudo das grandes cidades.

É nesse contexto que o conceito de *design* regenerativo desenvolvido por Daniel Wahl (2019) é uma alternativa inovadora para o campo da cultura lidar com tantos desafios e, principalmente, para a dança conseguir recuperar e reinventar os papéis que o corpo pode desempenhar diante de questões que não concerne somente ao campo artístico, mas que os conecta com o que diz respeito às comunidades como um todo na preservação de suas especificidades. Quais ações o corpo pode criar para mediar relações com seus públicos e colaborar com seus territórios para além das já difundidas, reintegrando-se e contribuindo na transição para outros mundos?

O *design* regenerativo tem como foco a relação entre os sistemas vivos, entendendo-os como instâncias inseparáveis: os seres humanos, a natureza e o meio ambiente estão em constante interação de modo desierarquizado (Wahl, 2019). Se o *design* é o modo como projetamos, desenhamos e performamos as intenções da nossa presença no mundo, o *design* regenerativo leva em consideração a construção de uma estabilidade equânime de cuidado entre os múltiplos sistemas que convivem e se retroalimentam continuamente. Essa relação de interdependência entre as partes e o todo nos leva às abordagens sistêmicas, as quais são fundamentais para o *design* regenerativo.

Os biólogos chilenos Humberto Maturana e Francisco Varela (2001) são referências nesta abordagem a partir das teorias da *autopoiesis* e da biologia do conhecer. Tais teorias focam mais na estrutura e na organização dos seres vivos em seus modos de relação do que em seus componentes materiais, sendo exatamente estas relações que irão definir os comportamentos e as identidades dos sistemas vivos. E são tais modos de relação que tornam tais sistemas complexos. Acolher a complexidade dos fenômenos, o que é também um papel fundamental da arte, em um mundo em que os problemas tornaram-se globais – principalmente no que diz respeito às questões ambientais, é de suma importância, uma vez que a complexidade reagrupa as noções de unidade e diversidade e acorda um conhecimento adormecido (Morin, 2005). O pensamento complexo é defendido por Morin (2000), como o que gera uma relação entre a incerteza e a organização e globaliza sem se desvincular do que é singular. Acolher as diferenças e as complementaridades de elementos que parecem opostos é o desafio da convivência e da arte em sua relação transdisciplinar. O oposto nem sempre é o contrário, ele é também soma.

Transformar a vulnerabilidade em potência a partir de uma consciência coletiva que cuida do todo é um saber inerente dos artistas e é esse o pressuposto desta pesquisa: reativar esse saber e construir modos colaborativos de colocá-lo em ação de modo estratégico.

3. Os limites entre a precariedade e a precarização

De acordo com o dicionário *Oxford Languages*, precário é adjetivo do que é insuficiente, escasso, com pouca ou nenhuma estabilidade, incerto, inconsistente. O precariado, resultante da junção das palavras precário e proletariado, ou seja, o proletariado precarizado, é, segundo o sociólogo Ruy Braga (Pupo; Pompeu, 2012), uma parcela de trabalhadores que oscila entre a exploração econômica e o desemprego, sejam profissionais temporários, intermitentes e/ou autônomos. O termo surge na Itália em 1980 atrelado aos movimentos de trabalho autônomo, que atualmente, com a globalização e a revolução tecnológica – e também com a pandemia da Covid-19 – foram ficando cada vez mais subalternizados e afundados na falta de proteção social.

É inevitável abordar o precariado feminino, tendo em vista que as mulheres trazem consigo uma precariedade primeva desde, pelo menos, a Idade Média, com a exploração dos seus corpos com fins de procriação e da desvalorização do trabalho doméstico como uma atividade econômica que sustentou e possibilitou o surgimento do capitalismo, tal como aponta a filósofa italiana Silvia Federici (2017). Muito embora nos dias de hoje a situação profissional das mulheres tenha se desenvolvido e passado por significativas mudanças, existem ainda muitas questões não resolvidas no que concerne às temáticas de gênero e direitos reprodutivos, entre outros.

Outra importante referência nesse debate é a filósofa indiana Vandana Shiva que aproxima as questões do feminino com a ancestralidade e a luta pela terra a partir do ecofeminismo (Shiva; Mies, 2021). Ela aborda o paradoxal processo de masculinização da terra-mãe, que tem sido cada vez mais substituída por um estado-nação que afasta pessoas e lugares que antes compartilhavam diversidade. O ecofeminismo traz a concepção de que a saúde da terra está atrelada à saúde do corpo da mulher, buscando refazer os elos orgânicos que ligam a sociedade com o solo, dentro de uma perspectiva plural e não dual, desfazendo as monoculturas da terra e do pensamento em prol da diversidade, que enriquece a terra e a vida das pessoas.

A professora e artista estadunidense bell hooks desvela de forma profunda e íntima os caminhos e descaminhos de ser uma mulher artista, tendo como centralidade da discussão a relação entre tempo, trabalho, criação e os desdobramentos financeiros destes elementos:

> A maior parte das mulheres artistas que conheço se sentem completamente sobrecarregadas. Trabalhamos para ganhar dinheiro [...] para cuidar de nós mesmas e de nossa família não patriarcal. Passamos um tempo excessivo fazendo o trabalho político (tanto teórico quanto prático) para sustentar as mudanças trazidas pelo movimento feminista que permitem que mais mulheres do que nunca façam trabalhos artísticos [...]. Nos preocupamos em não dar o bastante de nossos cuidados e de nossa pessoa àqueles que amamos. Muitas de nós ainda lutam com o medo subjacente de que, nos preocupando demais com arte, ficaremos sozinhas, sem companhia [...]. A maior parte das artistas mulheres, incluindo eu mesma, também são trabalhadoras assalariadas em áreas que não estão diretamente relacionadas à sua arte [...]. A maior parte das mulheres ainda luta para encontrar tempo. Ainda que o movimento feminista tenha levado à abertura de oportunidades de classe que permitiram que mulheres bem-sucedidas reivindiquem esse tempo individualmente, elas ainda são raras (hooks, 2019, p. 237-239).

A autora aborda questões presentes ao longo desta pesquisa como a questão da polivalência e do tempo não linear que é necessário para a criação de trabalhos artísticos, algo praticamente impossível de alcançar na organização da sociedade capitalista na qual vivemos. É necessário abrir brechas e fendas muito profundas para romper o tempo linear e viver o tempo de paragem e contemplação que a criação artística requer, sobretudo, para as mulheres. Atingir tal objetivo requer coragem e grandes mudanças na vida, como aceitar uma vida mais simples, optar por não ter filhos, entre inúmeras outras. Conforme continua bell hooks (2019, p. 241):

> No entanto, nós, artistas mulheres, precisamos fazer essas escolhas se queremos mais tempo para contemplar, mais tempo para trabalhar. Não podemos esperar pelas circunstâncias ideais para encontrar tempo e só então fazer o trabalho que é nossa vocação; temos de criar na oposição, trabalhar contra o fluxo. Cada uma de nós deve criar estratégias alternativas que nos permitam desviar ou ultrapassar as barreiras que se colocam no caminho [...]. Está claro que precisamos conquistar uma conscientização feminista maior sobre a importância de mulheres ratificarem umas às outras em nossos esforços para construir espaços em que não somos interrompidas e perturbadas e onde possamos contemplar e trabalhar com paixão e entrega.

As escolhas que levam a uma flexibilização dos modos de atuação, necessária principalmente para quem trabalha com o ato criativo, podem representar tanto uma ratificação da precariedade para alguns, quanto uma atitude subversiva diante do sistema capitalista para outros. Tal flexibilização, expandida ainda mais durante a pandemia de Covid-19, em alguns casos, em vez de trazer maior bem-estar social pode ter trazido mais precarização. Entretanto, como uma paradoxal via de mão dupla, fez também com que muitos trabalhadores assalariados percebessem o esgotamento físico e mental ao qual estavam imersos em seus empregos presenciais, de tempo integral, em que aplicavam a sua energia mais qualificada para o enriquecimento alheio ou para alimentar grandes instituições hierárquicas. Esgotamento esse também provocado pela conjuntura das grandes cidades (trânsito, violência urbana, alto custo de vida, entre outros fatores).

Assim, trazer este debate para o âmbito artístico requer o cuidado de não se normalizar nem naturalizar a precariedade, uma vez que ela se torna, no Brasil, também um elemento estético, já que os artistas brasileiros, habituados com a falta de financiamento contínuo para as suas criações, conseguem subverter a escassez e criar, com ela, obras de arte abundantes em conteúdo político, crítica e técnica. Tal subversão traduz a resiliência e a emergência da sobrevivência das classes artísticas, sobretudo nas periferias, já que a geração de autonomia é um imperativo nessas localidades marcadas pela marginalidade, na qual esses profissionais vivem desde o seu nascimento. Nesse sentido, Ivana Bentes (2009) ressalta que a massificação dos suportes de comunicação como computadores e celulares possibilitou o protagonismo de produtores periféricos, visibilizando a favela como um lugar de produção de vida e não apenas de produção de morte.

Se por um lado a revolução tecnológica incide na redução dos postos de trabalho de determinadas ocupações, por outro, fortalece a importância e permanência de profissões que atuam com o capital criativo. Conforme o Mapeamento da Indústria Criativa no Brasil, realizado em 2014 pela Federação das Indústrias do Rio de Janeiro (FIRJAN), a criatividade tornou-se um importante ativo dentro das empresas pela sua capacidade de trazer pensamentos e ações inovadoras. Entre os anos de 2004 e 2013, a área da Cultura cresceu 43,6% com avanço em todos os segmentos criativos analisados. Mesmo assim, os segmentos ligados à Cultura são os menos representativos em número de empregados formais, somando apenas 7% dos trabalhadores da Indústria Criativa, além de ser o setor com o menor salário médio (R$2.527,00), superando em 22% a renda média do trabalhador brasileiro (R$2.073,00), o que confirma a precariedade desse setor. Ao todo, são 62,1 mil profissionais formais, sendo 11,2 mil pertencentes às Artes Cênicas, sendo o maior número de profissionais formais nas Artes Cênicas, os professores de dança e os apresentadores de eventos (FIRJAN, 2014).

Esses números trazem a urgência dos artistas do corpo expandirem suas concepções sobre recursos e modos alternativos de ter acesso a eles, mesmo ao lidar com as ambiguidades que o empreendedorismo artístico traz. Tais modos desafiam o sistema hegemônico e colaboram com a redução de intermediários entre os recursos e aqueles que deles irão usufruir. Por esse motivo, o acesso a esses modos não são tão evidentes, trazendo insegurança e medo ao senso comum movido pelo desconhecido. Isso parece ser exatamente o que os sistemas financeiros desejam: ocultar e até criminalizar modos alternativos de circulação de dinheiro para que continuem hegemônicos.

4. F.E.R.VO! – plataforma colaborativa: práticas laboratoriais para potencializar carreiras artísticas em comunidade

A autogestão é uma realidade para a grande parte dos artistas brasileiros, uma vez que nem sempre o artista dispõe de um orçamento para a contratação continuada de produtores. Outro aspecto é que o trabalho de produção é uma parceria criativa, com envolvimento e admiração mútua, e nem sempre esse encontro afetivo acontece facilmente. Sendo assim, os artistas-etc. acabam por acumular as funções de gestão, produção, criação, difusão, apresentação e geração de acervo de seus trabalhos artísticos. O já abordado tema da polivalência dos artistas diz respeito à sua profissionalização e, por mais que um artista tenha um produtor que cuide da sua carreira, esse artista precisa de autonomia suficiente até mesmo para saber o que delegar a este produtor e para atuar, também, na produção do seu contexto e não apenas no seu próprio trabalho artístico, de modo descolado dos lugares que percorre. Outra situação que tem acontecido com mais frequência, dita nas narrativas dos participantes e na vida de uma das autoras enquanto artista e produtora cultural, é que os produtores estão, cada vez mais, desejando produzir seus próprios projetos e ideias em vez de atuar apenas nos projetos de terceiros, o que tem sido um desafio coletivo – para produtores e artistas – alinhar essas duas instâncias.

Este capítulo tratará das potencialidades iniciais mapeadas para o F.E.R.VO!

O F.E.R.VO! é um projeto de plataforma colaborativa que pretende construir uma comunidade híbrida (*on-line* e presencial) de compartilhamento e comunicação entre artistas que fazem a gestão de suas próprias carreiras, como modo de criar suporte mútuo para a produção e circulação de trabalho remunerado entre si. A estruturação desse suporte de relação entre artistas poderá contribuir também para a reflexão sobre como mediamos e alcançamos os públicos que desejamos e, principalmente, como alcançamos os públicos que necessitam do nosso trabalho.

A grafia e a marca do F.E.R.VO! foram criadas por um dos parceiros deste projeto, o gestor cultural mato-grossense Jan Moura. A marca explicita a relação entre o individual e o coletivo a partir do espaço entre as letras separadas pelos pontos, sendo as últimas letras conectadas para remeter ao verbo ir (vo = vô = vou!), relacionando-se, também, com a junção coletiva, com o ir junto, com o se ajuntar. A falta do ponto entre estas últimas letras cria um movimento que chama a atenção para o verbo ir, mas também para o voo, o voar juntos. O ponto de exclamação no final nos traz uma energia de ação e de ânimo para lutar, trabalhar, concretizar os nossos desejos e atuar ativamente nas questões que nos afetam, a partir da força de um espaço compartilhado. O significado de cada letra cabe a cada pessoa envolvida definir, brincando com os antigos acrósticos que uma das autoras costumava fazer com os nomes de pessoas amadas em cartas que enviava para elas.

A ideia inicial do F.E.R.VO! é que ele seja uma plataforma digital que visibilize iniciativas artísticas e fomente a circulação de trabalho remunerado por meio de uma comunicação curatorial estruturada. As premissas iniciais do F.E.R.VO! são, portanto: organizar nossa comunicação; ser um espaço de difusão e curadoria; experimentar diferentes estruturações financeiras; nos desafiar na atuação em rede mapeando nossos parceiros; atuar na produção do engajamento e na manutenção cuidadosa dele; acolher o que é dinâmico e que cada relação tem um tempo de duração – o que não quer dizer que a relação irá acabar, mas ela poderá sempre se transformar –; e que não somos agentes, mas coprodutores uns dos outros. Dessa forma, poderemos gerar estruturas mais autônomas e mais poderosas diante dos sistemas hegemônicos. Nesse sentido, o F.E.R.VO! pretende ser um ambiente virtual que organize informações e proporcione encontros presenciais entre pessoas e projetos para que possam traçar estratégias de ação coletivas, que expandam e contribuam com as condições de trabalho e financeiras que desejam.

Com o fim de começar a materializar ideias e possíveis formatos para essa plataforma, foi realizado nos meses de abril, maio e junho de

2022, o Laboratório F.E.R.VO!, que foi uma série de quatro encontros com um grupo focal de artistas de duração de duas horas e meia cada um, para que, juntos, pudéssemos mapear e discutir as questões emergentes do campo das artes do corpo e imaginar possíveis soluções a serem colocadas em ação. Com base em dez anos de experiência de uma das autoras com diversos artistas e produtores, foram convidados 12 profissionais da cultura com quem já trabalhou, a partir dos critérios de diversidade geográfica e de práticas de articulação de seus contextos para além da criação de espetáculos, ou seja, aqueles que eram artistas--produtores e que mobilizam e contribuem com as comunidades.

Os encontros foram estruturados a partir de uma tríade de temáticas: reconhecimento, redes e financiamento. Tais temáticas incidem umas nas outras e são estruturantes para o campo das artes. Os participantes foram ativados por meio de ferramentas que permeiam o pensamento sistêmico, sendo provocados a atuar em rede e a refletir sobre seus processos de autogestão na relação com os contextos nos quais estão inseridos. A principal metodologia utilizada foi a ativação de perguntas para estimular reflexões, debates, textos, desenhos e mapas mentais. A metodologia de trabalho nas oficinas de dança e gestão cultural de uma das autoras – aquele que é das artes do corpo –, sempre foram movidas por perguntas disparadoras que geram respostas temporárias, casando perfeitamente com as metodologias do *design* regenerativo.

Costuma se dizer na gestão cultural que para trabalhar com cultura e com arte não há receitas ou respostas prontas, o que é verdade. Entretanto, também é importante que exercitemos sim encontrar respostas, mesmo que temporárias, para que as reflexões possam se tornar ações experimentais concretas e contínuas. No *design* regenerativo o aprofundamento das perguntas é fundamental para romper, também, com as cisões modernas que se ocupam em favorecer sempre muitas certezas, deixando pouco espaço para o "não-saber"[22], conforme Wahl (2019, p. 73):

22 Um método de trabalho que investigo há mais de 10 anos que se debruça sobre as políticas de convivência e que, também, se funda no deixar-se habitar o não-saber é o Modo Operativo AND, criado pela antropóloga e artista brasileira Fernanda Eugênio. Para conhecer e para mais informações, acesse: www.and-lab.org.

> Nossa inquietação e urgência em tirar conclusões, respostas e soluções apressadas é compreensível, tendo em vista a intensificação do sofrimento individual, coletivo, social, cultural e ecológico, mas esta tendência de favorecer respostas em vez de aprofundar as perguntas faz parte da velha história da separação. A arte de inovação cultural transformadora trata, em grande medida, de fazer as pazes com o "não saber" e viver as questões mais profundamente, certificando-nos de que estamos fazendo as perguntas certas, prestando atenção aos nossos relacionamentos, e a como todos nós produzimos um mundo não apenas através do que estamos fazendo, mas através da qualidade do nosso ser. Uma cultura regenerativa surgirá da busca *por viver* novas formas de se relacionar consigo mesmo, com a comunidade e com a vida como um todo. No cerne da criação de culturas regenerativas está um convite para *viver as questões em conjunto.*

E foi exatamente isso o que fizemos nos encontros do laboratório: habitamos questões em coletivo.

Muitas perguntas emergiram da série de encontros realizados, sendo uma das questões centrais "Como viver em bando?", dentro de uma proposta de decolonizar a pergunta feita pelo filósofo francês Roland Barthes (2003), "Como viver juntos?". Um desdobramento dessa pergunta é também refletirmos não apenas como vivermos em bando, mas o que nos faz permanecer nos ajuntamentos de pessoas nos quais estamos. A palavra bando nos remete, também, aos movimentos insurgentes do Nordeste como o cangaço, o Quilombo do Palmares e a Revolta de Canudos, por exemplo, que muito têm a nos ensinar, de modo complexo, crítico e situado sobre organização coletiva e o desenvolvimento de um protagonismo diante dos sistemas de poder, sendo o aprofundamento desse tema também um desejo futuro desta pesquisa.

Outra pergunta importante é a que foi feita pelo filósofo, escritor e líder indígena Ailton Krenak (2019, p. 22): "O que é preciso sustentar?". E soma-se a essa, a pergunta: "O que é necessário deixar ruir?".

Algumas perspectivas indígenas inspiram os afetos iniciais do F.E.R.VO!, como os trabalhos desenvolvidos pela antropóloga guarani Sandra Benites, o educador e escritor Daniel Munduruku e o professor e líder da Aldeia Maracanã, Urutau Guajajara. A cosmogonia dos povos originários ajuda a nos desfazer de nossos *a prioris* de como fazer as coisas ou, numa perspectiva freireana como em *Pedagogia da Autonomia: saberes necessários à prática educativa* (Freire, 1996), nos ajudam a desaprender para reaprender de outras maneiras, performando nosso estar no mundo de outros modos, mais centrados na experiência e na vivência do corpo.

E, por fim, uma pergunta central que tem orbitado muito os artistas é "Como de(s)colonizamos os nossos fazeres?". Como podemos relacionar as múltiplas tecnologias ancestrais na contemporaneidade?

O espaço de relação que o F.E.R.VO! gera vincula-se, também, com o conceito de Zona Autônoma Temporária (TAZ, sigla em inglês) desenvolvida por Hakim Bey, que consiste em um espaço aberto de autonomia regido pela liberdade que brinca com a visibilidade, a invisibilidade, com o tempo e com o espaço. Um conceito que pretende ser compreendido mais como ação do que como explicação. TAZ são comunidades intencionais, são minissociedades, são enclaves livres:

> TAZ é como uma sublevação que não se envolve diretamente com o Estado, uma operação de guerrilha que libera uma área (de terra, de tempo, de imaginação) e que depois se dissolve para se refazer em outro lugar, em outro momento, antes que o Estado consiga destruí-la. Porque o Estado se preocupa essencialmente com a Simulação e não com a substância [...] Talvez algumas pequenas TAZ tenham durado vidas inteiras por terem passado despercebidas, como enclaves rurais – porque jamais se interseccionaram com o Espetáculo, nunca apareceram fora daquela vida real que é invisível aos agentes da Simulação (Bey, 2018, p. 17).

Será possível estar no sistema hegemônico sem alimentá-lo? Será que as brechas que abrimos com o nosso trabalho artístico são suficientes para fissurá-lo minimamente? Essas são mais daquelas questões delicadas e fundamentais que precisam ser ativadas para refletirmos e decidirmos sobre os modos possíveis de realizar o nosso trabalho dentro de uma ética compartilhada. Mesmo porque não são todos os corpos que podem gerar TAZ sem estarem em risco. Como então os corpos podem gerar alianças de força e proteção mútua para que as TAZ sejam possíveis para todos?

Esse debate não pretende julgar nem separar arte de empreendedorismo, uma vez que, para sermos autônomos, precisamos criar relações diferenciadas com diversos públicos. O que se questiona aqui é: quais tipos de relações desejamos criar com esses públicos e sobre quais bases pretendemos ativar, em nosso trabalho artístico, essa dimensão de compra e venda. Podemos construir coletivamente algumas pistas, a partir da criação de redes de apoio entre artistas que viabilizem modos de sustentação de suas obras e, principalmente, problematizando os nossos próprios modos de consumo. Precisamos enunciar onde estamos escolhendo investir o nosso dinheiro, quem está pagando por determinado projeto para que ele possa oferecer acesso gratuito, explicar de onde vem a verba de cada ação.

Esse debate nos traz, também, a importância de afirmarmos a dimensão artesanal dos modos de empreender, promovendo outras relações entre o tempo de criação, de produção e de venda, o que, por sua vez, contribuirá com o fomento de outros tempos de consumo e mediação dos públicos com os nossos produtos. Os modos de fazer artesanais nos conectam com as diferentes escalas de atuação, reafirmando a importância de comprar dos pequenos produtores que estão mais próximos de nós, ativando no campo artístico o que na agroecologia constituem os circuitos curtos de comercialização e inovação social, tal como veremos a seguir a partir de Darolt e Rover (2021).

Os circuitos curtos geram outras aproximações relacionais e espaciais entre produção e consumo; encurtam a cadeia de intermediários entre o produto e consumidor fazendo com que este consumidor conheça e se aproxime do contexto de onde vem aquele produto. Além disso, geram cooperação social entre produtores e consumidores; promovem a colaboração entre redes de comercialização; possibilitam autonomia para a promoção de preços justos para produtores e consumidores; valorizam modos de fazer tradicionais e ancestrais; resgatam valores, tradição, solidariedade e transparência entre consumidores e produtores e dinamizam mercados locais com identidade territorial, os quais trazem mudanças positivas para todos os envolvidos e principalmente, para a regeneração da natureza (Darolt; Rover, 2021).

Também, os circuitos curtos retomam o debate iniciado na primeira seção deste texto, sobre cadeias, sistemas e ecossistemas produtivos, estando o termo circuito "mais associado a uma trajetória, um itinerário, ligado com o que é cíclico, algo que circula no sistema e pressupõe trocas e inter-relações. O termo cadeia nos remete a algo mais fechado e linear" (Darolt; Rover, 2021, p. 27).

Ao pensar e agir artesanalmente, microações se desdobram no ambiente macro e diversas soluções para problemas, que parecem grandes, podem ser encontradas. Na microescala há maior abundância e equanimidade nos ciclos de dádiva de dar e receber, diminuindo a quantidade de intermediários e de empresas entre nós e o dinheiro.

Ao transportar esse conceito do circuito curto para a arte, na realização de festivais, por exemplo, ele nos ajuda a abrir para parceiros que estão mais próximos de nós, em vez de ficarmos sempre desejando estar nos contextos mais distantes e mais hegemônicos. Os parceiros próximos podem nos trazer uma regularidade e uma diversidade maior de trabalho do que se focarmos em apresentações pontuais, em grandes contextos.

Ainda utilizando o exemplo dos festivais neste debate, é muito comum que os grandes festivais hierarquizem os participantes locais em relação aos participantes de outros estados, diferenciando-os no valor dos cachês, nos modos de pautar os espaços de apresentação e na divulgação. Encontrar qual é a nossa rede, entender de quais redes já fazemos parte e quais são os nossos parceiros é fundamental para conseguirmos planejar a nossa carreira de modo coerente.

Como podemos desdobrar, então, projetos de cunho social transdisciplinar para fortalecer e colaborar com a existência saudável dos lugares e suas pessoas nos fortalecendo afetiva e financeiramente de maneira mútua? Cuidar da perenidade das relações com responsabilidade para que os projetos não sejam apenas pontuais pode ser um primeiro passo nesta direção, assim como nos reconhecer e reconhecer o lugar onde estamos atuando.

Nesse sentido, de quais formas podemos repensar o nosso lugar e o nosso papel de artista nos territórios? Qual o lugar do corpo na transdisciplinaridade? Como a gente se organiza, como artistas, e, ainda, como artistas, de que forma podemos conversar com outras pessoas e com outros campos que estão para "além da arte"? De que modo a dança pode contribuir com os movimentos sociais e com as questões mais prementes da coletividade? Precisamos utilizar o nosso poder de visibilizar mecanismos de resistência e seus protagonismos por meio do corpo. Essas são perguntas que ainda pulsam depois desse intenso processo e que irão garantir a sua continuidade.

5. Considerações finais

Ficar com o corpo quente. Essa é a sensação que compartilhamos na plataforma F.E.R.VO! e essa é a sensação corporal ao escrever estas considerações finais. O desejo desta pesquisa é que nós, artistas, possamos expandir nossos fazeres e nos relacionar de forma mais consciente e direcionada com outros campos de atuação, a fim de alcançar uma maior diversidade de públicos e de reencontrar o papel do corpo na sociedade acessando e gerando redes inovadoras de atuação e de financiamento que possam ajudar a sanar problemas compartilhados dentro de uma perspectiva regenerativa.

Nesse sentido, é um exercício constante desta pesquisa transdisciplinar relacionar a arte com os saberes da natureza, da permacultura e da ancestralidade, mantendo uma atenção contínua para que o discurso não recaia no capitalismo verde. Outro desafio é que ela não seja uma simples transposição de práticas agroecológicas para práticas da gestão cultural, e vice-versa, mas sim, que ela amplie as possibilidades de interlocução entre essas áreas reconhecendo suas especificidades, complexidades e potencialidades.

Uma flecha apontada para o futuro desta pesquisa implicada é o desdobrar do trânsito do termo "artista independente" para "artista interdependente", fortalecendo a dimensão regenerativa de sua inseparabilidade dos seus territórios e de sua necessária articulação contextual. Outras percepções que foram ganhando corpo com esta discussão é a importância da constituição de equipes para que o trabalho artístico seja realizado consistentemente em todas as etapas de produção e da valorização do trabalho dos produtores, envolvendo-os como criadores em todo o processo para que possam sentir que o projeto é deles também. Para o fomento de trabalhos mais contínuos em arte e cultura, com uma remuneração mais justa e equânime no tempo e no espaço que possam minimizar significativamente a precariedade trabalhista, observa-se também a importância de integrarmos projetos ao terceiro setor e às leis de incentivo à cultura.

Por fim, percebe-se nesta pesquisa que a ativação coletiva é um importante antídoto para o discurso meritocrático, no qual o incentivo à autogestão e a autonomia podem perigosamente recair. Por isso, a atenção constante em abarcar questões relativas à *uberização* do trabalho e dos limites entre a precariedade e a precarização, propondo o F.E.R.VO! como uma zona autônoma temporária que pode proporcionar outros funcionamentos laborais para artistas do corpo a partir de perspectivas regenerativas.

Nesse momento, está sendo desenvolvido o ambiente digital da plataforma em uma parceria entre o F.E.R.VO! e a plataforma 1° Piso[23], gerida pelo in-Próprio coletivo. Essa plataforma tem desenvolvido interessantes dispositivos de interação *on-line* e presencial que demonstram ser um lócus instigante para experimentarmos dispositivos para o F.E.R.VO!. Pretendemos lançar o ambiente do F.E.R.VO! dentro da plataforma 1° Piso no início do mês de dezembro de 2023 com um curso *on-line* de gestão cultural regenerativa que replicará para mais artistas e pessoas interessadas os conteúdos tratados no Laboratório F.E.R.VO!

Logo, F.E.R.VO! é um trabalho coletivo, em rede, de conexões entre profissionais de cultura que trabalham com produção e criação, com um olhar des-hierarquizado de autonomia. Ponte entre lugares do Brasil, construção de afetos e relações. É somar ideias, projetos, desejos. Maneira de se fazer articulação, de canalizar, de gerar redes.

Corpo no comando. Ebulição. O ferver nos ativa a natureza dentro de nós, pois é um movimento cíclico, no qual assumimos estados diferentes durante o processo: fervemos, evaporamos, precipitamos, fervemos novamente... Relação de cuidado, de arte e vida, de cura. Lugar de encontro como lugar de guerrilha e de defesa do que acreditamos ser importante. Lugar de paragem e reflexão que ativa a sagacidade crítica para modificar o que é necessário. É sobre ser temporário para conservar o frescor do levante. É confiar que existem formas novas de buscar, de se abrir. Confiar que sempre vai ter um espaço para o nosso trabalho. Que sempre vai ter alguém desejando e precisando do que a gente faz. É o modo de fomentar políticas culturais.

23 Para conhecer a 1° Piso: www.aprimeiropiso.com

Referências bibliográficas

BARTHES, R. **Como viver junto**: simulações romanescas de alguns espaços cotidianos. São Paulo: Martins Fontes, 2003.

BASBAUM, R. **Manual do artista-etc**. Rio de Janeiro: Azougue, 2013.

BENTES, I. **Redes colaborativas e precariado produtivo**. Periferia: Educação,Cultura e Comunicação, Rio de Janeiro, v. 1, n. 1, jan./jun. 2009. DOI: https://doi.org/10.12957/periferia.2009.3418.

BEY, H. TAZ: **Zona Autônoma Temporária**. São Paulo: Veneta, 2018.

BRAGA, R. **Exploração e desemprego definem precariado**. [Entrevista cedida a] Amanda Pupo e Lauriberto Pompeu. Estadão, Especial Focas, 12 jul. 2017. Disponível em: https://infograficos.estadao.com.br/focas/planeje-sua-vida/exploracao-e-desemprego-definem-precariado-diz-sociologo-ruy-braga. Acesso em: 12 ago. 2022.

DAROLT, M. R.; ROVER, O. G. (org.). **Circuitos curtos de comercialização, agroecologia e inovação social**. Florianópolis: Estúdio Semprelo, 2021. E-book.

FEDERICI, S. **Calibã e a bruxa**: mulheres, corpos e acumulação primitiva. São Paulo: Elefante, 2017.

FIRJAN - Federação das Indústrias do Rio de Janeiro. **Mapeamento das indústrias criativas no Brasil**. Rio de Janeiro: Firjan, 2014.

FREIRE, P. **Pedagogia da autonomia**: saberes necessários à prática educativa. São Paulo: Paz e Bem, 1996.

HOOKS, b. **Artistas mulheres**: o processo criativo. *In*: PEDROSA, A.; RJEILLE, I.; LEME, M. (org.). Histórias das mulheres, histórias feministas. São Paulo: MASP, 2019. v. 2.

KRENAK, A. **Ideias para adiar o fim do mundo**. São Paulo: Companhia das Letras, 2019.

MATURANA, H.; VARELA, F. J. **A árvore do conhecimento**: as bases biológicas da compreensão humana. São Paulo: Palas Athena, 2001.

MORIN, E. **Introdução ao pensamento complexo**. Porto Alegre: Sulina, 2005.

______. **Os sete saberes necessários à educação do futuro**. Tradução Catarina Eleonora F. da Silva e Jeanne Sawaya. 2. ed. São Paulo: Cortez; Brasília, DF: UNESCO, 2000.

OXFORD Languages and Google. Oxford: Oxford University Press, [2020]. Disponível em: https://languages.oup.com/google-dictionary-pt/. Acesso em: 15 ago. 2022.

SCHOLZ, T. **Cooperativismo de plataforma**. São Paulo: Fundação Rosa Luxemburgo: Elefante: Autonomia Literária, 2016.

SHIVA, V.; MIES, M. **Ecofeminismo**. Belo Horizonte: Luas, 2021.

WAHL, D. C. **Design de culturas regenerativas**. Rio de Janeiro: Bambual, 2019.

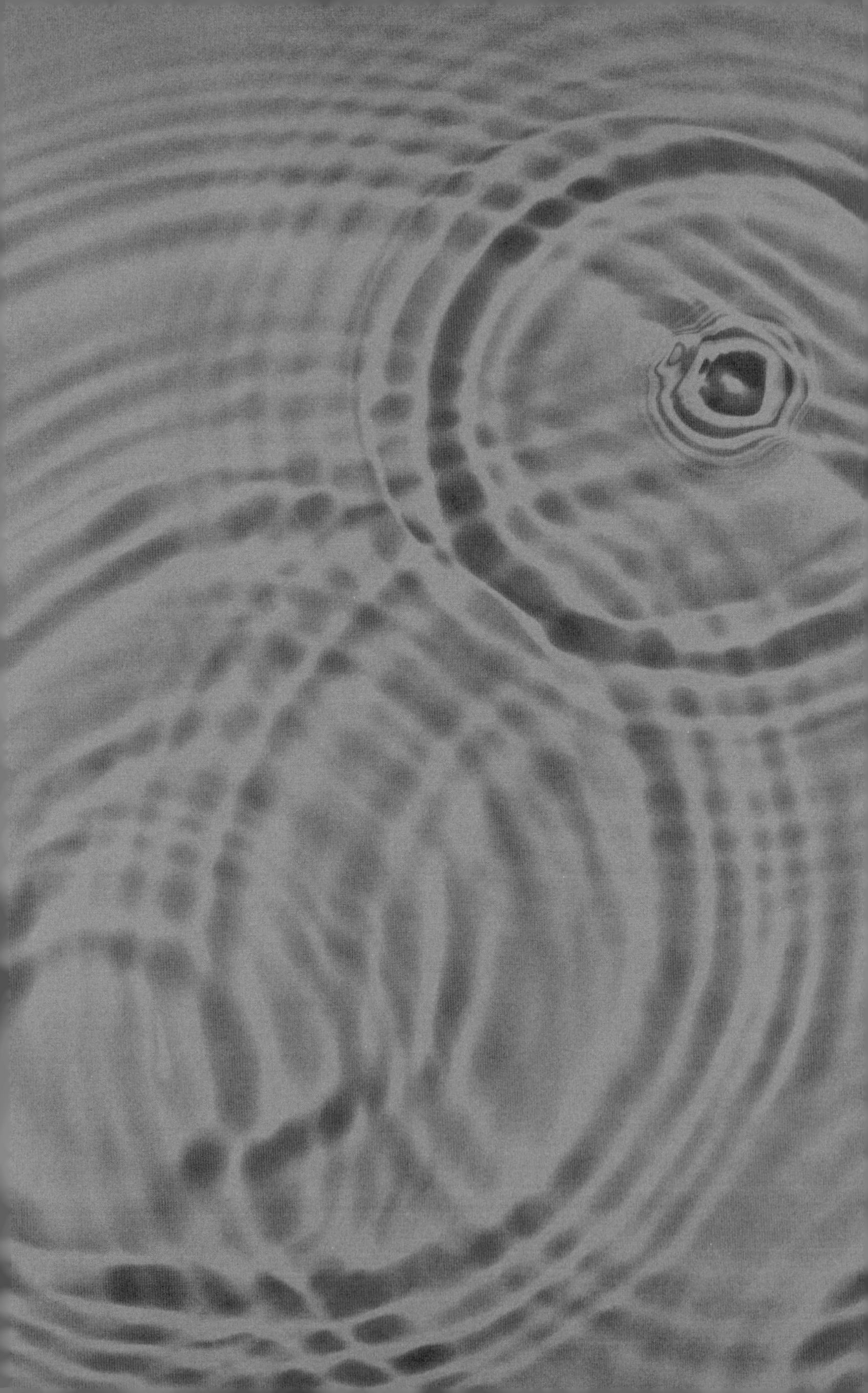

PARTE 3

MOVIMENTOS SOCIAIS, SABERES DECOLONIAIS E DESENVOLVIMENTO TERRITORIAL REGENERATIVO

CAPÍTULO 8

O PROJETO COLMEIA EM SANTO ANDRÉ (BA): UMA INICIATIVA DE DESENVOLVIMENTO REGENERATIVO

Carla Mott Ancona Lopez,
Emmanuel Khodja e Tom Rodrigues

1. Introdução

Este texto é mais do que o resultado de um projeto acadêmico; na realidade, ele é o relato de uma experiência vivida que se transformou num projeto de pesquisa. Como ambas as trajetórias caminham lado a lado em muitos momentos, será inevitável contar um pouco de como nasceu o Projeto Colmeia, objeto desta investigação.

Carla Mott, uma das autoras deste capítulo, é psicóloga com formação em Psicanálise Lacaniana, especializada na clínica de crianças com distúrbios graves. Trabalhou, voluntariamente, na Clínica Psicológica do Instituto de Psicologia da USP e em consultório particular, atividade exercida até hoje. Participou do projeto temático TECER, entre os anos de 2003 e 2007, coordenado pela professora Jussara Faleck, na Clínica de Psicologia do Instituto de Psicologia da Universidade de São Paulo (IPUSP), com apoio da Fundação de Amparo à Pesquisa do Estado de São Paulo (FAPESP). O Projeto TECER objetivou desenvolver uma unidade de tratamento, em bases psicanalíticas, destinada ao atendimento de crianças que apresentavam distúrbios graves. Abarcou desde o levantamento das condições necessárias para a criação dessa iniciativa, bem como dedicou-se à inclusão escolar e social dessas crianças e jovens.

Paralelamente, Carla atuou por quase 37 anos no segmento do turismo convencional, iniciando, aos 19 anos, como guia de turismo para grupos de crianças e terminando como Diretora de Operações de uma das mais importantes empresas de viagens de incentivo do Brasil, organizando e coordenando viagens com público superior a 5 mil pessoas, em diversos lugares do mundo.

Em 2019, chegou à conclusão de que queria mudar de vida: já não via mais sentido em viajar metade do ano organizando grandes eventos para empresas que não tinham relação com os seus valores, perpetuando um *modus vivendi* com o qual não se identificava. Pediu demissão e optou por um período sabático, refletindo por onde gostaria de seguir. Logo ficou claro que seu desejo era se engajar num trabalho relacionado à natureza e à sustentabilidade. Considerando sua experiência prévia no turismo convencional, pensou que ser proprietária de uma pousada sustentável no sul da Bahia talvez fosse uma alternativa. Começou a estudar sustentabilidade, passando pelos Objetivos para um Desenvolvimento Sustentável (ODS) propostos pela Organização das Nações Unidas (ONU, 2015), caminhando pela permacultura (Mollison, 1998), agrofloresta (Rebello; Sakamoto, 2021) e desembocando na regeneração, principalmente na pós-graduação "Educação para a Sustentabilidade", promovida pela UNIFAL-MG e a ONG Gaia Education.

Ao mesmo tempo, se deu conta que, caso se tornasse simplesmente a proprietária de uma pousada, estaria contribuindo para a perpetuação de um modelo econômico e social que não acredita, que privilegia o sucesso individual e não considera uma visão mais ampla da comunidade em que está inserida.

O modelo do desenvolvimento regenerativo, nesse sentido, surgiu como um contraponto possível, trazendo os conceitos da abordagem sistêmica, com sua ênfase na colaboração, sobrepondo a competição e visando à transição para um mundo mais justo para todos os seres. O sonho da pousada amadureceu para o Projeto Colmeia, um centro de práticas sustentáveis e regenerativas para alunos em geral e, em especial, para moradores da comunidade em que foi implantado.

A escolha do local para o estabelecimento do projeto foi cuidadosa, considerando o tamanho da comunidade, bem como o estado de conservação do seu meio ambiente e cultura local. Esses aspectos foram importantes, pois, em uma análise superficial, poderiam facilitar a implantação e o sucesso da iniciativa, uma vez que Carla já tinha experiência com o planejamento e execução de projetos para mais de mil pessoas.

O povoado escolhido foi a Vila de Santo André, bairro do município de Santa Cruz Cabrália, na orla norte de Cabrália, na chamada Costa do Descobrimento, extremo sul da Bahia. O povoado de Santo André, bem como os povoados próximos, como Santo Antônio e Guaiú, o Território Indígena da Mata Medonha e o distrito de Mogiquiçaba, no povoado vizinho de Belmonte, localizados entre a foz do rio João de Tiba e a foz do rio Jequitinhonha, encontram-se dentro da Área de Proteção Ambiental (APA) Santo Antônio.

Por quase três anos, visitou regularmente a região como turista, fazendo contatos e estabelecendo relações, enquanto buscava uma área para fixar moradia e a base do projeto. Foi um período rico, com muita observação do funcionamento da comunidade, suas camadas sociais e suas relações.

No final de 2020, adquiriu uma chácara de 3.500m² à beira-mar, com boa parte da mata nativa preservada. Durante o ano de 2021, estabeleceu residência nessa chácara e iniciou em conjunto com outras pessoas algumas atividades socioambientais pontuais. Foi criado o Colmeia Projetos e Pousada, como um centro de práticas regenerativas e, ao mesmo tempo, com alguns chalés para hóspedes.

O Projeto Colmeia, seus desafios, aprendizados e realizações serão apresentados no decorrer deste trabalho. Serão descritas as oficinas realizadas até a conclusão do presente capítulo, estratégias utilizadas para engajar a comunidade e observações sobre os efeitos das oficinas em seus participantes na perspectiva da cultura regenerativa.

O principal conceito que orientou a pesquisa foi a noção de desenvolvimento regenerativo (Mang, Haggard, Regenesis, 2016). O modelo conceitual do desenvolvimento regenerativo propõe um entendimento holístico de todos os elementos de um sistema (de um território, no caso desta pesquisa), que estabelecem relações benéficas entre si, para atingirem um propósito comum que impacte positivamente a todos.

Nessa perspectiva, o ser humano é entendido como mais um dos seres desse planeta, com função colaborativa na cocriação da evolução, capaz de beneficiar todos os seres e o próprio planeta. A partir dessa visão, o individualismo contemporâneo é substituído pelo cooperativismo; o sucesso individual é substituído pela prosperidade do coletivo e a colaboração toma o lugar da competição. O ser humano passa a ser o interser, interconectado e interdependente de todos os outros seres (Nhat Hanh, 2001).

Um dos pressupostos centrais deste trabalho é que se não houver uma mudança na nossa visão de mundo, não será possível caminharmos, enquanto humanidade, para a construção do redesenho da nossa presença no universo. O problema que se coloca a partir daí é: quais são as formas mais eficazes e efetivas para se provocar uma mudança na visão de mundo de uma comunidade no nordeste do Brasil, sem ressoar o ranço do colonialismo e respeitando a diversidade, os saberes e a cultura local?

Diante dessa questão, o objetivo principal da presente pesquisa é colaborar com o desenvolvimento regenerativo do território em questão, cocriando com as comunidades locais um modelo que seja harmônico, benéfico e sustentável para todos os seres que habitam a APA Santo Antônio. Os objetivos secundários são:

- Aplicar os conceitos do desenvolvimento regenerativo propostos pelo Regenesis Group no nordeste do Brasil, registrando o processo para que possa ser replicado em outras localidades do nosso país;
- Descrever e avaliar a metodologia desenvolvida para se obter o engajamento das comunidades nas ações propostas pelo Projeto Colmeia;
- Potencializar a vocação do território como um destino de turismo mais sustentável e regenerativo, trazendo benefícios a todos.

Este texto estrutura-se em introdução, dois capítulos e as considerações finais. O Capítulo 1 contextualiza e descreve o Projeto Colmeia; o 2 apresenta o conceito de desenvolvimento regenerativo e como ele inspirou as diferentes formas de abordagem e de trabalho utilizadas com as comunidades existentes na APA Santo Antônio; e, por fim, as considerações finais discorrem sobre impactos do projeto na regeneração do território, nas dimensões individual e coletiva, e aponta para a importância de se construir, enquanto sociedade, modelos de envolvimento – em contraposição a modelos de "*(des)* envolvimento" – apoiados nas práticas de servir, partilhar, sonhar, cuidar e amar.

2. O Projeto Colmeia

Esta seção descreve o contexto territorial do Projeto Colmeia, o seu processo de implantação, bem como as ações de educação socioambiental colocadas em prática.

2.1 Contexto territorial

O Projeto Colmeia está numa área de 3.500 m² no sul da Bahia, dentro de uma Unidade de Conservação – a APA Santo Antônio –, junto à costa do Oceano Atlântico, no nordeste do Brasil.

A APA Santo Antônio, criada por decreto em 1994, segundo consta em seu *Manual de Manejo*, está localizada na Costa do Descobrimento, abrange uma área de 230 km², situada no trecho litorâneo dos municípios de Santa Cruz de Cabrália e Belmonte. Tem como limites: ao norte, uma linha que passa 2,5 km ao sul da sede municipal de Belmonte; ao sul, a foz do rio João de Tiba; a leste, o Oceano Atlântico e a oeste, numa linha equidistante 5 km da preamar. No interior da APA existem alguns agrupamentos populacionais: os litorâneos de Santo André, na foz do rio João de Tiba, na margem oposta à sede municipal de Santa Cruz de Cabrália; Santo Antônio, à margem esquerda do rio de mesmo nome; Guaiú, ao norte de Santo Antônio, na foz do rio Guaiú, ainda em Santa Cruz de Cabrália; e Mogiquiçaba, em Belmonte. E os que ficam para o interior do território, como a Terra Indígena de Mata Medonha e Ponto Central.

Essa região constitui um corredor remanescente importantíssimo de Mata Atlântica e dos outros biomas que a constituem. É ao longo desse corredor que esse bioma se conecta, de Norte a Sul, com os outros biomas e ecossistemas do Brasil.

A vila de Santo André, onde está localizado o Projeto Colmeia, tem aproximadamente mil habitantes, sendo parte deles nativos e outra parte, "chegantes" do Brasil e de outras partes do mundo. Os nativos, em sua maior parte, são negros e/ou indígenas. Essa é uma região majoritariamente pataxó, com várias aldeias e reservas. Os "chegantes" são de diversos estados do Brasil, principalmente da região sudeste e sul, como São Paulo, Minas Gerais e Paraná. Entre os estrangeiros, existe uma significativa parcela de alemães, argentinos, italianos e alguns franceses.

Buscando uma visão mais integrada da região, que abrangesse também seus aspectos sociais, foram analisados os dados do último censo (2010) e alguns outros indicadores fornecidos pelo IBGE.

Os dados mostram que a) Santa Cruz Cabrália é considerada zona rural; b) o salário dos trabalhadores da região é, em média, 33% abaixo da média nacional no período analisado; c) somente 15% da população possui ocupação formal; d) 45% da população ocupada ganha, em média, somente até meio salário mínimo; e) há uma grande evasão escolar após a conclusão do ensino fundamental, sendo que a maior parte da sua população pode ser considerada semianalfabeta ou com analfabetismo funcional; f) índices como PIB e IDHM são, em média, de 30 a 40% inferiores do que a média do Brasil, que já é baixa; g) mortalidade infantil do município é significativamente maior do que a média brasileira; h) o esgotamento sanitário da região está, em média, 20% abaixo da média brasileira (IBGE, 2023). Conclui-se que todos os indicadores que mensuram a qualidade de vida do município de Santa Cruz Cabrália estão abaixo da média brasileira, cujos números já são abaixo da média mundial.

2.2 Implantação e ações realizadas

É no contexto dessa sócio-biorregião que se encontra o Projeto Colmeia. Nesse projeto, além de termos incorporado os aspectos observados em construções sustentáveis, também buscou-se um olhar regenerativo para a área.

O design arquitetônico do Projeto Colmeia foi desenvolvido por uma arquiteta baiana que mora na região há mais de trinta anos. A escolha de trabalhar com uma mulher proveniente dessa região tem como objetivo também valorizar a mão de obra feminina e local. Sem dúvida, seu conhecimento biorregional foi uma grande vantagem para o projeto.

Desde o início, a ideia era fazer uma construção sustentável. Cogitou-se fazer uma bioconstrução, usando materiais como barro, porém o fato de estar à beira-mar, em um terreno bastante arenoso, não favoreceu essa escolha. A compra de barro, por sua vez, também significaria, provavelmente, depredação de áreas de proteção.

Outra possibilidade foi fazer a estrutura da casa com madeira certificada. Porém, tanto o valor da madeira como da mão de obra foi proibitivo. Optou-se, por fim, construir os módulos com blocos de cerâmica produzidos artesanalmente em um povoado próximo – Barrolândia. O telhado é de piaçava, também plantada e produzida artesanalmente na região. A tinta utilizada para pintar os módulos foi de terra. A mão de obra empregada foi local, alguns provenientes de Santo André e outros de Santo Antônio. O estilo arquitetônico usado é o típico do sul da Bahia, sendo que vários itens de decoração foram adquiridos no mercado Pataxó em Coroa Vermelha.

O escritório de arquitetura Gera Brasil, especializado em construções sustentáveis e baseado em São Paulo, foi contratado para a consultoria em sustentabilidade e regeneração. Dessa forma, foram combinados dois aspectos fundamentais: a valorização da mão de obra local, com a contratação de uma arquiteta da região, e a capacitação, tanto da arquiteta como da equipe contratada para a obra, para projetos sustentáveis.

O sistema de ocupação do terreno e saneamento proposto foi feito de acordo com o zoneamento permacultural (Mollison, 1998). O saneamento e ciclagem dos resíduos líquidos considerou as águas cinzas, da lavanderia e pias, destinadas às zonas de raízes e irrigação de frutíferas e canteiros. As "águas dos banheiros" foram divididas entre biodigestores, considerando a ciclagem total dos resíduos. O principal intuito do sistema de saneamento ecológico é economizar água e proteger os recursos hídricos, uma vez que não haverá lançamento de nenhum tipo de esgoto em cursos de água ou lençol freático.

Foi feito também um estudo detalhado sobre o clima, pluviosidade, incidência solar e ventos. Dessa forma, o projeto considerou o aproveitamento de todas as formas de energia geradas pela natureza. Além disso, toda a energia elétrica é fornecida por painéis solares.

Para o paisagismo da propriedade, foram mantidas todas as nativas existentes e adicionadas muitas frutíferas da região. A restinga do terreno está em processo de restauração e dela está sendo feito um jardim. Além disso, foram feitas uma horta, canteiros e uma pequena agrofloresta.

A ciclagem de resíduos orgânicos é toda feita na propriedade, por meio de composteira e minhocário. Os recicláveis são separados e levados semanalmente para uma família no povoado de Santo Antônio, que vive dessa atividade. Os restos de poda e folhas secas são triturados e voltam para o solo na forma de matéria orgânica (serrapilheira), protegendo e alimentando os microrganismos do solo.

A generosidade do clima tropical dessa região, com uma pluviosidade significativa ao longo do ano (1.238 mm) e uma temperatura média de 24,3° C sobrepuja o terreno arenoso e ácido, proporcionando muita abundância!

2.3 Oficinas como ferramenta do desenvolvimento degenerativo

As pessoas fazem suas escolhas a partir de sua visão de mundo. Partindo dessa perspectiva, foram realizadas oficinas para a comunidade, abertas e gratuitas, cujos temas foram selecionados a partir da escuta das demandas comunitárias, mediante conversas pessoais ou dos grupos de *Whatsapp* da comunidade. A expectativa é que essas atividades possibilitem a ampliação da visão de mundo dos moradores da comunidade, para que possam fazer escolhas que privilegiem o cuidado com todos os seres, a construção de uma visão colaborativa em direção a um objetivo comum e a consciência da interconexão e interdependência entre todos os elementos do planeta.

Os objetivos das oficinas foram: a) estabelecer vínculos de confiança, trocas e cuidados com a comunidade local, respeitando sua cultura e valores e buscando potencializar a vocação do território e de seus moradores; b) oferecer possibilidade de contato com outra visão de mundo, a partir dos fundamentos propostos pelo desenvolvimento regenerativo; c) dar visibilidade às ações do projeto como sendo confiável, ético, transparente e ativo, para o estabelecimento de novas redes; d) capacitar os moradores da comunidade em diferentes ofícios, contribuindo para a diminuição das diferenças sociais e propiciando o protagonismo da comunidade.

As oficinas e cursos realizados até o momento da escrita deste capítulo foram:

a) Oficina de Costura e Sustentabilidade para a Moda, com a professora Natália Borges, por uma semana, sendo duas turmas, uma no período da manhã e outra à tarde, com aproximadamente trinta mulheres no total;

b) Oficina de Letramento Digital e Pertencimento, com as facilitadoras Carla Mott A. Lopez, Gabriela Gazolla, Camila Araújo e Gabriela Tiemy, por uma semana, sendo duas turmas – uma com crianças de até 15 anos e outra com jovens a partir dos 16 anos e adultos – com aproximadamente quarenta participantes em cada;

c) Projeto Bem Me Quer – Papo de Mulher para Mulher com as facilitadoras Carla Mott A. Lopez, Nídia di Paula, sendo duas turmas, uma com quarenta jovens e mulheres da Vila de Santo André e outra com quarenta jovens e mulheres do Território Indígena de Mata Medonha, constituído de um encontro por turma;

d) Curso de Agrofloresta "A Arte de Guardar o sol – cultivo de alimentos em reconexão com a natureza", com os facilitadores Carla Mott A. Lopez, Bento Cruz, Leandro Uchoa e Walter Steenbock, sendo duas turmas em datas diferentes, com aproximadamente quarenta pessoas por turma. A atividade constituía trinta horas de curso de Agrofloresta, com vivências, prática e mutirões em locais diferentes do território, como a Fazenda Arimuguê, a Aldeia de Mata Medonha, o Projeto Colmeia e a beira do rio João de Tiba em Santo André. Metade do grupo era de professores da rede municipal de Santa Cruz Cabrália, uma vez que a Agroecologia passará a ser disciplina nas escolas municipais. Além disso, tinham representantes dos Territórios Indígenas Pataxós de Mata Medonha e Coroa Vermelha, das escolas do campo, de assentamentos, moradores da região e de bairros distantes (como duas horas de carro e uma travessia de rio);

e) o 3º Fórum MAPS "RegenerAÇÃO JÁ – Agir Local, Pensar Global", planejado e executado por um coletivo de 12 mulheres, de várias partes do Brasil, que se conheceram no curso de pós-graduação Educação para a Sustentabilidade, realizado pela UNIFAL-MG em parceria com o coletivo Gaia Education.

3. A aplicação da abordagem do desenvolvimento regenerativo proposta pelo Regenesis Group

A principal referência conceitual que orientou a construção da pesquisa-ação apresentada neste capítulo (o Projeto Colmeia) é o modelo de desenvolvimento regenerativo proposto pelo Regenesis Group. Ao longo de sua trajetória, o Regenesis Group, inicialmente um coletivo de arquitetos que desenvolvia projetos de construções sustentáveis, compreendeu que somente focar em edificações sustentáveis não era suficiente. Podia-se ter uma construção sustentável incrível, porém, se todo o entorno da construção não estivesse consonante com o projeto de sustentabilidade, o impacto positivo da construção desaparecia.

A partir desse paradoxo, o Regenesis começa a pensar e estruturar o modelo chamado "desenvolvimento regenerativo", em meados dos anos 1990. Propõe, dentro dessa visão, uma abordagem sistêmica com conceitos e metodologia clara, fazendo parcerias entre pessoas e comunidades, buscando tornar as pessoas e a natureza mais fortes, vibrantes e resilientes. A essência dessa abordagem está descrita abaixo:

> Desenvolvimento Regenerativo é o processo contínuo e consciente de "*des veiling*" ou desdobramento, a fim de revelar as verdadeiras naturezas e essências das coisas. Requer ver o potencial que existe dentro de uma entidade ou atividade e, em seguida, trazê-lo como uma fonte de maior valor de pedido ou capacidade de geração de valor. O desenvolvimento regenerativo constrói a capacidade de uma entidade, no que diz respeito à vontade, ser e função, de viver plenamente sua essência. A regeneração dá nova vida ou energia a algo que foi esgotado de sua vitalidade física ou significado. O desenvolvimento regenerativo trabalha com potencial de forma a criar maior vitalidade, uma nova fonte de vida que traga nova energia e espírito e produza um campo de energia dentro do qual a melhoria e evolução dos sistemas vivos possam ocorrer. É sobre aproveitar o potencial, nascido da crise, para transformar nosso papel como designers, planejadores, construtores e cidadãos. Em particular, trata-se de aprender como, em um mundo cada vez mais imprevisível, podemos permitir que os lugares onde vivemos e trabalhamos prosperem, e não apenas sustentar um equilíbrio precário. Os praticantes do desenvolvimento regenerativo acreditam que não basta querer mitigar os efeitos da atividade humana. As pessoas precisam tomar seu lugar novamente como parte da natureza. Nessa perspectiva, o desenvolvimento regene-

> rativo significa harmonizar as atividades humanas com a contínua regeneração da vida em nosso planeta, enquanto continuamos a desenvolver nosso potencial como seres humanos.

O desenvolvimento regenerativo busca reverter a degeneração dos ecossistemas causada pelas atividades humanas. Também busca projetar um ambiente construído e sistemas humanos que possam coevoluir com sistemas naturais. Dessa forma, aumenta a expressão geral e a resiliência da vida. Está fundamentado em uma compreensão profunda da natureza integral e interdependente dos sistemas vivos – sociais e bióticos – e do processo complexo e emergente pelo qual eles coevoluem. Se inspira nas capacidades autocurativas e auto-organizadas da natureza e trabalha para restaurar essas capacidades quando elas estão desaparecidas ou interrompidas, seja em ecológico ou em ambientes sistemas vivos humanos (Regenesis, tradução nossa, 2021).

É justamente essa proposta que reverbera nas ações buscadas pelo Projeto Colmeia. No entanto, essa citação acima suscita vários questionamentos. O principal deles, em nosso ponto de vista, é: como fazer isso na prática?

Para os praticantes do desenvolvimento regenerativo, o início de tudo se dá por meio da jornada pessoal. E por que a jornada pessoal é considerada a base para qualquer ação de desenvolvimento regenerativo? Porque há uma relação direta entre a forma que entendemos o mundo e as nossas relações com todos os seres do planeta e com as escolhas que fazemos em nossa vida. Justamente, é a nossa visão de mundo que vai determinar o mundo que queremos construir e as escolhas que fazemos para essa construção.

A visão de mundo regenerativa considera, entre outros aspectos, o conceito do interser, um neologismo criado pelo monge budista vietnamita, Thich Nhat Hanh e outros (Nhat Hanh, 2001, Reed, 2007; Wahl, 2020; Regenesis, 2021). A ideia central do conceito é que não estamos sós ou isolados, mas interconectados com tudo que existe ao nosso redor. Somos justamente a soma das relações que criamos e há uma interdependência e interconexão entre cada um de nós e todos os seres do planeta (Nhat Hanh, 2001; Reed, 2007; Wahl, 2020; Regenesis, 2021).

Charles Eisenstein também conta a história do interser, no livro *O mundo mais bonito que nossos corações sabem ser possível* (2016). Segundo esse autor, nossa sociedade vive atualmente a "história da separação". Por meio de perguntas cruciais, que definem a vida, como "quem sou eu?", "por que as coisas acontecem?", "qual é o propósito da vida?" entre outras, o autor questiona a nossa atual visão de mundo.

A "história da separação" tem, em seu arsenal, a competição, o individualismo. O mundo é entendido de forma fragmentada, como se não houvesse uma ligação entre todas as coisas. O cartesianismo, base da sociedade atual desde os primórdios da Revolução Industrial, impõe uma visão mecanicista e reducionista, com as partes separadas constituindo o todo e sem relação entre si. Uma sociedade que vive a ilusão da inexistência do limite: como se vivêssemos num planeta com recursos ilimitados, submetido aos caprichos do consumismo desenfreado (Eisenstein, 2016).

Em contraposição, o autor propõe a "história do interser", uma visão holística (*holon*, do grego, é algo que é, ao mesmo tempo, um todo em si mesmo, assim como uma parte de um todo maior) da existência humana. Esse paradigma apoia-se no funcionamento sistêmico, em que a interdependência e interconexão entre todos os seres cria uma existência relacional, dando sentido para as diretrizes que regem o universo.

Tendo a jornada pessoal e, consequentemente, a visão de mundo como o ponto de partida para a prática regenerativa, Regenesis (2021) empresta os conceitos de Lócus de Controle e Consideração do Interno e Externo, para falar sobre as diferentes reações das pessoas frente a situações de limite.

O conceito de Lócus de Controle foi proposto por Julian B. Rotter em 1966, em seu artigo "Psycological Monographs". *Locus* significa "lugar" em latim. Os Lócus de Controle podem ser internos ou externos (Regenesis, 2021).

No Lócus de Controle Interno, indivíduos e organizações acreditam que os eventos decorrem principalmente de seus comportamentos e ações. O Lócus de Controle Externo é o oposto: pessoas e organizações vivem da crença de que os resultados são controlados por agentes fora deles e além de sua influência. Eles interpretam sua experiência para reforçar essa crença, da qual os eventos são vistos como resultado de fatores externos como sorte, favoritismo e estruturas de poder (Regenesis, 2021).

É justamente o conceito de Lócus de Controle Interno que é a motivação principal do praticante do desenvolvimento regenerativo: entender que a construção de um mundo melhor está em suas mãos. Esse é o "chamado" que o move para transformar a sua vida e seu ofício em ferramentas que propiciem a criação de um mundo melhor.

Além dos conceitos de Lócus de Controle Interno e Externo, mais relacionados com a forma que cada um de nós se relaciona com os acontecimentos da própria vida, também os conceitos de Consideração do Externo e Interno são relevantes para os praticantes de desenvolvimento regenerativo.

A Consideração do Interno está enraizada no apego a um estado subjetivo interior e no conforto de seus próprios preconceitos ou desejos. A Consideração do Externo, por sua vez, é a prática de levar os outros em consideração ao agir, fazendo de alguém ou de uma entidade diferente de nós mesmos o centro de nossa atenção e procurando entendê-lo profundamente (Regenesis, 2021). É colocar-se no lugar do outro, vendo as coisas a partir do ponto de vista do outro, com base na sua experiência de vida e no valor que se aspira criar. Esse posicionamento ajuda a desenvolver empatia e compreensão, expandindo a consciência para uma visão realista de toda uma situação e do potencial ali presente. A Consideração do Externo desperta o cuidado e a vontade para algo maior ou mais importante do que apenas nós.

Considerar o externo é uma prática poderosa quando se trata de fazer trabalho regenerativo. Nos permite desenvolver uma experiência viva dos sistemas que desejamos trabalhar, tanto de dentro como junto ao sistema. A Consideração do Externo foi fundamental para que essa pesquisa-ação pudesse ser desenvolvida com a participação engajada da comunidade local. Desde a forma de comunicação com os atores locais, as relações pessoais estabelecidas, a valorização dos aspectos culturais da comunidade local e a quebra de paradigmas e valores da pesquisadora de campo frente ao novo que se apresentou.

Além dos aspectos descritos acima, relacionados à jornada pessoal e à visão de mundo, Regenesis (2021) propõe três capacidades essenciais para a prática regenerativa, todas relacionadas ao potencial do sistema, um dos conceitos centrais para o desenvolvimento regenerativo. Essas três capacidades são: a) ver o potencial; b) manifestar potencial como fonte de geração com resultado de uma maior valor que original; c) criar um campo de energia vitalizadora para permitir a evolução dos sistemas vivos.

Se entramos em um projeto buscando resolver os problemas de um sistema ou comunidade, deixamos de ver o seu potencial. Há uma subversão de ordem aí: não se chega em uma comunidade com um projeto *a priori*, sem ter avaliado antes o seu potencial. Na realidade, o projeto deve ser construído na direção da potencialidade do lugar.

Na prática, essa situação também foi experienciada no percurso do Projeto Colmeia. Por exemplo, a princípio imaginava-se que fosse trabalhado usando a agroecologia como principal ferramenta regenerativa. Foi só a partir do momento em que uma das autoras deste texto tornou-se moradora da comunidade, que se vislumbrou a necessidade de readequação dos objetivos e ferramentas considerados inicialmente. Aliás, uma das condições para que um projeto de desenvolvimento regenerativo aconteça, segundo o Regenesis (2021), é que o praticante regenerativo faça efetivamente parte da comunidade em que deseja implantar o projeto.

Nessa pesquisa-ação empreendida no Projeto Colmeia, à medida em que ocorreu uma maior proximidade com as parcelas mais desfavorecidas da comunidade, acabamos entrando em contato com a realidade dessas famílias, como descrito abaixo.

A observação de campo em Santo André nos mostrou que, via de regra, as meninas engravidam muito cedo, entre 15 e 18 anos. Em alguns casos, estabelecem família com o pai da criança, mas, muitas vezes, a mãe, recém-saída da adolescência, se vê só com um bebê. É frequente que esse bebê seja criado pelos avós maternos e, eventualmente, pelos avós paternos.

O número de famílias constituídas por mães solo é grande e várias delas são constituídas por quatro, cinco, seis filhos, de dois ou três pais diferentes. Muito frequentemente os pais biológicos das crianças têm pouco contato com os filhos e tampouco pagam a pensão devida por lei. Nas famílias de mães solo, normalmente é o filho mais velho que cuida dos irmãos menores (a partir dos 10, 11 anos) para que a mãe possa trabalhar. Algumas vezes, a avó materna mora junto com a família, auxiliando no cuidado das crianças.

Há muitos relatos de violência física nas famílias. Um número significativo de mulheres ainda apanha de seus maridos. As crianças também apanham de seus pais e mães, seja de cinta, de cipó, de chinelo ou de vara.

Além desse contexto, os repetidos casamentos consanguíneos em função do isolamento inicial das primeiras famílias que habitavam a região, fazem com que os membros de determinadas famílias apresentem uma incidência maior de distúrbios psiquiátricos ou síndromes genéticas.

O olhar do nativo para sua comunidade ou para a própria vida é de desesperança, em função da falta de perspectiva para conseguir uma qualidade de vida melhor. Apesar de se orgulhar das belezas naturais da região, existe uma certa desconexão na relação com a natureza. O modelo capitalista consumista vendido nos programas de televisão ainda é desejado por uma parcela significativa da comunidade.

A somatória de todos esses aspectos impulsiona homens e mulheres para o álcool e drogas, como a cocaína. O tráfico é um problema real no município, com disputas entre facções e assassinato de jovens da comunidade. Santa Cruz Cabrália foi considerada a 28ª cidade mais violenta do Brasil, segundo dados do *Anuário Brasileiro de Segurança Pública*, de junho de 2022 (FBSP, 2022).

Essa realidade trágica, aliada às demandas da comunidade para que algo fosse feito com relação à falta de perspectiva dos jovens da região, foi o que acabou impulsionando as oficinas de letramento digital e pertencimento.

Para essa oficina, especificamente, como era uma das primeiras que foram realizadas, havia um impasse: como divulgá-la se nem as crianças e nem seus pais nos conheciam? Como iriam confiar seus filhos para desconhecidas vindas "de fora" que os levariam para um lugar diferente? A solução foi dada por um dos meninos da comunidade, de 13 anos, que sugeriu que fosse no campo de futebol, centro "nervoso" do povoado, para falar com os pais e as crianças ao mesmo tempo.

O campo de futebol é o lugar de cuidado coletivo das crianças. As crianças ficam brincando ali, jogando bola, andando de bicicleta e indo nas casas umas das outras. Elas se cuidam entre si (as mais velhas cuidam das menores) ou são supervisionadas por adultos que eventualmente estejam ali. Muitos são primos e cresceram juntos desde bebês.

Foi providenciado um lanche e todos foram para o campo de futebol com mesa de armar, térmicas e salgados. Imediatamente as crianças apareceram e suas mães atrás delas. Após a conversas com cada uma, com apresentação, e explicação de qual era a ideia e foi feita a inscrição das crianças interessadas. Esse foi o começo da convivência e troca com as famílias do campinho e suas crianças.

Também ficou claro que a localização do projeto dificultava o acesso das pessoas, uma vez que está a aproximadamente 2 km do povoado de Santo André e 8 km de Santo Antônio, pela estrada. Portanto, em todas as oficinas oferecemos transporte de ida e volta, tanto de Santo Antônio como de Santo André, com pontos de encontro no centro de cada um dos povoados.

Ficam evidenciadas aqui as diferentes estratégias utilizadas para se ter o acesso à comunidade, a confiança dos adultos, o engajamento das crianças e a concretização da oficina. As estratégias foram adaptadas a essa sócio-biorregião, levando em consideração os conceitos propostos pelo Regenesis, como a noção de "Considerar o Externo". Nesse sentido, nos convites feitos para as oficinas, foram utilizados os seguintes estratagemas: *live on-line* pré-oficina com o facilitador sendo entrevistado pela autora e abordando as aspectos teóricos e práticos da oficina; boca a boca; pequenos anúncios (*cards*) colocados nos grupos de *Whatsapp* da comunidade, com linguagem objetiva e coloquial; anúncio gravado (*jingle*), com um locutor de rádio da região, enviado nos grupos de *Whatsapp*; *posts* nas mídias do projeto e da região; inscrição individual e acolhedora (e não inscrição via *Google Forms*, uma vez que a comunidade nativa tem dificuldade na utilização dessas ferramentas).

As oficinas propostas, na realidade, serviram como expediente para atrair e engajar a comunidade. E, por meio dessas, foram propostas vivências e trocas, de forma que cada um dos participantes pudesse se apoderar de seus talentos e vocações, bem como ampliar sua visão de mundo. Elas também propiciaram lugar de fala e de escuta para os atores locais, estabelecendo relações horizontais e rompendo padrões antigos impostos, como o preconceito socioeconômico e o sistema de "castas" subliminar que ainda sobrevive entre nós.

O formato das oficinas buscou, com a inclusão de vivências no início e final de cada dia, atividades de sensibilização e meditação, fortalecimento de vínculos e planejamento conjunto do caminho proposto por cada oficina. Ao mesmo tempo, também foram apresentados materiais (vídeos, apresentações etc.) e propostas reflexões sobre temas socioambientais, a partir de um olhar regenerativo.

No curso de Costura e Sustentabilidade para a Moda, foram abordadas questões como economia circular, valorização das tradições culturais locais e exemplos de cooperativas de mulheres artesãs no Brasil por meio de filmes e rodas de discussão. Todo o trabalho de aprendizado foi feito em grupos de duas ou três pessoas, possibilitando trocas e cooperação mútua. Algumas mulheres, que já sabiam costurar, naturalmente passaram a exercer o papel de monitoras das que precisavam de mais ajuda. E, ao final do curso, cada grupo tinha cortado e costurado uma blusa.

No curso de Letramento Digital e Pertencimento com as crianças e jovens, o aprendizado da informática foi usado como ferramenta para apresentar os sonhos de cada participante para si, para a comunidade e como cada um poderia contribuir para a construção de seus sonhos. A experiência de reflexão e conversa sobre os sonhos foi muito rica e foi traduzida em uma apresentação de Powerpoint. Nas rodas de bate-papo apareceram os modelos, as idealizações, os medos e anseios de cada um e tivemos a oportunidade de trabalharmos coletivamente com as questões que surgiram.

Todo término de oficina era celebrado com uma festa, planejada em conjunto e organizada com a participação de todos. A energia das festas era incrível, com cada um oferecendo um pouco de si da forma que fosse possível e celebrando o estabelecimento de novos vínculos de confiança e trocas.

As estratégias descritas acima para as oficinas de Letramento Digital foram sendo adaptadas para as diferentes oficinas e cursos oferecidos, de acordo com o público-alvo a ser atingido. Os horários dos cursos também levaram em consideração o contraturno da escola (no caso das crianças) e após o expediente de trabalho dos adultos (a partir das 16h).

Cada oficina facilitou a criação de um grupo específico: o grupo das mulheres, o grupo das crianças e jovens, o grupo da agroecologia. Temos lista de espera para as próximas turmas das oficinas.

Por exemplo, nas rodas de bate-papo com as mulheres da comunidade, o lugar escolhido para os encontros foi a escola municipal, localizada no coração do povoado. Os encontros se deram à noite e propiciaram lindas trocas entre as mulheres, com suas histórias, dores e alegrias, criando um espaço de acolhimento e cuidado. Aliás, o cuidar é outro aspecto fundamental a ser considerado no Desenvolvimento Regenerativo. Segundo o Regenesis (2021) "cuidar é o combustível para a Regeneração". Importante salientar que não se trata de um cuidar paternalista ou assistencialista, em que o outro é visto como fragilizado e que precisa de ajuda. O "cuidar" de que se trata é aquele que valoriza o saber do outro, que potencializa seus recursos internos e a singularidade da sua vocação, criando um campo de energia vitalizadora.

Cabe ainda dizer que no decorrer dessas ações com a comunidade, emergiram atores locais, descrevendo seus diferentes projetos socioambientais. As antigas ONGs e Associações, que tiveram suas atividades suspensas por dois anos no período pandêmico, reorganizaram-se com nova energia. Os moradores começaram a estabelecer um novo olhar para o seu próprio território. A beira do rio João de Tiba, considerado o cenário mais bonito da vila, estava sendo transformada em estacionamento. A comunidade mobilizou-se para cuidar da sua beira de rio. Uma das lideranças locais convocou uma reunião para discutir as alternativas possíveis. Com cuidado e delicadeza, integrantes do Projeto Colmeia auxiliaram na facilitação dos encontros, sem protagonismo e propondo acordos mútuos. Decidiu-se fazer um mutirão para transformar a beira do rio em um jardim agroflorestal. A ação contou com mais de cinquenta pessoas da comunidade, todas voluntárias, durante um sábado. Foi um momento de união e senso de pertencimento para todos da comunidade. Ali não havia diferenças sociais; estavam todos com uma enxada, uma pá ou uma muda na mão, plantando.

4. Considerações finais

Segundo o Regenesis Group, a criação de "um campo" de energia vitalizadora é fundamental para se avaliar os resultados de um projeto regenerativo. O campo de energia vitalizadora pode ser gerado a partir de dentro ou de fora do projeto. No caso do Projeto Colmeia, as oficinas e cursos foram cocriados e facilitados por seus membros e por participantes da rede de relacionamento construída no curso de pós-

-graduação Educação para a Sustentabilidade, fruto de parceria entre a UNIFAL-MG e Gaia Education.

Desde o início, o projeto atrai pessoas "de dentro" e "de fora" para cocriação e colaboração, constituindo-se não como o projeto de uma pessoa, mas de várias pessoas que foram chegando e construindo junto. O 3º Fórum MAPS foi o ápice dessa energia vitalizadora, tendo sido planejado e executado por um coletivo de 12 mulheres de diferentes lugares do Brasil, congregando praticamente todas as instituições e ONGs de Santo André, bem como as Secretarias Municipais de Turismo, Meio Ambiente e o Conselho Gestor da APA Santo Antônio (INEMA). A comunidade foi tomada por ações regenerativas, repetindo os cursos de Letramento Digital, Costura e Regeneração, Papo de Mulher, Agroecologia e abrindo frente para a discussão do turismo regenerativo para o território.

Além disso, tivemos inúmeros depoimentos, desde os participantes das oficinas, até os facilitadores, sobre os efeitos e transformações provocados pelas atividades e vivências realizadas pelo projeto. Na sequência, o relato significativo da participante Léa Penteado:

> Eu moro em uma cidade que colocou agroecologia em seu currículo escolar e nunca pensei que esse assunto fosse me emocionar. Mas vivendo em uma área de proteção ambiental, cercada com o que ainda resta de Mata Atlântica, aprendendo que "regenerar" não é apenas o solo mas a nós mesmos, em uma semana onde ambientalistas estão no topo das manchetes, esta manhã assistindo a abertura do curso de agrofloresta que acontece até o dia 19, fiquei comovida. [...]
>
> A ideia de reunir profissionais desta área com o objetivo de passar conhecimento foi da Carla Mott Ancona, uma executiva paulista que atuou por muitos anos na área de Turismo e há pouco mais de um ano mudou para Santo André, atrás do sonho de desenvolver projetos sustentáveis na região. Em um ano Carla já fez uma revolução através do Projeto Colmeia realizando 2 fóruns *on-line* sobre Sustentabilidade, encontro para mulheres falarem da feminilidade, cursos de Corte Costura e Letramento Digital, e se integrou de uma forma incrível com a comunidade (Penteado, 2022).

Também temos recebido visitas de instituições de ensino, como alunos do IFBA (Instituto Federal da Bahia), das áreas de Edificações e Meio Ambiente, interessados em conhecer o Projeto Colmeia e sua atuação no território, como pode ser visto no depoimento abaixo:

> Toda nossa turma deixou o lugar com o coração muito grato e feliz! Foi uma das melhores experiências da minha vida, poder conhecer um lugar em que a natureza é tão amada e valorizada como ela merece. Obrigada pelo acolhimento e por todo o aprendizado (registro oral).

Chegamos, enquanto espécie, a um ponto crítico e decisivo. Não podemos somente assistir de "braços cruzados", como se não tivéssemos nada a contribuir. Cada um de nós precisa fazer a sua parte, empregando sua vocação e potencial para construir o redesenho da presença humana no planeta.

Podemos nos tornar verdadeiros praticantes do desenvolvimento regenerativo, propiciando que outras pessoas ampliem sua visão de mundo. As transformações efetivas que precisamos vão acontecer de "dentro para fora", isto é, do indivíduo para o seu todo mais próximo, para sua comunidade.

A singularidade do lugar está diretamente relacionada ao seu potencial e é o ponto de partida do trabalho regenerativo. E ninguém melhor do que as pessoas do local para dizer sobre os limites de onde vivem e as qualidades que tornam esse lugar único.

> Finalmente, o lugar é uma porta para cuidar porque as pessoas podem e se importam com seus lugares. O enraizamento no lugar, o amor ao lugar, é uma maneira poderosa de acessar a vontade pessoal e política de fazer mudanças profundas. É também uma maneira de construir um terreno comum para pessoas de espectros ideológicos diversos: lugar é o que todas as pessoas locais compartilham. É o comum que lhes permite chamar-se uma comunidade [...]. Em outras palavras, estamos buscando transformar comunidades humanas em facilitadores de sistemas vivos (Regenesis, 2021, tradução nossa).

O impacto dessa proposição se dá em duas vias: não só regeneramos, mas também somos regenerados. Permitir-se viver a desconstrução de modelos antigos, restabelecer o contato com a natureza e fluir seguindo os ritmos da maré e do sol. Pertencer a uma comunidade, abraçar o diverso, aprender outros saberes igualmente bons e valiosos como os que você traz na sua bagagem. Romper o sistema de castas, subliminarmente tão vivo em todos nós. Receber, servir, partilhar, sonhar coletivamente, cuidar e amar todos os seres e agradecer o privilégio por estarmos "aqui e agora".

Referências bibliográficas

EISENSTEIN, C. **O mundo mais bonito que nossos corações sabem ser possível**. São Paulo: Palas Athena, 2016.

FBSP – Fórum Brasileiro de Segurança Pública. **Anuário brasileiro de segurança pública**. São Paulo: FBSP, 2022. Disponível em: https://assets-dossies-ipg-v2.nyc3.digitaloceanspaces.com/sites/3/2022/06/anurio-2022.pdf. Acesso em: 6 abr. 2023.

IBGE – Instituto Brasileiro de Geografia e Estatística. **Panorama da cidade de Santa Cruz de Cabrália** (BA). Rio de Janeiro: IBGE, 2022. Disponível em: https://cidades.ibge.gov.br/brasil/ba/santa-cruz-cabralia/panorama. Acesso em: 29 maio 2023.

MANG, P.; HAGGARD, B.; REGENESIS. **Regenerative Development and Design**: A Framework for Evolving Sustainability. New Jersey: Wiley, 2016.

MOLLISON, B. **Introdução à permacultura**. Brasília: MA/SDR/PNFC, 1998.

NHAT HANH, T. **A essência dos ensinamentos de Buda**. Rio de Janeiro: Rocco, 2001.

ONU – Organização das Nações Unidas. **Sustainable Development Goals**. New York: ONU, 2015. Disponível em: https://sustainabledevelopment.un.org. Acesso em: 6 abr. 2023.

PENTEADO, L. **A natureza ensina**. Blog Léa Penteado, [S. l.], 16 de junho de 2022. Disponível em: https://leapenteado.com/2022/06/16/a-natureza-ensina/. Acesso em: 29 maio 2023.

REBELLO, J. F.; SAKAMOTO, D. **Agricultura Sintrópica segundo Ernst Gotsch**. São Paulo: Reviver, 2021.

REED, B. **Shifting from sustainability to regeneration**. Building Research & Information, [S. l.], v. 35, n. 6, p. 674-680, 2007. DOI: 10.1080/09613210701475753.

REGENESIS – Institute for Regenerative Practices. **The Regenerative Practioner**: Cycle 2 2021/22 Course Dashboard. Santa Fe: Regenesis, 2021. Disponível em: https://www.regenerat.es. Acesso em: 29 maio 2023.

WAHL, D. **Design de culturas regenerativas**. Rio de Janeiro: Bambual, 2020.

CAPÍTULO 9

O RESGATE DO AMOR COMO PROCESSO GERADOR DE TRANSFORMAÇÕES SOCIOAMBIENTAIS EM PROJETOS REGENERATIVOS

Gabriela Piasson Gazzola e Gustavo Machado

Agradecimento

Agradeço à comunidade de Santo André (BA) e à Aldeia de Mata Medonha por terem me acolhido e terem me permitido navegar pelo território com abertura e respeito. Agradeço por fazer parte do projeto Colmeia, ao meu orientador e à banca avaliadora por contribuírem para o desenvolvimento desta pesquisa.

1. Introdução

Hoje, vivemos graves crises em todas as esferas das organizações sociais que mantêm a sociedade funcionando como está. Enfrentamos colapsos em diferentes níveis da vida. Pode-se dizer que esses são os efeitos de uma

> nova era geológica, que Paul Crutzen batizou de antropoceno, baseado na inegável evidência que os atuais processos atmosféricos geológicos, hidrológicos e biosféricos são em grande parte antropogênicos, alterados ou influenciados pelas atividades dos seres humanos (Luna, 2021, p. 6).

As crises nos encaminham para uma mudança de paradigma profunda na sociedade, em que nossas percepções sobre a própria existência estão se transformando. Estamos no princípio dessa mudança, vivemos uma transição de paradigmas e o começo de uma mudança cultural, que nos leva para uma visão de mundo holística. Sendo essa a condição fundamental da nova cultura, não somos separados do universo. Nosso ser participa do ser, de todos e de tudo, como indica Eisenstein (2016).

Nesse contexto, a percepção ecológica profunda reconhece a interdependência de todos os fenômenos, e o fato de que, enquanto indivíduos e sociedades, fazemos parte dos processos cíclicos da natureza e, em última análise, somos dependentes desses processos (Capra, 2006).

Compreender a interdependência ecológica significa entender as relações. Isso determina as mudanças de percepção que são características do pensamento sistêmico – das partes para o todo, de objetos para relações. Uma comunidade humana sustentável está ciente das múltiplas relações entre seus membros, em que nutrir a comunidade significa nutrir essas relações (Capra, 2006). O relacionar-se é inerente à trama existencial, composta pela multiplicidade de expressões de vida, conforme aponta Somé (2007).

Dessa maneira, o relacionamento amoroso, assim como qualquer outro vínculo, é vivenciado em coletividade e está intimamente atrelado ao fortalecimento da existência. Do contrário, como bell hooks (2020) afirma, uma cultura de dominação é antiamor. Escolher o amor é ir contra os valores predominantes da sociedade moderna, porém, muitas pessoas sentem-se incapazes de amar a si mesmas ou os outros, porque não sabem o que é o amor (hooks, 2020).

Enquanto nos recusarmos a abordar plenamente o papel do amor nas lutas pela libertação, não seremos capazes de produzir uma cultura transformadora, em que haja um afastamento em massa de uma ética da dominação (hooks, 2021). Uma ética amorosa enfatiza a importância do serviço ao próximo. O serviço fortalece a nossa capacidade de conhecer a compaixão e aprofunda a nossa percepção.

Com o objetivo de investigar o conceito e o significado do amor por meio das relações individual, social e ambiental, como forma de transformação pessoal e comunitária em projetos que buscam a regeneração do planeta, neste trabalho vamos descobrir o resgate do amor como mecanismo de aprendizagem, relacionamento e transformação de visão de mundo, a partir de ação educativa que foi codesenvolvida com comunitários da comunidade de Santo André (BA) e, desse modo, cabe discutir e compreender as diferentes definições de amor.

2. Referencial teórico

Segundo o que nos mostra Moscovici, "toda a degradação da natureza é acompanhada pela destruição de culturas, de forma que todo ecocídio é também um etnocídio" (Moscovici, 2007, p. 174), assim, ao matarmos a natureza, também estamos extinguindo nossa cultura e identidade. Essa perspectiva nos introduz a relevância de abordar tal situação a partir de um novo paradigma de relação com a natureza.

Nesse contexto que se oportuniza a propagação da ética do amor, em que o amor se torna o centro dessa transformação de pensamento, valores e ética, e nos guia em direção à libertação dos sistemas de dominação.

O pensamento ecosófico de Guattari expressa as formas como as pessoas interagem entre si, com o meio físico e consigo mesmas (Röhrs, 2020). A ecosofia divide-se nas "três ecologias", que têm por definição a ecologia social fundamentada em uma nova relação com as realidades econômicas e sociais, tanto no domínio microssocial quanto institucional; a ecologia mental, que está ligada às subjetividades humanas e aos vetores de subjetivação, isto é, aos processos de produção e agenciamento de subjetividades em contextos individuais e coletivos; e a ecologia ambiental, que é definida por uma nova relação com a natureza e com tudo o que constitui o ambiente natural (Guattari, 2011).

Dessa forma, o entrelace entre as três dimensões é a formação de comunidades, de relações que sustentem a vida. Nesse contexto de entendimento sobre as relações, podemos entender as trocas e vínculos como peças-chaves dentro do processo de educação e transformação. Afinal, educar é trazer para fora, é acionar algo de uma pessoa que a torne transformada; é uma ação interativa e dialética realizada entre as pessoas que atuam na sociedade e nela estão inseridas (Moraes, 2003).

Somos ensinados a acreditar que o lugar do aprendizado é a mente, e não o coração. Nós humanos existimos na linguagem, e todo o ser e todos os afazeres humanos ocorrem, portanto, no conversar que na realidade é o resultado do entrelaçamento do emocionar com o linguajar (Maturana, 1998). Afinal, é a partir da emoção que se qualifica uma ação ou comportamento e que se pode transformá-la numa outra ação. Porém, muitos de nós pensamos que o ato de falar de amor com qualquer intensidade emocional será percebido como fraqueza e irracionalidade. E é especialmente difícil falar de amor quando o que temos a dizer chama a atenção para o fato de que sua falta é mais comum que sua presença, para o fato de que muitos de nós não temos certeza do que estamos dizendo quando falamos de amor ou de como expressá-lo (hooks, 2020). O desamor, que contempla o medo e, consequentemente, a separação entre as pessoas, estimula conflitos (Gazzola, 2022). Quando as pessoas vivem separadas por suas diferenças, os conflitos emergem no encontro.

O amor é a emoção que constitui as ações de aceitar o outro como um legítimo outro na convivência. Nesse sentido, só é possível a existência de uma identidade no encontro com a outra (Zacarias, 2021). Portanto, amar é abrir um espaço de interações recorrentes com o outro, no qual sua presença é legítima, sem exigências. O amor não é um fenômeno biológico eventual nem especial, é um fenômeno biológico cotidiano (Maturana, 1998).

No momento em que escolhemos amar, começamos a nos mover contra a dominação e a opressão. Começamos a nos mover em direção à liberdade, a agir de formas que libertam a nós e às pessoas ao nosso redor. Abrimo-nos às relações e buscamos o bem-estar coletivo e não só o nosso (hooks, 2020).

Tendo em vista que as relações são campos naturais de expressão do amor, pode-se dizer que as comunidades têm um papel de destaque nas transformações sociais. Tanto que, bell hooks (2020) coloca que não há lugar melhor para aprender a arte do amor que numa comunidade. Para Sobofu Somé:

> O objetivo da comunidade é assegurar que cada membro seja ouvido e consiga contribuir com os dons que trouxe ao mundo, da forma apropriada. Sem essa doação, a comunidade morre. E sem a comunidade, o indivíduo fica sem espaço para contribuir. A comunidade é uma base na qual as pessoas vão compartilhar seus dons e recebem as dádivas dos outros (2007, p. 35).

Ainda, segundo hooks (2020), é o amor que estabelece as bases para a construção de uma comunidade com estranhos. O amor que criamos em comunidade permanece conosco aonde quer que vamos e podemos levar transformação. Alinhado a esse pensamento, Maturana (1998) diz que para que haja mudança cultural, deve haver uma mudança emocional e, além disso, só há uma mudança cultural genuína se houver uma mudança comportamental genuína das pessoas. Assim, toda mudança social é uma mudança cultural.

3. Metodologia

Este estudo foi realizado por meio de uma pesquisa qualitativa no Projeto Colmeia, em Santo André (BA). Para isso, a partir do desenvolvimento e participação em uma oficina de Letramento Digital junto à comunidade, por um período de 15 dias, foram realizadas entrevistas semiestruturadas com base em Minayo (1992), observação participante com diário de campo e narrativas reflexivas dos pesquisadores.

A observação participante é uma importante estratégia de pesquisa etnográfica concebida para que o pesquisador tenha uma abordagem íntima com determinado tema pelo envolvimento com as pessoas em seu território (Machado, 2019).

Para revisitar reflexivamente a experiência, o desenvolvimento de narrativas reflexivas buscou "fazer um relato, contar a história, do que penso e sinto que eu e os outros estamos fazendo em nossas interações uns com os outros em contextos específicos, e por períodos específicos de tempo" (Stacey; Griffin, 2005, p. 43).

A primeira etapa do trabalho foi a pesquisa bibliográfica, com o objetivo de aprofundamento na definição de amor e como este se relaciona com temas conectados à transformação socioambiental. A segunda etapa da pesquisa consistiu na elaboração de um roteiro para as entrevistas.

A terceira etapa da pesquisa foi o trabalho de campo, que incluiu a condução da oficina de Letramento Digital, observação participante, com diário de campo, e entrevistas semiestruturadas realizadas com as pessoas envolvidas no Projeto Colmeia, sendo realizadas no período de 22 de fevereiro a 19 de março de 2022.

As entrevistas contemplaram voluntários do Projeto Colmeia e pessoas da comunidade. Optou-se por escolher pessoas de diferentes idades e papéis dentro do território, compreendendo os perfis mais diversos nos grupos de interação, para ter diferentes compreensões sobre o amor. Aqui são utilizados pseudônimos para não identificar os cinco participantes entrevistados.

Quadro 1: Perfil dos participantes das entrevistas.
Fonte: (Gazzola, 2022, p. 26).

Pseudônimo	Sexo	Idade	Naturalidade	Etnia	Relação com o projeto
Rita	Feminino	57	São Paulo - SP	Branca	Facilitadora
Marina	Feminino	32	São Paulo - SP	Branca	Facilitadora
Inês	Feminino	47	Belmonte - BA	Preta	Comunitária
Mirabel	Feminino	14	Santa Cruz Cabrália - BA	Indígena	Comunitária
Pedro	Masculino	22	Eunápolis - BA	Preta	Comunitário

As entrevistas foram gravadas e transcritas integralmente para posterior análise, com consentimento dos participantes e assinatura de Termo de Consentimento Livre e Esclarecido (TCLE).

3.1 Território

Para este estudo, foi utilizado o caso do Projeto Colmeia, idealizado em 2021. O Projeto Colmeia está localizado na Vila de Santo André, no município de Santa Cruz Cabrália, a menos de 30 km de Porto Seguro, ao sul do estado da Bahia. A comunidade de Santo André está inserida na Área de Proteção Ambiental (APA) Santo Antônio.

Localizados na região da zona turística Costa do Descobrimento, os municípios de Santa Cruz Cabrália, Porto Seguro, Belmonte e Prado possuem níveis elevados de degradação ambiental, esses ocorridos nos últimos quarenta anos. Na primeira metade do século XX a área manteve-se preservada em razão do isolamento geográfico decorrente da ausência de estradas.

Na APA de Santo Antônio, a complexidade de organização dos ecossistemas naturais, tanto na planície costeira quanto nos tabuleiros costeiros, acentua a fragilidade ambiental da área, que ainda conserva fragmentos dos biomas originais como os manguezais, restinga e Mata Atlântica.

O município de Santa Cruz Cabrália também é demarcado com territórios indígenas, contendo oito aldeias mapeadas pela prefeitura da cidade. Entre as terras demarcadas pelo governo federal, encontra-se a Terra Indígena (TI) Coroa Vermelha e a TI Mata Medonha, ambas reservas indígenas Pataxó.

A crescente atividade turística na região causa impactos negativos para os ecossistemas e às populações locais, tais como: devastação da vegetação primária, tráfico de drogas, marginalização das culturas indígenas, precariedade de infraestrutura urbana, extinção de espécies nativas e descaracterização da arquitetura (Soares, 2016). Apesar dos hotéis, pousadas e *resorts* de luxo à beira-mar em Santo André, a economia do turismo não consegue promover plenamente o desenvolvimento e a melhoria da qualidade de vida da população local.

Vale ressaltar que a simples delimitação das Unidades de Conservação na região não garante a proteção aos ecossistemas locais e o desenvolvimento da comunidade local, uma vez que a região em estudo sofre bastante pressão de grandes incorporadores, em decorrência da expansão da atividade turística predatória na Costa do Descobrimento (Amorim; Oliveira, 2013).

O Projeto Colmeia é um centro de práticas sustentáveis e regenerativas voltado para a educação participativa e desenvolvimento da comunidade local. Um de seus principais objetivos é potencializar a vocação da APA Santo Antônio para o turismo responsável em integração com a natureza, colaborando com a transformação dessa região para que possa servir de referência de turismo regenerativo, inspirando outras localidades do Brasil.

A visão do Projeto Colmeia é promover as potencialidades das pessoas e de seu território, rumo a uma economia regenerativa por meio da promoção de ferramentas, vivências e conhecimento, para que os habitantes da comunidade desenvolvam autonomia sobre seu território e suas relações em direção a uma vida digna a partir da educação. Afinal, as ações do projeto são voltadas para a construção da integridade de bem-viver,[24] gerando bem-estar social, cultural, ambiental e econômico da região da APA Santo Antônio.

As oficinas de capacitação são desenvolvidas conforme a demanda da comunidade por temas de necessidade e interesse. No ano de 2022, foram realizadas as oficinas de Costura e Moda para Sustentabilidade no mês de janeiro, e em março, a oficina de Letramento Digital, na qual a primeira autora foi voluntária e obteve experiências para o desenvolvimento deste trabalho.

A oficina Letramento Digital teve como objetivo incluir a população local na era digital, promovendo autonomia e pensamento crítico para o uso de tecnologias. Essa ação teve muita procura da comunidade.

Durante sete dias, o curso contou com duas turmas diárias com aulas de 2h30min de duração, compostas de pessoas residentes em Santo André, Santo Antônio, Guaiú e Mata Medonha. O maior número de pessoas participantes eram crianças e adolescentes que estavam

24 Conceito aberto, de origem latino-americana, baseado na filosofia dos povos originários que amplia a visão de união entre seres humanos e natureza (Acosta, 2016).

interessados em aprender a usar o computador, já que a maioria deles nunca teve acesso a um, nem nas escolas.

As aulas foram estruturadas por três facilitadoras, a primeira autora deste capítulo e outra voluntária, além da própria idealizadora do projeto. Elas também introduziram conteúdos conectados à questão ambiental, como crise climática e desastres ambientais, sustentabilidade e regeneração, gerenciamento de resíduos e produção de alimentos. Assim, promoveram discussões e trocas livres durante os exercícios.

Além disso, todas as aulas foram criadas ao redor de uma temática que serviu de base para todas as atividades realizadas. Foi escolhido o tema "sonhos" para facilitar a conexão de uma abordagem sistêmica, trazendo perspectivas que incluíam as relações entre o eu, a comunidade e o planeta.

4. Resultados: experiência de atuação no campo das aulas

A experiência no campo foi muito transformadora. A relação entre a natureza e as pessoas locais é perceptível nos relatos de cada um, falando sobre a abundância do território. A relação com a natureza é conectada com a sobrevivência, com a possibilidade de encontrar nela meios para a própria subsistência.

Quando as aulas de fato iniciaram, foi um desafio, o planejamento já não servia mais, sendo necessário improvisar e adaptá-las à realidade de cada turma. Nas duas turmas, as pessoas estavam em diferentes níveis de conhecimento sobre o computador e suas ferramentas, mas para além disso, existia uma grande distância na comunicação entre todos. Como seria possível criar uma relação de troca bilateral? Logo nos primeiros dias, era visível o quanto, principalmente, as mulheres negras e as meninas indígenas eram silenciadas.

Lugones (2014) aponta a questão da interseccionalidade e do quanto as mulheres negras passam por um não lugar ainda mais complexo, por estarem expostas à segregação tanto racial quanto de gênero. Ao entrar em contato com essa realidade na comunidade, era perceptível como essa questão também rebate nas mulheres pardas e indígenas, inclusive a questão indígena traz uma segregação social ainda maior.

A autora, que também atuou na oficina, questionou a si mesma sobre como os papéis sociais atuam dentro das dinâmicas sociais e corroboram para as estruturas de violência que baseiam o sistema. E foi tomada por um sentimento de vigilância sobre a forma com a qual iria abordar a turma e cada pessoa para tornar as aulas um lugar seguro para a expressão de cada um. Não queria perpetuar o pensamento colonial, desmerecer ou invalidar a vivência de outras pessoas. O objetivo era mostrar que aquele era um ambiente seguro.

Levou consigo as definições de amor de Maturana e se respaldou em sua teoria sobre a educação: "Em vez de oferecer instruções do que e como fazer, amar é respeitar o espaço do outro para que ele exista em plenitude" (Maturana, 1998, p. 86).

Durante as aulas, foi a primeira vez que algumas pessoas foram de fato ouvidas e quando a opinião e a voz de cada um importava. Isso a atravessou e a fez refletir sobre a replicação das estruturas sociais, nas quais pessoas que vivem à margem do sistema de dominação não são ouvidas, vistas e respeitadas. Sentia em cada troca o peso dessas estruturas de violência que negavam seu ser e violavam sua identidade, como Lugones (2014) aponta.

As trocas evoluíram para assuntos mais pessoais, mulheres adultas compartilhavam suas dificuldades na vida e contavam suas histórias. As aulas eram também um contexto de acolhimento e diversão. A oficina foi um período intenso de trocas, durante sete dias com encontros diários. Construíram um ambiente de descoberta, escuta, atenção e imaginação. Cada pessoa importava e era vista.

Em outra etapa da jornada, quando o grupo estava mais próximo, no quarto dia (terça-feira), a metodologia foi ampliada dos sonhos individuais para os sonhos em comunidade. Cada um da sua forma, seguiu a mesma linha: necessidades e direitos básicos para uma vida digna. Essa dinâmica utilizou uma abordagem da criação colaborativa de projetos – Dragon Dreaming (Machado; Barbuto; Croft, 2021), para compreender quais eram as reais necessidades e vozes coletivas e individuais da comunidade. As respostas contemplaram ruas asfaltadas, hospital, ambulância, água de qualidade, praças e atividades de lazer.

No fim da oficina, uma das alunas indígenas veio mais cedo, contou à autora que também facilitou a oficina sobre sua história de vida, e, aos prantos, falou sobre o que foi viver o trauma de ser arrancada da sua aldeia junto da família e todo o resto da sua tribo. A aldeia onde viviam foi destruída por um fazendeiro da região. Essa história atravessou a primeira autora profundamente, que pode compreender melhor o quanto às vezes é difícil colocar nossa voz no mundo, quando o trauma vivenciado gera tanta dor.

Com a finalização da oficina de sete dias, ela ainda passou mais de 15 dias no território e pode compreender quem seriam os atores chaves para serem entrevistados.

4.1 Classificação das entrevistas

A pesquisa que deu origem a este capítulo de livro contemplou cinco entrevistados, entre facilitadoras e comunitários de diferentes perfis. Esta seção teve como enfoque as entrevistas com os comunitários, especialmente a participante indígena, que traz na sua vivência a compreensão do amor na comunidade e com a natureza, como Somé aponta em seu livro (2007).

As entrevistas foram realizadas seguindo os temas propostos nos objetivos deste trabalho. São abordadas as definições e percepções sobre o que é amor, e como ele se dá em relação à comunidade e à natureza. Seguindo o pensamento ecosófico de Guattari (2011), iremos discutir e investigar o amor expresso nas formas como as pessoas interagem entre si, com o meio físico e consigo mesmas. Sendo assim, as análises foram feitas em blocos, começando pela definição da palavra e finalizando com a ética do amor dentro do Projeto Colmeia.

Aprender a amar é uma construção cotidiana, que só assumirá sentido na ação (hooks, (2021). Isso significa que precisamos encontrar a definição de amor e aprender a praticá-lo. Saber nomear o que é amor, a condição para que ele exista de fato, saindo do imaginário para a ação. Por isso, bell hooks (2021) define o amor como uma ação, e nunca somente um sentimento ou emoção.

Nossa confusão em relação ao que queremos dizer quando usamos a palavra "amor" está na origem da nossa dificuldade de amar, segundo hooks (2020), e podemos observar isso na fala abaixo.

> "Amor a gente pensa mais em relação, em namoro, essas coisas... mas isso é o que mais vem na cabeça [...] aí, é um carinho, um respeito, uma atenção, a pessoa gostar de ter você por perto, de conversar com você, você saber lidar com as pessoas acho que é uma forma de amor. O respeito principalmente" (Pedro).

Nessa resposta, o amor é visto de uma perspectiva de ligação de afeto, o que é predominante na sociedade ocidental, bell hooks (2021), afirma que, em nossa cultura, muitas pessoas não sabem o que é o amor.

Abaixo, podemos ver mais uma definição de amor, da menina indígena habitante da TI Mata Medonha. A percepção dela é mais ampla, relacionando o amor como uma troca, algo mais sublime que toca os seres humanos:

> O amor é uma coisa especial que o ser humano sente de todas as formas e atitudes, o jeito da pessoa falar com a outra. O amor é inexplicável, quando a pessoa quer dar o carinho é tudo de bom. Então, a pessoa se sente bem porque se sente acolhida, se sente ótima ali e através daquilo que ela recebe, ela pode dar também. Isso é o amor para mim (Mirabel).
>
> [...] o amor não se trata de ignorância. Isso não é amor, porque não é o bem do próximo [...] vou colocar você num exemplo. Você me vê ali toda na origem na minha cultura e aí eu tô falando em Patxohã, e você não vai entender nada, aí a primeira coisa, as pessoas más e que são ignorantes passam e a primeira coisa que elas vão falar é que é macumba [...] E a pessoa vem de lá sabe onde para ficar julgando o que não sabe. Isso é ignorância para mim e isso não é amor (Mirabel).

Nessa direção, o amor se conecta com o coletivo, como fundamento que baseia as relações sociais. Para bell hooks (2021), quando o amor está presente, o desejo de dominar e exercer não pode coexistir. O amor sempre nos moverá para longe da dominação em todas as suas formas. Assim, o amor sempre nos desafiará e nos transformará.

4.2 O amor na prática

Nas entrevistas foi investigada a percepção de cada pessoa dentro das relações que mantêm e que consideram existir algum tipo de afeto, sem distinção entre relações românticas, familiares, comunitárias ou de amizade.

Nessas percepções observa-se mais facilmente que o amor abrange não só o cuidado, mas outros ingredientes como bell hooks (2021) cita em seu livro. No trecho abaixo, Pedro relata relações de amizade, às quais acredita não existir amor, porém quando é indagado para descrever em palavras o que cultiva nessas relações, se dá conta que esses ingredientes definem a sua percepção de amor.

> [...] são poucas amizades que eu tenho [...], mas são muito boas. São pessoas que eu gosto, que eu confio... dá para a gente conversar sem problemas, sem pensar no que vai falar, são pessoas que eu gosto [...] o amor eu não creio assim muito amor, são mais amizades de longo tempo, mas amor mesmo acredito que não. É mais isso, posso ser quem eu sou, sem pensar o que vai dizer, são pessoas de confiança, que a gente pode confiar, pode conversar. Eu sou quem eu sou com eles [...] A gente se cuida bem um com o outro. Com respeito, carinho que um tem pelo outro, isso para mim é cuidado, forma de cuidar, cuidar assim da relação que a gente tem, da amizade. Isso inclui o amor, né? (Pedro).

Na perspectiva de Mirabel, a definição de amor é expandida e se conecta com a colaboração, em que o amor é vivido em comunidade (Somé, 2007), num lugar de trocas, divertimento e celebração. É quando as pessoas interagem e experienciam momentos juntos, e se sentem acolhidas e respeitadas. Sua visão reflete como a comunidade tem papel importante na manutenção afetiva.

> [...] a primeira vez que eu, minha mãe e meu pai, e toda a minha família, a gente foi pescar de canoa pelo rio e nós acampamos três dias no rio. Assamos peixe, brincamos, e eu subia nas árvores [...] a gente saia explorando, isso foi mais marcante porque foi tudo junto, todo mundo unido e muitas das vezes a gente chamava os amigos também para ir junto [...] acontece tudo de bom ali, não acontece nada de ruim ali [...] quando a gente chamava os amigos, um ajudava os outros [...] (Mirabel)

4.3 Relação comunitária: percepções de Santo André e Mata Medonha

Para iniciar a análise, abordamos aqui o desamor, este que contempla o medo e, consequentemente, a separação entre as pessoas

(Gazzola, 2022). Quando as pessoas vivem separadas por suas diferenças, os conflitos emergem no encontro das diferenças.

Na aldeia indígena, a percepção ressalta a colaboração que existe na comunidade e evidencia a diferença que existe nas relações dentro e fora da aldeia. A comunidade indígena é unida, existe uma troca entre as pessoas que moram lá, baseada na ajuda mútua e na solidariedade, sendo princípios básicos do amor.

> [...] eu fui lá em Cabrália. Aí eu fui lá, vi uma mulher colocando um menininho para fora da casa e eu não sabia o porquê, né? [...]. E isso é estranho porque na comunidade quando nós vemos isso, a primeira coisa que a gente faz é ir ajudar, nós podemos fazer isso para ajudar uns aos outros. E fora não. Nós temos que olhar e abaixar a cabeça e seguir em frente porque não podemos fazer nada. [...]. E lá na comunidade não. Nós podemos ir ver o que tá acontecendo, o que nós pudermos ajudar, nós vamos ajudar, e se não puder fazer nada a gente não faz. E as pessoas entendem, e chegam junto pra ajudar, se for o caso (Mirabel).

Podemos observar que existe uma confiança nas relações na aldeia, que promovem liberdade para criar intimidade. Nesse sentido, é como se na comunidade existisse uma grande família, conceito que Sobonfu Somé (2007) traz em seu livro, assim não existe restrições e as pessoas da comunidade podem fazer intervenções na família nuclear. A família se torna mais ampla e abrange toda a comunidade.

Nessa perspectiva, Mirabel também fala sobre sua percepção de união da comunidade. Em que a busca pelo bem-estar coletivo promove a organização comunitária em procura dos seus direitos e justiça.

> [...] quando a gente luta todo mundo junto, toda aldeia, toda comunidade, quando a gente quer uma coisa, nós vamos e todo mundo enfrenta. Foi legal quando todo mundo foi na prefeitura, a gente ficou dois dias lá, nós dormimos lá. Interessante que foi um momento difícil e bom, divertido porque quem dormia primeiro, a gente passava coisa no rosto dos outros e ficava tirando foto e fazendo vídeo, então, não foi só ruim (Mirabel).

Nesse mesmo sentido, bell hooks (2021) afirma que na sociedade hoje, só agimos contra a dominação quando sentimos o nosso próprio interesse diretamente ameaçado. Portanto, o desejo não é de uma transformação social coletiva, do fim da política de dominação, mas simplesmente um fim daquilo que percebemos que está nos prejudicando. A autora reitera que por isso precisamos desesperadamente de uma ética do amor para intervir no nosso anseio egocêntrico por mudança.

Pedro, no trecho abaixo, também enfatiza a falta de respeito, na qual as pessoas não aceitam a diferença entre elas. Além disso, ambos falam sobre a dor da não escuta. Sobre não se sentirem vistos, escutados e acolhidos por suas opiniões. Isso reflete na falta de comprometimento das pessoas com o bem-estar coletivo e desencorajamento das pessoas que venham a realizar algo a nível comunitário:

> Aqui, sinceramente, as pessoas são muito bagunçadas. Não tem muito respeito com as outras, por isso que as amizades são poucas. Não tem um respeito, um carinho pelo outro. São poucos que você vê que têm carinho pelo outro, que tem respeito, mas são poucas as pessoas assim (Pedro).

Ele explicita que não há facilidade para amar ou se ter compaixão quando as formas de viver e caminhar na vida são diferentes. O relato aponta para um individualismo e falta de cuidado com o outro, incapacidade de se colocar no lugar de outra pessoa e de perceber outras realidades. Na sua percepção, o desencontro faz com que prevaleça o desamor (Gazzola, 2022), e assim, a comunicação não exista entre as pessoas.

A visão de Pedro reflete a cultura narcísica, na qual a ganância e a exploração baseiam nossas relações. Capra (2006) aponta que se olharmos para a cultura industrial ocidental, veremos que enfatizamos em excesso as tendências autoafirmativas e negligenciamos as integrativas. Assim, nossa cultura nos leva a sustentar valores como expansão, competição e dominação, que são base para sistemas de repressão como patriarcado, colonialismo e capitalismo.

Cabe compreender que as dores com relação ao amor vêm dos sistemas de dominação coletivos que atuam por meio do medo e da separação. A origem dos conflitos, muitas vezes, não é entre os comunitários, mas vem de uma dor comum, originada pelo processo de gentrificação e afastamento, com perda de direitos sociais, a partir da entrada do capital.

Como abordado na caracterização do território, a especulação imobiliária e a ocupação desordenada de espaços na faixa costeira do município de Santa Cruz Cabrália estão diretamente ligadas ao desenvolvimento do território. Além disso, a crescente atividade turística na região causa impactos negativos para os ecossistemas e as populações locais (Soares, 2016). Diante disso, é importante compreender o enfrentamento, como a comunidade se apoia de muitas formas como contraponto. Isso pode ser visualizado na prática ao longo das oficinas realizadas por meio de observação participante.

4.4 Relação com a natureza: percepção de integralidade

A crise de percepção, como diz Capra (2006), e a consequente crise sistêmica em que vivemos, baseada no contínuo crescimento econômico, nos levou a romper com o equilíbrio climático alcançado pelo planeta Terra há 11 mil anos. A visão antropocêntrica dominante considera o ser humano como superior, separado da natureza e acima dela. Como explica Salón (2019), o antropocentrismo considera que a natureza pode ser explorada e transformada em benefício humano.

Porém, quando analisamos cosmovisões marginalizadas pela visão eurocêntrica, podemos ver uma percepção diferente de relação com a natureza. Na percepção dos povos originários, os referenciais para uma vida digna são as relações em comunidade e a relação harmoniosa com a natureza. Como podemos ver no trecho abaixo, Mirabel relata sua conexão com a natureza, a qual diz senti-la.

> Eu consigo sentir a natureza [...] Sempre quando eu tô na mata eu consigo ter calma, ter paciência, aprender várias coisas ali durante minutos ou segundos se for possível, mas é possível, né? E quando você ouve ela é muito ótimo, é incrível. Porque o silêncio, o barulho dos pássaros, os macacos... e eu vi os macacos! Eles são raros de aparecer por lá, mas eles sempre gritam longe e nunca chegam perto do ser humano, mas eles chegaram perto de mim. Eu estava na mata, olhei assim para cima, bem quieta e vi eles comendo umas frutas. Interessante que eles não comiam para machucar o caroço (Mirabel).

Quando perguntada sobre como via o amor na sua relação com a natureza, a jovem indígena fala que se sente acolhida e recebida pela natureza. Ela diz manter uma relação de troca, de diálogo e escuta, na qual se sente apoiada e realizada. Na sua percepção, todos os seres são dotados de consciência, cada espécie vê a si mesma e a outra a partir da sua perspectiva.

> O jeito que ela me recebe, eu acho que ela me sente também, eu acho que ela me sente sim. Porque desde pequena sempre gostei de tentar me comunicar bastante, bastante mesmo, com a natureza. E às vezes eu consigo, às vezes não porque ela está ocupada, a mãe natureza, a mãe da mata. Porque ela também luta pela vida. Então, eu e a natureza temos muita coisa. Quando eu saía triste, ela me recebia bem e me deixava calma, com o canto dos pássaros. Como eu disse, só parar para escutar ela, é uma coisa incrível e muito inexplicável. Porque é uma coisa legal que se sente, sente tudo de bom ali na hora [...] (Mirabel).

A relação entre todos os seres do planeta pode ser encarada como uma relação social, como afirma Acosta (2016). Na perspectiva do "Bem Viver", viver em aprendizado e convivência com a natureza, nos faz reconhecer que somos parte dela.

Já na "ética de dominação", prevalecem os valores autocentrados, na qual existe uma obsessão pelo poder. O materialismo cria um mundo de narcisismo, no qual o foco da vida é apenas comprar e consumir, como aponta bell hooks (2020). A autora diz que experimentamos uma intensa carência emocional e espiritual em nossa sociedade, criando terreno fértil para o consumo desenfreado.

> Tem algumas pessoas que parece que o coração ainda está bem fechado. Não recebe coisas boas para tentar refrescar a mente, não consegue sentir a natureza, só quer destruir, mas não sente ela, não para para ouvir o ar, o vento, o mar... e então, só quer ficar com a cabeça bastante ocupada. E isso é um estresse. Para mim é como uma doença, né? Porque além deles estarem se matando por causa disso, aí não atinge só eles, atinge as outras pessoas ao redor também (Mirabel).

Fica evidente para Mirabel o quanto pessoas afastadas do seu coração, ou do seu sentir, têm dificuldade em perceber a interconexão e interdependência da vida. Ao mesmo tempo, ela percebe uma desconexão do próprio ritmo e significado da vida, e relata não compreender as dinâmicas sociais violentas de autodestruição.

Starhawk (2018) aponta que existe uma semelhança entre as milhares de culturas indígenas ao redor do mundo. Todas as culturas têm algum tipo de relação com o que chamamos de espírito, algum tipo de relação com uma percepção e uma conexão emocional mais profunda com a vida, o planeta e a teia da vida do que somente o quantificável e mensurável. Ou seja, existe o entendimento de que os seres humanos não são separados da natureza e do resto do mundo, o que há, "é um contínuo e um fluxo de consciência que atravessam o próprio mundo e a própria Terra. Os seres humanos fazem parte desse mundo natural" (Starhawk, 2018, p. 55).

Battson (2020) complementa essa visão apontando que o amor humano é uma emoção crucial na formação de relacionamentos positivos de cuidado. Porque, quando se trata de cuidar, conservar, preservar e tornar próspera a vida na Terra, o amor é uma motivação forte para a ação. Portanto, o amor como doação, reciprocidade e mutualismo expressos em termos de cuidado, serve para resistir ao sistema de dominação e exploração da natureza.

4.5 Ética do amor dentro de projetos regenerativos

Neste último bloco de análises das entrevistas, foi refletida a percepção das pessoas em relação ao Projeto Colmeia. Tendo em vista que o amor transpassa todas as relações que mantemos, conscientemente ou não, é discutido como a ética do amor pode estar presente dentro de projetos que promovem educação baseada na regeneração. Dentro do Projeto Colmeia, as ações experienciadas foram focadas no aprendizado, com o propósito de trocar conhecimento e começar a construir uma relação com as pessoas da comunidade.

> Me senti acolhida lá no Projeto Colmeia, me senti muito acolhida ali viu, me senti como se tivesse nos braços da minha mãe e ela me abraçasse assim (Inês).

Observando o espectro social que se reflete nas relações na comunidade, é notada a mudança do jovem comunitário quando relata sua transformação pessoal quanto à interação com a comunidade e o que ele percebe de modificação nessas relações, quando perguntado sobre seu envolvimento com o Projeto Colmeia:

> Não me envolvo muito com a comunidade, agora que tô me envolvendo [...] porque nem todo mundo pensa assim, cada um no seu mundinho, cada um com sua cabeça, cada um só vale o que acha, por isso que é assim. Mas tá mudando, agora as pessoas estão escutando mais do que falando (Pedro).

Agora o entrevistado mantém uma relação com as pessoas com as quais antes não dialogava ou convivia de forma mais próxima. Assim, ressalta que as pessoas da comunidade estão mais abertas e seguras para se expressarem e serem ouvidas, apesar de todo histórico de gentrificação e opressão sofrido por aquele território.

Exercer a ética do amor requer que se coloque em prática os valores nos quais acreditamos como indivíduos. Assim, praticar a ética do amor implica em:

> Escolhermos trabalhar com pessoas que admiramos e respeitamos, nos comprometermos a nos entregar inteiramente em nossos relacionamentos e abraçarmos uma visão global em que vemos nossa vida e nosso destino como intimamente ligados aos de todas as outras pessoas do planeta (hooks, 2020, p. 124).

Como Somé (2007) aponta, o amor ao próximo começa a aflorar então no entendimento dos processos que geram o fenômeno existencial da consciência de si, numa expansão dos impulsos naturais de altruísmo comunitário, precisamente como a condição necessária do social, e não como uma imposição de uma supranatureza diferente da nossa.

5. Considerações finais

Após muitas pesquisas bibliográficas, vivências em campo e análises, esta pesquisa encerra um ciclo. Foi um processo de descoberta interna e externa, uma teia de jornadas que foram costuradas.

A primeira autora adentrou o território de Santo André (BA) sem nenhum conhecimento prévio sobre a região, apenas com o intuito de aprender na prática e escutar cada história daquele pedaço de terra. E no final da jornada, percebeu a real dimensão de pesquisar um tema tão amplo e subjetivo como o amor. Estar imersa no território a fez ter uma maior compreensão das histórias que são contadas ali, além de ser uma oportunidade de construir relações e se envolver de forma mais profunda com as pessoas da comunidade, para falar de um tema tão complexo quanto o amor.

Nessa perspectiva, uma mudança de paradigma rumo à construção de culturas regenerativas demanda projetos que visem à regeneração do planeta e se orientem para uma transformação de visão de mundo. E o amor é capaz de ser esse "fio condutor".

Para além do amor romântico, resgatar a ética do amor, na sua compreensão mais ampla e comunitária como apontam hooks, Somé e Maturana, é fundamental quando se fala em construir relações, superar conflitos e respeitar as diferenças. Esses aspectos se conectam com a justiça e liberdade que buscamos para subverter os sistemas de dominação, e, nesse sentido, é essencial quando temos em mente a organização de comunidades.

Analisando as relações e vivências que se deram no Projeto Colmeia, é visto que as dinâmicas sociais espelham uma realidade vivida em cada canto do Brasil. Por isso, a investigação sobre as causas do desamor transcende problemas ou conflitos particulares e situações individuais, elas refletem os sistemas de dominação e exclusão que estão no poder na nossa sociedade e que se perpetuam por séculos esmagando minorias, gerando marginalização e a separação de pessoas.

Tal qual a exploração e depredação do território, as pessoas que compõem esse, sofrem com a mesma dominação, sendo as relações o campo onde os conflitos refletem as dinâmicas relacionais baseadas no poder e no medo.

Se sonhamos com mudanças socioambientais, a reconexão com a natureza é parte do processo e a ética do amor pode ser um caminho. Afinal, sentir-se parte da natureza vai além do que podemos pensar. Essa conexão é algo além do mensurável e lógico, permeia o sentir, as subjetividades, o sagrado e os mistérios da existência. Assim, a conexão com a natureza é uma conexão de amor, a qual se liga a uma esfera mais sutil e profunda sobre a vida, a esfera espiritual.

Reafirmamos como a educação tem atribuição especial dentro do processo de resgate do amor e concepção da ética do amor. Na nossa percepção, a educação e o amor juntos fazem com que cada pessoa desabroche como uma flor e coloque seus dons no mundo rumo à criação de novos futuros.

Referências bibliográficas

ACOSTA, A. **O bem viver**: uma oportunidade para imaginar outros mundos. Tradução Tadeu Breda. São Paulo: Autonomia Literária: Elefante, 2016.

AMORIM, R. A.; OLIVEIRA, R. C. **Zoneamento ambiental, subsídio ao planejamento no uso e ocupação das terras da Costa do Descobrimento**. Revista Mercator, Fortaleza, v. 12, n. 29, p. 211-231, set./dez. 2013. Disponível em: http://www.mercator.ufc.br/mercator/article/download/772/519. Acesso em: 20 maio 2022.

BATTSON, G. **Fluminismo**. Málaga: Ediciones del Genal, 2020.

CAPRA, F. **A teia da vida**: uma nova compreensão científica dos sistemas vivos. Tradução Newton Roberval Eichemberg. São Paulo: Cultrix, 2006.

EISENSTEIN, C. **O mundo mais bonito que nossos corações sabem ser possível**. Tradução Fábio Marinho e Tônia Van Acker. São Paulo: Palas Athena, 2016.

GAZZOLA, G. P. **O resgate do amor como processo gerador de transformações socioambientais em projetos regenerativos**. Trabalho de Conclusão de Curso (Especialização em Educação para a Sustentabilidade) - Universidade Federal de Alfenas, Varginha, 2022.

GUATTARI, F. **As três ecologias**. Tradução Maria Cristina F. Bittencourt. 21. ed. Campinas: Papirus, 2011.

HOOKS, b. **Tudo sobre amor**: novas perspectivas. Tradução Stephanie Borges. São Paulo: Elefante, 2020.

______. **O amor como ato de liberdade**. Tradução Thiago Pinho. Anãnsi: Revista de Filosofia, Salvador, v. 2, n. 2, 2021. Disponível em: https://www.revistas.uneb.br/index.php/anansi/article/download/13356/9361/. Acesso em: 30 maio 2022.

LUGONES, M. **Rumo a um feminismo descolonial**. Revista Estudos Feministas, Florianópolis, v. 22, n. 3, p. 935-952, set./dez. 2014. Disponível em: https://periodicos.ufsc.br/index.php/ref/article/view/36755/28577. Acesso em: 25 jul. 2022.

LUNA, L. E. **Biosfera, antropoceno e animismo ameríndio**. Rio de Janeiro: Dantes, 2021. (Cadernos SELVAGEM).

MATURANA, H. **Emoções e linguagem na educação e na política**. Tradução José Fernando Campos Fortes. Belo Horizonte: Editora UFMG, 1998.

MACHADO, G. C. X. M. P. **Saneamento ecológico**: uma abordagem integral de pesquisa-ação aplicada na comunidade caiçara da praia do Sono em Paraty. 2019. Tese (Doutorado em Psicossociologia de Comunidades e Ecologia Social) – Instituto de Psicologia, Universidade Federal do Rio de Janeiro, Rio de Janeiro, 2019.

MACHADO, G. C. X. M. P.; BARBUTO, L.; CROFT, J. D. **O método colaborativo aplicado na pesquisa-ação**: contribuições do Dragon Dreaming na incubação social do saneamento ecológico. Democracia, Ciência e Tecnologia: aprofundando as contribuições sobre a incubação em economia solidária, Brasília, DF, v. 4, n. 1, 2021. Disponível em: https://periodicos.unb.br/index.php/cts/article/view/30463/31362. Acesso em: 25 fev. 2022.

MINAYO, M. C. S. **O desafio do conhecimento**: pesquisa qualitativa em saúde. São Paulo: Hucitec, 1992.

MORAES, M. C. **Educar na biologia do amor e da solidariedade**. Petrópolis: Vozes, 2003.

MOSCOVICI, S. **Natureza**: para pensar a ecologia. Tradução Maria Louise Trindade Conilh de Beyssac e Regina Mathieu. Rio de Janeiro: Mauad, 2007. (Coleção Elcos).

RÖHRS, V. **Educação ambiental, paisagem e ecosofia**: o afeto que surge de encontros. Revista Revbea, São Paulo, v. 15, n. 5, p. 345-364, 2020. Disponível em: https://periodicos.unifesp.br/index.php/revbea/article/view/10666/7973. Acesso em: 14 dez. 2021.

SALÓN, P. **Alternativas sistêmicas**: bem viver, descrescimento, comuns, ecofeminismo, direitos da Mãe Terra e desglobalização. Tradução João Peres. São Paulo: Elefante, 2019.

SOARES, M. A. Porto Seguro – Bahia – Turismo Predatório e (in)sustentabilidade social. **Revista GeoGraphos**, Alicante, v. 7, n. 87, p. 1-25, jun. 2016. Disponível em: https://rua.ua.es/dspace/bitstream/10045/56734/1/GeoGraphos_IVPYDES_22.pdf. Acesso em: 23 abr. 2022.

SOMÉ, S. **O espírito da intimidade**: ensinamentos ancestrais africanos sobre maneiras de se relacionar. São Paulo: Odysseus, 2007.

STACEY, R. D.; GRIFFIN, D. **A complexity perspective on researching organizations**: Taking experience seriously. London: Routledge, 2005.

STARHAWK, M. **Magia, visão e ação**. Revista do Instituto de Estudos Brasileiros, São Paulo, n. 69, p. 52-65, abr. 2018. Disponível em: https://www.revistas.usp.br/rieb/article/view/145633. Acesso em: 19 jan. 2022.

ZACARIAS, L. S. **Amefricanizando o amor**: Diálogos entre bell hooks e Lélia Gonzalez. 2021. Dissertação (Mestrado em Direitos Humanos e Cidadania) – Universidade de Brasília, Brasília, DF, 2021. Disponível em: https://repositorio.unb.br/handle/10482/42317. Acesso em: 16 jul. 2022.

CAPÍTULO 10

TURISMO CRIATIVO COMO CATALISADOR DE CULTURAS REGENERATIVAS: CONTRIBUIÇÕES DO ESTUDO DE CASO DO PLANO DE TURISMO CRIATIVO DO RECIFE (PE)

Larissa Almeida e Fabrício Casarejos

1. Introdução

O pensamento ocidental, baseado em uma visão reducionista e mecanicista, tem levado ao esgotamento dos recursos do planeta devido ao consumo excessivo. Para reverter essa situação, especialistas defendem a adoção de uma visão de mundo regenerativa, que vai além das ações sustentáveis. Essa é uma perspectiva necessária inclusive no turismo.

O turismo tradicional é visto como prejudicial à sustentabilidade e regeneração, pois consome muitos recursos naturais, explora comunidades locais, altera a cultura e concentra os lucros nas mãos de grandes empresas. Apesar disso, o turismo tem o potencial de contribuir para a regeneração, pois é uma atividade multidisciplinar, relacional e transetorial, o que significa que mudanças na forma como o turismo é desenvolvido podem ter efeitos positivos em várias áreas. Nesse contexto, o turismo criativo surge como uma alternativa promissora. De acordo com Almeida (2020) e Richards (2014) essa nova abordagem é baseada na cocriação de experiências entre viajantes e anfitriões, em que ambos são impactados e levam consigo essas impressões transformadoras para suas realidades originais, influenciando outras pessoas.

Considerando a interdisciplinaridade do turismo e seu potencial transformador nas pessoas e realidades, o turismo criativo pode(ria) ser uma plataforma para práticas regenerativas?

A fim de discutir essa questão, o presente artigo parte de uma pesquisa qualitativa, exploratória, com estudo de caso do Turismo Criativo em Recife (PE), que se destaca no desenvolvimento dessa modalidade, com uma política pública específica, o Plano de Turismo Criativo do Recife.

Além de governança e redes que promovem a troca de experiências, o processo de desenvolvimento dessa política pública foi baseado em princípios de participação ativa, aprendizado e fortalecimento da dimensão social na comunidade, resultando em práticas que geram resultados em diversas dimensões.

Assim, a partir dessa experiência, com base na análise documental do Plano de Turismo Criativo do Recife e na experiência da pesquisadora que compõe a autoria do presente capítulo, este estudo busca identificar as conexões entre o turismo criativo e o design regenerativo, além de entender as características do turismo criativo que podem promover culturas regenerativas.

2. Objetivos

O objetivo geral deste estudo é identificar as sinergias entre o turismo criativo e o design regenerativo, analisando as relações entre pessoas, recursos e resultados no processo de desenvolvimento e implementação do Plano de Turismo Criativo de Recife (PE). Os objetivos específicos incluem mapear os atores, recursos e resultados desse processo, destacar as relações entre eles, caracterizar o turismo criativo em Recife e identificar as sinergias entre o turismo criativo e o design regenerativo.

3. Metodologia

Trata-se de um estudo de caso sobre o processo de elaboração do Plano de Turismo Criativo do Recife de 2019 a 2021 (Seturel, 2018), analisando-o à luz das práticas regenerativas. A análise foi baseada em revisão bibliográfica e coleta de dados por meio de pesquisa documental, incluindo o plano de turismo criativo, relatórios e atas de reuniões e também na observação participante, uma vez que a primeira autora é parte ativa do processo (Cellard, 2012; Oliveira; Oliveira, 1983, Haguette,1987).

Foram identificadas características de sistemas regenerativos, como colaboração, diversidade, resiliência, mudança, aprendizagem e adaptação, e exploradas as relações entre o turismo criativo e o design regenerativo, buscando pistas para tornar a prática mais efetivamente regenerativa (Wahl, 2020). Esse processo gerou o quadro abaixo, que orientou as análises de conteúdo (Bauer; Gaskell, 2005).

Quadro 1: categorias de análise. Fonte: elaborado pelos autores, 2022.

Características do sistema regenerativo (Whal, 2020; Reed, 2006; Gibbons, 2020)	**Elementos da dinâmica relacional regenerativa** (Orr, 2004; hooks, 2021)	**Dimensões da Regeneração** (Gaia Education, 2018, 2022)
Colaboração	Carinho	Visão de mundo
Diversidade	Afeição	Dimensão social
Resiliência	Reconhecimento	Dimensão ecológica
Mudança	Compromisso	Dimensão econômica
Aprendizagem	Respeito	
Adaptação	Confiança	
	Honestidade	
	Comunicação aberta	
	Empatia	

4. Referencial teórico

4.1 Dinâmica amorosa, empatia e criatividade

A perspectiva regenerativa entende a vida na Terra como um sistema autopoiético, no qual os processos transformacionais manifestam a essência e o potencial únicos de cada comunidade. O objetivo último da abordagem regenerativa é ofertar um sistema de valores capazes de orientar as intenções e ações que resultem em sistemas prósperos e férteis, em que o ser humano se perceba também natureza e atue integrado ao fluxo segundo os princípios da natureza de totalidade, adaptação e relacionamento (Reed, 2006; Wahl, 2020; Gibbons, 2020).

Segundo Gibbons (2020) para que a perspectiva regenerativa se estabeleça como *modus operandi* padrão da sociedade é preciso lidar com questões internas e externas. Os aspectos internos dizem respeito ao intangível: visões de mundo, paradigmas e a capacidade de transcendê-los, crenças, valores, pensamentos, emoções, desejos, identidades e espiritualidade; e os aspectos externos são expressões dos aspectos internos e passíveis de observação como: políticas, estruturas de governança, mercados econômicos, ambiente construído e ecossistemas. O autor explica que os aspectos externos refletem os aspectos internos e que estes é que são os "pontos de acupuntura" para transformar o sistema de forma duradoura. De fato, "eu" ajo de acordo com o que acredito, então, só mudando "meu" sistema de crenças para mudar "minha" forma de agir.

Um obstáculo à transformação regenerativa é o autocentramento, cada pessoa está focada em si, suas ideias, seus desafios pessoais e direitos individuais. É preciso, dessa forma, ampliar a visão para incorporar o outro às nossas considerações, mas isso não vem de um lugar puramente analítico, as transformações efetivas passam por aspectos que tocam a subjetividade. Orr (2004) indica que as soluções para os desafios do nosso tempo demandam o uso de forças como a sabedoria, compaixão, empatia e amor.

Para hooks (2021) o amor é o afeto motriz que engloba carinho, afeição, reconhecimento, respeito, compromisso e confiança, também honestidade e comunicação aberta. Para cocriarmos uma realidade regenerativa é necessário que nos relacionemos pautados por uma ética amorosa em que todas essas dimensões do amor estejam inseridas. Amor não é apenas um conceito, é sobretudo ação. É no movimento de se relacionar que os sentimentos se constroem. Quanto mais nos relacionamos segundo a ética amorosa, mais aprendemos a amar e nos responsabilizamos pelas nossas ações e afetos num processo de retroalimentação do sistema.

Assim como o amor, a empatia é componente central para a construção de sistemas regenerativos, pois nos possibilita integrar as múltiplas perspectivas ao reconhecer e respeitar a subjetividade e a ação "do outro", entendendo que ela é tão valiosa quanto a nossa. A partir do entendimento "do outro", ampliamos o campo de visão para um nível além de si mesmo, olhando para a complexidade das questões contemporâneas, ao mesmo tempo em que temos a possibilidade de estabelecer relações pautadas por afetos (Gaia Education, 2018; Pedwell, 2012). O afeto é ignição, ele estimula o pensamento e a ação.

A transformação começa no ser, mas precisa se ampliar de modo a reverberar no máximo de seres e integrar as múltiplas perspectivas. Para haver transformação é preciso haver convergência em torno de um propósito comum que possibilite imaginar o que se deseja para então cocriar essa possibilidade. Na troca com o outro, "eu" cocrio "meu" repertório e cocriamos o nosso futuro. Segundo Howkins (2010) para existir criatividade e inovação, ou seja, elaborar outras formas de ver, pensar e agir, é preciso uma ecologia criativa na qual o foco não é a forma e a estrutura, mas sim as relações a partir das quais um grupo diverso de pessoas se expressa de forma criativa, sistêmica e adaptativa, em um processo de retroalimentação.

Toda essa experiência amorosa de integração das perspectivas pode ser percebida na vivência do interser, e uma forma potente de vivenciá-la é por meio da expressão da criatividade pela arte. A arte permite a conexão consigo; ao mesmo tempo, permite a autoexpressão de forma ampla e a conexão com "os outros" sem precisar, necessariamente, da linguagem convencional. A "arte fala" a partir da emoção, conecta a partir do que há de mais genuíno nas pessoas. As pessoas se engajam no que é divertido e leve, de modo que as atividades artísticas são formas potentes de estimular a transformação em níveis mais profundos (Gaia Education, 2022).

A experiência turística pode ser uma ótima oportunidade para as pessoas, mesmo aquelas menos abertas a novidades, vivenciarem uma prática criativa, artística. Quando decide sair de sua rotina, do seu local de moradia, do que lhe é familiar, o turista está, naturalmente, mais propenso a novas experiências. Mas para ter um impacto positivo, o turismo precisa ser pensado como plataforma de integração entre visitante e visitado.

4.2 Turismo criativo

Quando o turismo não é desenvolvido de forma responsável, causa impactos severos sobre o ecossistema. É preciso lembrar que os destinos não são produtos, são lares de pessoas, berços culturais e ecossistemas naturais que sofrem com os grandes fluxos. O processo se repete em vários lugares do mundo e faz parte do fenômeno da "globalização do turismo": primeiro, um lugar remoto é "descoberto", a notícia se espalha, guias turísticos passam a indicar o local e uma onda de viajantes começam a ir para lá. Quando esse processo ocorre sem planejamento e infraestrutura adequada (quase sempre), os impactos são graves para os moradores: lixo acumulado, rede de serviços básicos como água, esgoto e energia insuficientes, aumentos dos preços de produtos básicos e grandes operadoras de fora do local, muitas vezes estrangeiras, se apropriam do dinheiro gerado, além das alterações culturais que são causadas na comunidade (Leite, 2017; Araújo, 2016).

Entretanto, o turismo também é uma atividade com potencial transformador, pois além de impactar econômica e socialmente diversos setores produtivos direta e indiretamente, é um espaço social para exercício de empatia e aprendizagem intercultural. Para tanto, é preciso questionar o que existe e elaborar práticas turísticas mais responsáveis que inspirem reflexões transformadoras, sobretudo nos viajantes. Uma dessas práticas é o turismo criativo, que surgiu no início do século XX como reação ao turismo cultural de massa e inspirado pela demanda dos viajantes por atividades turísticas mais participativas e significativas. Foi definido inicialmente por Richards e Raymond como:

> [...] o turismo que oferece aos visitantes a oportunidade de desenvolver seu potencial criativo através da participação ativa em cursos e experiências de aprendizagem que são característicos do destino de férias onde são realizados (Richards; Raymond, 2000, p. 19).

A dinâmica do turismo criativo, baseada nos recursos do local, no engajamento da comunidade, no equilíbrio de interesses entre anfitriões e visitantes e em atividades de pequena escala, possibilita o surgimento de uma abordagem inovadora para o estabelecimento de um novo paradigma no desenvolvimento do turismo. É um contraponto ao modelo tradicional de turismo que opera com práticas insustentáveis e muitas vezes apresenta resultados depreciativos do território, como a gentrificação dos espaços e a mercantilização do patrimônio cultural (Duxbury; Richards, 2019; Remoaldo *et al.*, 2020).

Sergio Molina (2011), em seu livro *Turismo Creativo: el fin de la competitividad*, apresenta o Turismo Criativo como uma estratégia de desenvolvimento local baseada na participação comunitária, a fim de criar um cenário adequado para os interesses e expectativas da comunidade. Esse processo é ativado por parceiros estratégicos, tais como instituições do setor público, investidores, empresários e ONGs, de modo que o mercado é uma ferramenta para servir aos objetivos de desenvolvimento econômico e social do território.

Para além do impacto no local, a dinâmica do turismo criativo tem potencial para reverberar de forma ampla e impactar em outros contextos ao favorecer o encontro de visões de mundo distintas. Exercitar a empatia pode estimular a construção de relações mais éticas entre pessoas de diferentes culturas e esferas socioeconômicas, pois tem a capacidade de facilitar o entendimento intersubjetivo. Pode, inclusive, levar pessoas de etnias dominantes a terem consciência de seu privilégio e a partir dessa consciência estimular mudanças nessas estruturas (Tucker, 2016).

Nas vivências de turismo criativo, o relacionamento se estabelece por meio de práticas criativas orientadas pelo anfitrião local. Essa dinâmica desloca o poder do centro (turista) para a periferia (destino), pois em vez de ser um consumidor do local, o turista está ali em uma posição de troca, de aprendiz de uma dada dinâmica, processo que favorece o exercício da empatia. O turismo criativo exercido dessa maneira se assemelha ao Turismo de Base Comunitária, que é um modelo de desenvolvimento e gestão de turismo que privilegia a governança local e valoriza as iniciativas endógenas. Entretanto, o turismo criativo, apesar de ter no cerne de seu conceito as atividades endógenas e como resultado o desenvolvimento territorial, não apresenta como premissa ser desenvolvido e operado por iniciativas do território.

O turismo criativo funciona baseado nas práticas criativas/culturais. O visitante é estimulado a expressar ativamente seu potencial criativo, o que dá espaço para uma troca e envolvimento genuínos com a população e a cultura local e, nesse processo, elabora seus afetos e relações com o lugar e leva para casa emoção, experiência, transformação e novas formas de expressão sobre o lugar e suas relações com e no mundo. Ao conhecer profundamente um local, os viajantes são convidados a repensarem suas práticas e compreendem que viajar não é apenas consumir um destino, mas construir uma relação com outros espaços diferentes dos seus.

4.3 Governança

Nota-se que muitas políticas públicas sobre o desenvolvimento do turismo ainda enfatizam o aspecto econômico e minimizam a importância da cultura como catalisadora da inovação e coesão social. No entanto, percebe-se também, cada vez mais, um movimento crescente de promoção de práticas sustentáveis. Para tanto, é importante ter os atores locais envolvidos na tomada de decisão e no desenvolvimento das ações estratégicas de desenvolvimento do turismo criativo, pois gera uma corresponsabilidade que é salutar para o ecossistema, estimula a participação popular e a política pública ganha agilidade.

Nesse contexto, a governança é condição necessária para avançar no estabelecimento do turismo que desejamos. Para que a população tenha a oportunidade de influenciar os rumos do desenvolvimento dos seus territórios, o processo de tomada de decisões deve ser compartilhado por todos os agentes envolvidos e impactados na decisão, por meio de mecanismos para fortalecimento da cidadania e sob a lente da abordagem territorial.

A governança com abordagem territorial consiste em uma gestão descentralizada, distribuída em instâncias de governança que integram os diversos entes – governo, mercado, sociedade civil em diferentes níveis de atuação, de modo que os atores locais participem ativamente da construção de estratégias. A instância de governança nesse sistema é um organismo social com a atribuição de articulação, proposição, análise e monitoramento e pode assumir diversos formatos como fórum, conselho, comitê, consórcios, etc. (Cerqueira, 2014; Rodrigues, Souza, 2015).

Talvez o formato seja um aspecto menos relevante diante da importância da capacidade de adaptação e reinvenção para a competitividade dos destinos turísticos. E isso só é possível quando se tem envolvimento comunitário real capaz de compreender as singularidades do território e articular as narrativas emergentes com as histórias do local. Conforme o projeto se torna o plano da comunidade, todos trabalham para que o sucesso seja constante e o engajamento comunitário multissetorial encoraja o compartilhamento profundo de valores e aspirações, facilita o diálogo entre diferentes atores e setores e contribui para promover um maior senso de comunidade, propriedade e empoderamento comunitário.

Devido à sua dinâmica de operação e capacidade de fortalecer a comunidade, o turismo criativo tem sido apontado como uma forma de remodelação do turismo porque possui princípios que respondem aos desafios do turismo atual, gerando não apenas sustentabilidade, mas regeneração nos territórios e nas relações.

5. Elaboração, desenvolvimento e implementação do plano de turismo criativo de Recife: atores, recursos e resultados

5.1 O processo

O Plano de Turismo Criativo do Recife 2019 – 2021 nasce do entendimento de que era possível melhorar a cidade a partir da potencialização das atividades culturais e criativas. Em 2018, Recife apresentava ambiência favorável ao desenvolvimento do turismo criativo – resultado de uma série de eventos que aconteceram naquela década: reconhecimento da Bomba do Hemetério (bairro de Recife, que é artístico e celeiro da cultura carnavalesca da cidade), como destino turístico; surgimento da Loa turismo de experiências (agência de turismo voltada exclusivamente para o desenvolvimento e comercialização de roteiros criativos); a realização do I Encontro Internacional de Turismo Criativo em 2015; o surgimento da Rede Nacional de Experiências e Turismo Criativo (RECRIA) em 2017; a Secretaria de Turismo, Esporte e Lazer (SETUREL)[25] com uma equipe técnica capacitada para tratar o assunto e uma gestão disposta a levar o plano adiante; além de toda a efervescência cultural natural da cidade.

Ter um sonho comum é um grande mobilizador para a transformação, porque diminui o peso das diferenças e potencializa o que existe de melhor no grupo. É a intenção humana expressa por meio de interações e relações. Impulsionados pelo contexto positivo, a socieda-

25 Secretaria de Turismo, Esportes e Lazer do Recife. À época chamada assim, foi reconfigurada e atualmente é Secretaria de Turismo e Lazer do Recife (SETUR – L).

de civil organizada e o poder público, se uniram em torno do sonho de ver um ecossistema criativo fértil.

A Figura 1 ilustra o processo de elaboração do Plano de Turismo Criativo do Recife 2019-2021. A ambiência favorável somada aos atores são as forças motrizes, que impulsionaram o processo de convergência de ações em torno do propósito comum de fortalecer o ecossistema criativo da cidade. O caminho escolhido para realizar essa visão foi fortalecer o turismo criativo, com uma governança integradora que pudesse garantir diversidade de ideias e abordagens, inovação e legitimidade das ações e juntar forças políticas para articular e realizar as ações. Definiu-se então que a solução para acolher o caminho escolhido e dar apoio à realização da visão coletiva seria uma política pública que orientasse as ações de fortalecimento do ecossistema do turismo criativo na cidade, o plano de turismo criativo.

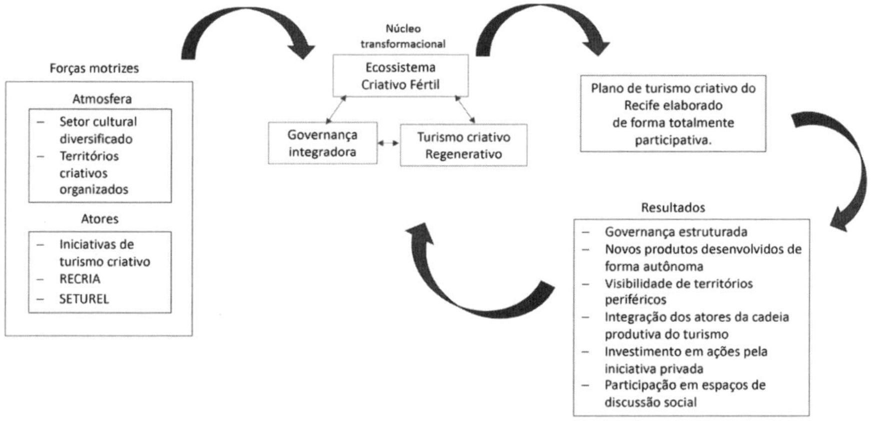

Figura 1: Processo de elaboração do Plano de Turismo Criativo do Recife 2019 – 2021. Fonte: elaborado pelos autores, 2022.

Na percepção dos autores desta pesquisa, o processo de elaboração do plano de turismo criativo do Recife foi uma ação iniciada de baixo para cima, ou seja, emergiu da auto-organização de atores do sistema alinhados por valores, identidades, desejos, afetos e visão de mundo. O turismo criativo se destaca como espaço de relacionamento e experimentação da visão que alimenta a governança, experiencia os impactos dos resultados, decodifica, aprende e retroalimenta o sistema com *inputs* sobre o que mais precisa ser feito.

No processo de elaboração do plano temos quatro atores:

- RECRIA: a Rede Nacional de Experiências e Turismo Criativo é o espaço organizativo das iniciativas de turismo criativo (empresas, grupos culturais, coletivos comunitários, consultores de negócios etc.) que mobilizou o poder público e outros atores que considerou relevantes para o processo.
- SETUREL: não seria possível estabelecer uma política pública sem a adesão da Secretaria de Turismo. A demanda da sociedade, impulsionada pela RECRIA e pelo desenvolvimento do plano, encontrou no poder público via SETUREL uma equipe técnica capacitada para tratar o assunto e uma gestão disposta a levar adiante o projeto de desenvolvimento e implementação do Plano de Turismo Criativo.
- Grupo de trabalho do Plano de Turismo Criativo (GT): coletivo que se formou para coordenar o processo, composto por representantes do poder público, SEBRAE, SENAC, universidades, RECRIA e os próprios empreendedores do turismo criativo.
- Sociedade geral: são pessoas e organizações que foram tocadas pelo convite e pela mensagem do projeto. Elas não compartilham, necessariamente, da mesma identidade dos participantes do GT, mas compartilham a visão de mundo e, diante de uma ação coletiva em prol do todo, se sentem chamados a contribuir, mesmo que de forma indireta ou menos ativa.

Esses atores interagiram em um processo contínuo de aprendizagem e adaptação. O GT foi o catalisador do sistema; ele recebia as informações, processava, devolvia para a sociedade, recebia os *feedbacks*, analisava e incorporava os aprendizados ao processo, garantindo a coparticipação social. Essa dinâmica de aprendizagem e adaptação, sustentada por relações de afeto e capital social,[26] orientada por valores

---

26 Capital social é um aspecto da estrutura social da organização, tais como: as normas, a confiança e a cadeia de relações sociais que facilitam a cooperação para benefícios mútuos (Putnam, 2000).

alinhados, possibilitou a construção da estrutura tangível, o Plano de Turismo Criativo.

Vemos nesse processo a realização de uma visão, a partir de interações que buscam a diversidade, estimulam o aprendizado, aumentam o repertório, fortalecem a colaboração, alinham valores e compartilham visões de mundo integradoras. Esse processo se alinha com o conceito de design de Wahl (2020) e corrobora com os pontos da transformação regenerativa de Gibbons (2020). Nascido com essa energia, o plano tinha potencial para ser um espaço de aplicação de práticas regenerativas.

5.2 Recursos

Ao abordar a execução de projetos, é comum a preocupação inicial com sua viabilidade financeira. No entanto, a abordagem regenerativa vai além do dinheiro, considerando diversos recursos que, ao serem utilizados, potencializam e fortalecem o sistema. Um exemplo disso é a confiança: quanto mais confiamos, mais estamos dispostos a colaborar, o que gera resultados ampliados e reforça a confiança nos processos, nas pessoas e nas possibilidades de sucesso (Srour, 2000).

O Plano de Turismo Criativo é a expressão tangível de uma visão comum para a qual os recursos convergem. Cada participante contribui com o que possui disponível, tornando a execução do projeto viável. No processo de elaboração do Plano de Turismo Criativo do Recife, identificamos recursos de natureza social, cultural, ambiental e financeira (Deheinzelin; Cardoso; Bittencourt, 2020):

- Recursos Sociais: referem-se a valores, elementos que incentivam a colaboração, como confiança, reputação e credibilidade.
- Recursos Culturais: referem-se aos conhecimentos e habilidades disponibilizados pelos participantes.
- Recursos Ambientais: referem-se à infraestrutura, espaços físicos e plataformas para trocas de informação e comunicação.
- Recursos Financeiros: incluem recursos monetários e o tempo de voluntariado.

O grupo de trabalho (GT) foi o espaço onde os recursos foram processados. As pessoas disponibilizaram seus conhecimentos técnicos e experiências por meio de conversas, eventos, seminários e pesquisas. O GT sistematizava e analisava esses recursos para devolvê-los à sociedade. Uma característica do sistema regenerativo é a adaptação e a aprendizagem (Wahl, 2020). Ao compartilhar conhecimento com o todo, o repertório coletivo se amplia, tornando-se um espaço de experimentação, aprendizagem, ajuste e evolução. Essa dinâmica aumenta o conhecimento disponível e promove a abertura à colaboração.

Embora os recursos financeiros sejam mais concretos e fáceis de identificar objetivamente, além de serem mais valorizados e propagados, é desafiador desviar o foco deles e explorar outras possibilidades. No caso do Plano de Turismo Criativo do Recife, os recursos financeiros vieram da prefeitura, por meio da Secretaria de Turismo, Esportes e Lazer, e foram utilizados para materializar o processo por meio da elaboração do documento. No entanto, o montante foi pequeno em relação aos resultados alcançados devido à disposição das pessoas em doar seus recursos intangíveis para viabilizar o projeto. Os recursos intangíveis também permitiram a mobilização e o acesso às estruturas físicas cedidas por organizações não diretamente envolvidas no processo, mas que reconhecem a importância de contribuir para um projeto comunitário.

A sustentação desse processo provém dos recursos sociais que são fortalecidos na interação. Aspectos como disponibilidade para cooperar, visão compartilhada, confiança e empatia são alimentados à medida que as pessoas se relacionam e percebem que saem fortalecidas dessas trocas. Ao fortalecer os indivíduos, a capacidade do sistema de realizar, aprender, adaptar-se e inovar cresce. Infelizmente, esses recursos são difíceis de medir e têm variações ao longo do tempo, o que impede uma conexão clara de causa e efeito. Consequentemente, os recursos intangíveis, que são os mais importantes nesse processo de transformação, tendem a ser negligenciados.

Observa-se que a característica do turismo criativo de enxergar o território com uma lente de abundância favorece a coragem para agir. Em vez de assumir que não há recursos (pensamento comum), mesmo na ausência de dinheiro, a pergunta feita é: "o que temos?" A partir dos recursos já existentes, inicia-se a realização da visão compartilhada. Esse movimento, pautado por uma ética amorosa, facilita a comunicação e o estabelecimento de acordos, minimizando o sentimento de doação desigual e fortalecendo a disponibilidade para a cooperação.

5.3 Resultados

As ações do plano foram definidas de modo a alcançar os objetivos propostos no mesmo. Das 51 ações propostas, 34 foram concluídas/ realizadas, 2 foram acrescentadas ao plano e 17 não foram realizadas em função da baixa governabilidade a qual a SETUREL e o Fórum de Turismo Criativo do Recife têm sobre os recursos necessários para sua realização. Durante a execução do plano, o processo de *feedback* seguiu acontecendo, por isso foi possível acrescentar e cancelar atividades sem grandes prejuízos ao objetivo inicial do plano. A aprendizagem e a adaptação também foi imprescindível para lidar com os impactos da pandemia de Covid-19, que aconteceu um ano após o lançamento do plano, afetando sobremaneira a execução das atividades propostas e demandando adaptação das ações e revisão de algumas metodologias de intervenção.

O documento apresenta forte orientação para a comunidade, apontando ações que integram a população ao ecossistema criativo, como a sensibilização de jovens, capacitação de empreendedores criativos e da cultura e a oferta de vivências de turismo criativo para que a população tenha contato com esse tipo de dinâmica turística. O turismo é uma atividade que está no imaginário da população como elitista, distante do cotidiano e que só tem valor em espaços de luxo. Essas ações sensibilizaram a população de que é possível viver a cidade turisticamente a partir de lugares periféricos, que os recursos culturais e sociais da cidade são matéria-prima muito valiosa para o turismo e que é possível empreender a partir do seu lugar e dos seus saberes.

O entendimento do valor do local e de seus saberes gera orgulho nos produtores que, mais confiantes, passam a olhar e mostrar seu lugar a partir da potência. Já os consumidores, ao ter contato com essa narrativa, muda o olhar sobre a periferia e assim o ciclo de transformação vai acontecendo. Esse processo inspirou novos roteiros no projeto "Olha! Recife" da Secretaria de Turismo e novos roteiros independentes, como o Visit Macaxeira, um bairro periférico que agora é palco de vivências criativas.

O deslocamento simbólico da periferia no imaginário influencia as interconexões ambientais. Ao perceber a periferia como um lugar acessível, as pessoas se disponibilizam a frequentar e demandam por atividades que proporcionem essa vivência. Assim, rotas das ciclofaixas de lazer foram ampliadas, surgiram serviços de passeios pelo rio que valorizam a paisagem e mostram a cidade por outros ângulos, também festivais gastronômicos foram realizados nesses espaços antes apagados. Esses deslocamentos, tanto simbólico quanto físico, geram encontros e aproximações de realidades que ampliam a diversidade e aumentam a vitalidade do ecossistema.

Outro resultado foi a aproximação do *trade* turístico – que opera segundo a lógica tradicional do turismo de massa – das iniciativas de turismo criativo. O resultado foi a "Expovivências", feira para comercialização dos produtos de turismo criativo. Ambos os grupos, ao se aproximarem, aprendem a partir do lugar do outro. Essa integração contribui para disseminar a possibilidade de práticas mais inclusivas, com olhar para outros indicadores e, assim, a transformação vai acontecendo gradualmente. Mais uma vez encontramos aqui a união em torno de um projeto comum em que as diferenças são minimizadas pelo objetivo partilhado.

Talvez o resultado de maior impacto seja a instituição do Fórum de Turismo Criativo do Recife. Entre as ações do plano estava previsto o estabelecimento de uma governança horizontal, participativa, que possibilitasse a interação entre a sociedade civil, agentes do mercado e o poder público, com capacidade para analisar, propor, implementar e monitorar as ações nesse âmbito. Uma vez que o GT já estava formado, legitimado como espaço representativo do segmento e com capacidade para desenvolver as ações de governança, decidiu-se por transformar o GT no Fórum de Turismo Criativo do Recife, instituído instância de governança do turismo criativo na cidade por meio do decreto Nº 32.786 de 21 de agosto de 2019. Isso significa que a governança tem independência do governo e, que mesmo com as mudanças políticas, o Fórum tem legitimidade. Tanto que mesmo com a mudança de gestão, o Fórum mobilizou o poder público e Recife está elaborando o Plano de Turismo Criativo 2022 – 2024.

O Fórum tem se mostrado uma instância forte e com poder de mobilização social. Em uma das ações organizou escutas públicas para alinhar as expectativas sobre qualificação para os condutores de turismo criativo, articulou recursos com o Poder Legislativo para a realização do curso e orientou a Secretaria de Turismo na execução da ação. Percebemos aqui a capacidade de auto-organização para garantir que todos exerçam seus papéis sem prejuízo e de modo a fortalecer o sistema. Esse é apenas um exemplo de como a governança horizontalizada e participativa tem atuado.

O Fórum fortalecido possibilitou expandir a discussão do turismo criativo para outros espaços políticos: a Câmara Setorial de Turismo da Agência de Desenvolvimento do Estado (ADEPE), espaço decisório sobre investimentos e projetos estruturadores do turismo e o Conselho de Desenvolvimento Econômico e Social do Recife (CEDES), espaço de escuta da gestão pública em que estão representados todos os setores com relevância econômica e social para a cidade.

Ocupando os espaços políticos temos conseguido sensibilizar atores ainda desconectados da nossa práxis, quando levamos para as negociações outra lógica de relação, mais humana, lenta, com foco nas pessoas e nos resultados distribuídos. Da mesma forma, estando nos espaços políticos, temos levado a perspectiva participativa, horizontalizada, de aprendizagem e colaboração. Os resultados são os convites para participar das decisões, a abertura para se trabalhar segundo uma dinâmica mais colaborativa e criativa e, mesmo quando somos convidados apenas para justificar uma abertura à diversidade, poder apresentar essa perspectiva para quem não está disposto a incorporá-la é um passo rumo à sensibilização.

6. Características do turismo criativo e as congruências com o design regenerativo

O turismo criativo e o design regenerativo compartilham algumas congruências. Ambos se alinham à ética amorosa, que busca valorizar os recursos locais e promover uma visão de mundo orientada pela abundância. Tanto o turismo criativo quanto o design regenerativo acreditam na capacidade de transformação e buscam soluções mesmo em cenários desafiadores. Além disso, ambos enfatizam a importância da integração e da diversidade para fortalecer o sistema (Reed, 2006; Almeida, 2020).

No turismo criativo, a valorização das comunidades e do território promove um senso de pertencimento, fortalecendo os laços sociais e incentivando o cuidado com a cultura e o ambiente local. Da mesma forma, o design regenerativo valoriza as relações colaborativas e a formação de redes, que permitem a circulação de recursos e a realização de ações conjuntas. A governança do turismo criativo é compartilhada e horizontalizada, estimulando a representatividade e a participação de todos os envolvidos (Wahl, 2020; Cerqueira, 2014; Almeida, 2020).

De acordo com Gibbons (2020), os "pontos acupunturais" de transformação do sistema internamente são os afetos, os laços, a visão de mundo compartilhada, e externamente, são a estrutura, o sistema econômico e a política. O Plano de Turismo Criativo do Recife possibilitou a construção de uma dinâmica sistêmica que tem na sua base a visão de mundo compartilhada de que é preciso construir alternativas justas, éticas, que favoreçam o florescimento da vida, confiança, motivação, crença no coletivo e na colaboração, afinal todas as pessoas que se dedicam ao Fórum são voluntárias. O amor pela cidade, pelas pessoas, pela causa, pela crença nas possibilidades faz as pessoas estarem juntas nessa jornada.

A Figura 2 mostra que o processo é contínuo e evolui em espiral. Começa no lado esquerdo com um ecossistema criativo vibrante, mas ainda pouco organizado e sem perceber resultados de suas ações. Forças motrizes, que são as engrenagens, mobilizam o sistema, percebem que esse ecossistema tem potencial para florescer e pulverizar prosperidade e estimulam uma ação organizada em torno de um propósito comum. A partir desse primeiro movimento os atores se organizam em um grupo de trabalho com gestão horizontalizada e aportam os recursos necessários para o alcance do objetivo. Dessa interação surgem os resultados, apresentados do lado direito da figura. Se acompanharmos o movimento percebemos que ele tem o formato do símbolo infinito e que, ao imaginarmos o espiral, na volta seguinte o que é resultado hoje, se torna força motriz para novos movimentos organizativos já mais maduros, devido às aprendizagens do processo, e mais ampliados, porque os resultados chegam em outras esferas.

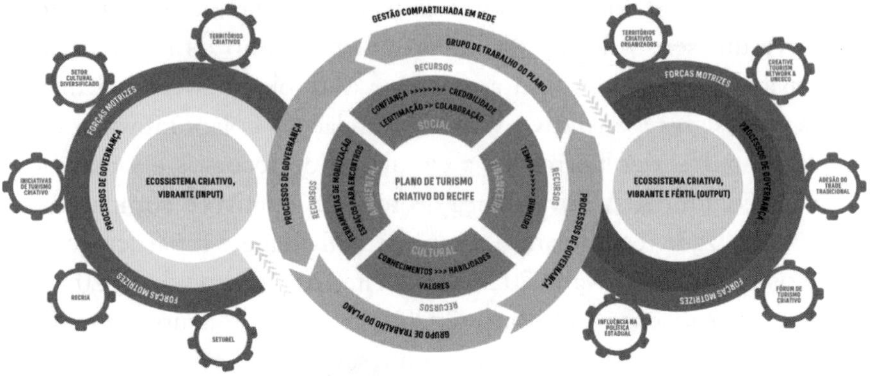

Figura 2: Processo de elaboração do plano de turismo criativo do Recife.
Fonte: elaborado pelos autores, 2022.

Nesse processo, o turismo criativo é a plataforma de transformação social que estimula práticas criativas, a partir das quais as pessoas se conectam com o olhar apreciativo da potência e da abundância, que dão coragem e confiança para a ação organizada em rede. Assim, o turismo criativo é a força que impulsiona a governança, que impulsiona a política pública, que resulta nos impactos na sociedade e na transformação regenerativa. O plano reflete o amadurecimento do conceito de turismo criativo que hoje orienta que um destino de turismo criativo está imbricado nas redes entre pessoas, sem uma clara distinção entre quem é o visitante e quem é o anfitrião. Os resultados diretos das ações do plano se desdobram em outras ações com resultados que retroalimentam o sistema e fortalecem e legitimam a política pública, assim como a instância de governança que fortalecida pode influenciar mais as decisões públicas em prol de anseios da sociedade.

No entanto, o turismo criativo ainda enfrenta desafios para incorporar uma abordagem mais regenerativa em relação à dimensão ecológica. Enquanto o design regenerativo preza pelo cuidado com todos os seres e busca soluções sustentáveis, o turismo criativo ainda é uma atividade predominantemente antropocêntrica. Embora busque promover o contato com os territórios e suas questões ambientais, falta uma estrutura mais sólida para abordar de forma sistemática a dimensão ecológica e tornar a atividade mais regenerativa nesse aspecto.

No geral, o turismo criativo e o design regenerativo compartilham uma visão de mundo orientada pela ética amorosa, valorizando a integração, a diversidade e a colaboração. Ambos reconhecem a importância de promover transformações positivas nos territórios, valorizando os recursos locais e fortalecendo os laços sociais. No entanto, o turismo criativo ainda precisa aprimorar sua abordagem em relação à dimensão ecológica para se tornar uma atividade mais regenerativa e sustentável.

7. Considerações finais

Este trabalho teve como objetivo principal identificar as sinergias entre o turismo criativo e o design regenerativo, utilizando como referência o processo de elaboração do Plano de Turismo Criativo do Recife para o período de 2019 a 2021. Durante a pesquisa, uma pergunta constante foi: por que escolher o turismo criativo em vez de outras atividades, como artesanato ou danças populares? A resposta reside na necessidade de uma transformação da visão de mundo, na qual a arte desempenha um papel fundamental. O turismo criativo, ao utilizar a arte como plataforma de expressão, é capaz de integrar e transformar visões de mundo, permitindo que as pessoas se conectem consigo mesmas e com o local visitado.

A dinâmica do turismo criativo demonstrou ter um impacto significativo na transformação da visão de mundo, influenciando outras dimensões. Essa abordagem se torna uma plataforma de transformação social, possibilitando a auto-organização em torno de um propósito compartilhado, impulsionando a governança e resultando na elaboração de políticas públicas. O modelo de desenvolvimento do turismo criativo no Recife apresenta características de design regenerativo, o que nos leva a repensar um modelo de desenvolvimento turístico regenerativo. Ao olharmos o destino com uma perspectiva abundante e destacarmos suas potencialidades, é possível alterar a forma como os visitantes e os nativos enxergam o local, influenciando as relações de poder e fortalecendo a crença em si mesmos e na possibilidade de outras realidades.

A aprendizagem desempenha um papel fundamental no turismo criativo, tanto como produto quanto como processo. Por meio da aprendizagem, mediada por atividades artísticas e criativas, a relação com o território é estabelecida, permitindo que os anfitriões revelem o destino aos viajantes. A cada interação, é necessário processar as trocas e reorganizar a entrega, tanto nas interações individuais quanto na rede e no ecossistema do turismo criativo. A aprendizagem contribui para um sistema adaptativo e resiliente, aumentando o repertório e favorecendo o olhar empático para entender a realidade do outro.

O processo de elaboração do plano de turismo criativo mostrou que a política pública é um processo contínuo, não apenas um produto final. O projeto não se encerra com a entrega do documento, mas se transforma para gerar os resultados necessários ao avanço da sociedade. Ao adotar uma abordagem colaborativa, com a participação popular, aprendizagem, adaptação e diversidade, o processo se torna regenerativo. No entanto, a dimensão econômica ainda é um desafio nessa dinâmica, pois muitas atividades ocorrem dentro do sistema tradicional, com pessoas em situação vulnerável. A dimensão econômica precisa ser repensada para que o turismo criativo possa impactar os modelos de comercialização e estabelecer uma outra lógica de desenvolvimento turístico que englobe todas as dimensões e não apenas a distribuição financeira.

Embora esta pesquisa seja um estudo de caso específico do ecossistema do Recife, seria benéfico replicá-la em outros ecossistemas de turismo criativo para compreender como suas características se comportam em diferentes contextos. Essa replicação ajudaria a expandir o campo de estudos sobre o turismo criativo e aprofundar nossa compreensão dessa abordagem regenerativa.

Referências bibliográficas

ALMEIDA, L. F. L. **Turismo criativo**: uma viagem por culturas, encontros e experiências. Rio de Janeiro: Bambual, 2020.

ARAUJO, C. P. de. "Paraísos à beira-mar": os empreendimentos turísticos imobiliários. *In*: VARGAS, H. C.; PAIVA, R. A. (org.). **Turismo, arquitetura e cidade**. Barueri: Manole, 2016. (Série Intervenções Urbanas). p. 111-132.

BAUER, M. W.; GASKELL, G. **Pesquisa qualitativa com texto, imagem e som**: um manual prático. 4. ed. Petrópolis: Vozes, 2005.

CELLARD, A. A análise documental. *In*: POUPART, J.; DESLAURIERS, J.-P.; GROULX, L.-H.; LAPERRIÈRE, A.; MEYER, R.; PIRES, A. **A pesquisa qualitativa**: enfoques epistemológicos e metodológicos. Petrópolis: Vozes, 2012. p. XX-XX.

CERQUEIRA, R. R. Governança compartilhada e desenvolvimento territorial. *In*: JORDAN, A. (org.). **IADH Atua**: referências para uma prática em desenvolvimento local/ territorial. Recife: IADH, 2014.

DEHEINZELIN, L.; CARDOSO, D.; BITTENCOURT, P. **Novas economias viabilizando futuros desejáveis**: introdução à fluxonomia 4d. São Paulo: Clube de Autores, 2020.

DUXBURY, N.; RICHARDS, G. Towards a research agenda for creative tourism: developments, diversity, and dynamics. *In*: ______. **A research agenda for creative tourism. Cheltenham**: Edward Elgar Publishing, 2019. p. 1-14.

GAIA EDUCATION. **Dimensão Visão de mundo**: programa online "Gaia Education, Design para a Sustentabilidade". Moray: Gaia Education, 2018.

GAIA EDUCATION. **Dimensão Social**: programa online "Gaia Education, Design para a Sustentabilidade". Moray: Gaia Education, 2022.

GIBBONS, L. V. Regenerative – The New Sustainable? **Sustainability**, [S. l.]. v. 12, n. 13, 5483, 2020. DOI: 10.3390/su12135483.

HAGUETTE, T.M.F. **Metodologias qualitativas na sociologia**. Petrópolis: Vozes, 1987.

HOOKS, b. **Tudo sobre o amor**: novas perspectivas. São Paulo: Elefante, 2021.

HOWKINS, J. **Creative Ecologies**. London: Transaction, 2010.

LEITE, R. P. Lugares da política e consumo de lugares: nação e patrimônio cultural. *In*: ______. **Contra-usos da cidade: lugares e espaço público na experiência urbana contemporânea**. 2. ed. Campinas: Editora Unicamp; Aracaju: Editora UFS, 2007.

MOLINA, S. **Turismo creativo**: el fin de la competitividade. Santiago, Chile: Escritores, 2011.

ORR, D. W. **The Nature of Design**: Ecology, Culture, and Human Intention. Oxford: Oxford University Press, 2004.

OLIVEIRA, R. D.; OLIVEIRA, M. D. Pesquisa social e ação educativa: conhecer a realidade para poder transformá-la. *In*: BRANDÃO, C. A. (org.). **Pesquisa participante**. 3. ed. São Paulo: Brasiliense, 1983.

PEDWELL, C. Affective (self-) transformations: Empathy, neoliberalism and international development; **Feminist Theory**, [S. l.], v. 13, n. 2, p. 163-179, 2012. DOI: 10.1177/1464700112442644.

PUTNAM, R. D. **Bowling Alone**: The Collapse and Revival of American Community. New York: Simon & Schuster, 2000.

REED, B. Shifting our mental model. *In*: RETHINKING SUSTAINABLE CONSTRUCTION CONFERENCE, 12., 2006, Sarasota. **Proceedings** [...] [S. l.: s. n.], 2006.

REMOALDO, P.; MATOS, O.; GÔJA, R.; ALVES, J.; DUXBURY, N. Management Practices in Creative Tourism: Narratives by Managers from International Institutions to a More Sustainable Form of Tourism. Geosciences, Basel, v. 10, n. 2, 46, 2020. DOI: https://doi.org/10.3390/geosciences10020046.

RICHARDS, G. Creativity and Tourism in the City. Current Issues in Tourism, Abingdon, v. 17, n. 2, p. 119 144, jan. 2013. DOI: 10.1080/13683500.2013.783794.

RICHARDS, G.; RAYMOND, C. Creative tourism. ATLAS News, [S. l.], n. 23, p. 16-20, 2000.

RODRIGUES, S. L.; SOUZA, M. O papel das governanças na regionalização do turismo. Revista Brasileira de Ecoturismo, São Paulo, v. 8, n. 2, p.234-250, maio 2015.

SETUREL – Secretaria de Turismo, Esporte e Lazer. Plano de Turismo Criativo de Recife. **Recife**: Cartonera Aberta, 2018. Disponível em: http://turismocriativo.visit.recife.br/wp-content/uploads/2019/05/plano_turismo_criativo.pdf. Acesso em: 30 ago. 2020.

SROUR, R. H. **Ética empresarial**: posturas responsáveis nos negócios, na política e nas relações pessoais. Rio de Janeiro: Campus, 2000.

TUCKER, H. Empathy and tourism: limits and possibilities. Annals of tourism research, Amsterdam, v. 57, p. 31-43, 2016. DOI: https://doi.org/10.1016/j.annals.2015.12.001.

WAHL, D. C. **Design de culturas regenerativas**. 2. ed. Rio de Janeiro: Bambual, 2020.

CAPÍTULO 11

PERMACULTURA URBANA: RELATOS DE EXPERIÊNCIA E APRENDIZADOS DE UMA CASA AUTÔNOMA EM SÃO PAULO

Vinicius Pereira de Souza e Gustavo Machado

1. Introdução

Segundo a estimativa do IBGE calculada para 2018, a população da Região Metropolitana de São Paulo era de aproximadamente 21.571.281 habitantes (IBGE, 2010). A maior do país, do continente sul-americano e uma das cinco maiores aglomerações humanas do planeta. O crescimento populacional vertiginoso dos centros urbanos, baseado numa visão de valorização fundiária, criou projetos como o Plano de Avenidas (de Prestes Maia) que desde a década de 1920 vem retilinizando os rios da capital paulista e ocupando as suas várzeas, atendendo aos interesses do mercado imobiliário. Esse processo de ocupação promove impactos socioambientais profundos sobre as florestas, os recursos hídricos, os solos, a produção de alimentos, a produção e distribuição de energia, entre outros.

Esse modo de operar: extração, produção, distribuição, consumo e descarte é chamado de economia linear (Leonard, 2011), conforme demonstra tanto no livro, quanto ilustra no documentário *The Story Of Stuff* (2007) e fundamenta grande parte dos ciclos urbanos.

Obviamente, precisamos mudar os padrões de produção e consumo em larga escala, mas também compreender maneiras de mudar o modo de vida urbano, para promover casas mais sustentáveis que possam minimizar os impactos ambientais e promover regeneração.

> Nesse caminho, muitas linhas teóricas e práticas têm trazido a importância de aprendermos, copiarmos e adaptarmos os ciclos da natureza, para mudarmos essa forma de relação, como: a permacultura, a biomimética, a economia circular, as Soluções Baseadas na Natureza (SBN) e o saneamento ecológico. Todas essas linhas de ação estão de alguma forma colocando a natureza em um novo patamar de importância com o ser humano, associativo (Machado, 2022, p. 34).

A permacultura surgiu na Austrália na década de 1970 em resposta à crise ambiental que se impõe à sociedade moderna. Seus criadores, os acadêmicos Bill Mollison e seu aluno David Holmgren, buscavam formas de desenvolver um sistema agricultural sustentável, baseado na policultura de árvores perenes, arbustos, ervas, vegetais, fungos e tubérculos, que chamaram de permacultura (Mollison, Slay, 1998). O termo era então uma abreviação de "Agricultura Permanente".

No campo da permacultura urbana, abre-se espaço para a pesquisa de soluções de formas descentralizadas, para lidar com a produção, distribuição, saneamento, uso e reúso de águas, gestão dos resíduos sólidos, produção de alimentos e produção e gestão de energia elétrica. Tanto pesquisas acadêmicas quanto práticas permaculturais informais e comerciais oferecem um leque de opções de soluções que geram boas perspectivas, mas ainda se faz necessário um aprofundamento no tema e melhor difusão das tecnologias até agora desenvolvidas, a fim de estimular a população a um processo de transição no seu modo de vida para um mais consciente, responsável e sustentável, tal qual os princípios propostos por David Holmgren (2013).

No presente contexto, esta pesquisa buscou refletir sobre as possibilidades e os desafios em uma residência em centro urbano quanto a: i) produção e gestão de resíduos sólidos, visando à mudanças de hábitos e a impactos sociais positivos; ii) produção, armazenamento, saneamento e gestão, de modo descentralizado, da água necessária para atender às necessidades de consumo dos seus habitantes; iii) produção de alimentos necessários para atender às necessidades de consumo dos seus habitantes; e iv) produção, armazenamento e gestão, de forma descentralizada, da energia necessária para atender às necessidades de consumo dos seus habitantes.

Nesse caminho, o presente estudo busca compartilhar os resultados das práticas permaculturais desenvolvidas em escala doméstica, que foram acompanhadas por meio de pesquisa-ação.

2. Referencial teórico

O conceito de permacultura nasceu no campo e tinha como ideia inicial ajudar os agricultores a planejar as suas propriedades rurais interconectando os elementos do sítio. Essa organização dos elementos é uma das etapas do planejamento permacultural, e seu objetivo é fazer com que os sitiantes consigam obter mais rendimentos com menos esforço (Mollison, Slay, 1998).

Já Holmgren (2018) oferece ao público um olhar permacultural para os subúrbios dos centros urbanos australianos, adaptando o conceito da permacultura para a realidade urbana. No entanto, no Brasil, a realidade suburbana se difere da australiana em muitos aspectos, com um alto índice de densidade demográfica e pouquíssima área disponível para cultivo. A partir dessa compreensão, é essencial analisar o contexto urbano brasileiro e criar novas práticas e metodologias que dialoguem com essa realidade.

Nór *et al.* (2019) aplica o conceito de permacultura urbana para a cidade de Florianópolis, o que representa um avanço nesse campo no Brasil. No entanto, falta uma adaptação para a realidade de São Paulo, que apresenta maior adensamento e condições complexas para apropriação das práticas de permacultura.

Nesse cenário, o projeto Casa Autônoma surge a partir das experiências do primeiro autor deste trabalho em permacultura na cidade de São Paulo. O fundador da rede Permacultores Urbanos começou a se dedicar a este projeto de forma intuitiva, no ano de 2011. A formalização do projeto se deu no ano de 2015, quando o mesmo se formou no Curso de Design em Permacultura (PDC) promovido pelo coletivo PermaSampa, do qual se tornou professor a partir do ano seguinte.

Hoje entendemos a permacultura como uma ciência holística de cunho socioambiental que conecta os saberes tradicionais com a sistematização acadêmica. Une as *expertises* provenientes de pesquisas teóricas com conhecimentos adquiridos por meio de pesquisas práticas.

> Um dos grandes trunfos da permacultura é o de justamente conectar mundos apartados temporal, cultural e territorialmente, fazendo a fusão dos conhecimentos tradicionais e das novas tecnologias, buscando extrair o melhor dos dois mundos com o intuito de apresentar alternativas concretas e viáveis. (Ferreira Neto, 2018, p. 62).

Um dos objetivos da permacultura é oferecer aos seus praticantes ferramentas para a conquista de autonomia. Nesse sentido, é importante também revisitarmos o significado do termo autonomia, que pode ser associado à ideia de independência, ou seja: a desassociação de um ser com relação ao outro, a habilidade de responder por si mesmo. Assim, de acordo com o *Dicionário Aurélio* autonomia significa: a faculdade de se governar por si mesmo (Ferreira, 1999). No presente estudo, a palavra autonomia ganha sentido a partir de outro ponto de vista: a ideia do poder de escolha.

> O tema da autonomia aparece na literatura acadêmica, em alguns casos, vinculado à idéia de participação social, e, em outros, vinculado à idéia de ampliação da participação política no que tange à descentralização e desconcentração do poder (Martins, 2001).

No caso desta pesquisa, a ideia de descentralização e desconcentração de poder são vinculados à gestão de recursos. Por exemplo, ao invés de comprar água da SABESP, a única empresa que oferece o serviço de distribuição e saneamento de água na cidade de São Paulo (portanto um recurso centralizado), foi estudado como captar e sanear as águas *in loco*.

Uma residência planejada de tal maneira, que é capaz de oferecer aos seus habitantes o poder de escolha entre a geração local dos recursos a serem utilizados ou a interação e consumo externo desses recursos, ou ainda uma mistura de todas, dependendo da conveniência, eficiência ou viabilidade de cada contexto urbano é denominada casa autônoma.

A seguir apresentamos diagrama elaborado previamente a essa pesquisa que demonstra graficamente o conceito e o funcionamento de uma casa autônoma:

Figura 1: Casa Autônoma. Fonte: Souza (2022).
Também disponível em: www.permacultoresurbanos.com/casa-autonoma

Para oferecer essa autonomia aos seus habitantes, uma residência autônoma interconecta sistemas, redes energéticas, hídricas e humanas e portanto não pode ser vista como geradora de independência, porque se compreende parte de um sistema integrado, uma rede interdependente que oferece multiplicidade de escolhas aos seus usuários exatamente por conta das suas conexões. As ferramentas oferecidas pelo método de planejamento permacultural proposto por Mollison e Slay (1998) e Holmgren (2018) foram muito úteis neste trabalho de pesquisa, a fim de interconectar os fluxos energéticos da casa. Para isso, apresentamos a metodologia utilizada a seguir.

3. Metodologia de pesquisa

A partir da metodologia da pesquisa-ação (Thiollent, 1985), este estudo implementou e acompanhou soluções trazidas pela permacultura urbana para atender às demandas energéticas dos habitantes de uma Casa Autônoma, como será aprofundado na prática.

O projeto-piloto de Casa Autônoma vem sendo realizado desde 2015 na Casa do Chapéu de Sol, atual sede da rede Permacultores Urbanos situada no subdistrito do Butantã, na cidade de São Paulo. A casa fica situada no bairro Cidade dos Bandeirantes, a dois quarteirões do Parque da Joia, área pública que um dia abrigou uma favela e que hoje vem sendo cuidada pelos moradores da Casa do Chapéu de Sol em conjunto com a comunidade local. A casa é habitada por dois homens: o primeiro autor deste artigo (pai de duas meninas) e seu amigo, o permacultor Gilberto Santana (pai de um menino). As crianças ficam na casa em regime parcial. Ambos os moradores adultos trabalham com música e com educação ambiental. Além de moradia dos músicos e seus filhos, a casa é também local de trabalho sendo realizados: ensaios musicais, elaboração de projetos, pré-produções dos cursos e oficinas da rede Permacultores Urbanos.

O presente estudo buscou sistematizar as ações realizadas para fomentar a difusão do conceito de Casa Autônoma, tanto entre o público com poder aquisitivo para contratar serviços de empresas especializadas, quanto entre o público periférico, capaz de realizar adaptações de baixo custo em suas casas nas margens dos grandes centros urbanos. Nesse sentido, a pesquisa-ação foi conduzida em parceria com atores interessados no campo da permacultura urbana, para acompanhamento das soluções possíveis e desenvolvimento do conceito de Casa Autônoma, em parceria com as empresas AguaV[27], CityFarm Brasil[28], Aztec Energia[29] e Vecchi Ambiental[30].

---

27 A empresa de Engenharia Ambiental AguaV (aguav.com.br/) trabalha com projetos relacionados à gestão dos recursos hídricos e auxiliou este projeto acompanhando as adaptações da casa para o saneamento do esgoto.

28 A empresa CityFarm Brasil (www.cityfarmbrasil.com.br/) é fabricante do sistema de hidroponia utilizado na casa ao longo desta pesquisa.

29 A Aztec Energia é uma empresa especializada em desenvolvimento de projetos e instalação de sistemas fotovoltaicos (aztecenergia.com.br/).

30 A empresa Vecchi Ambiental (vecchiambiental.com.br/) é a fabricante do Ultra-Gota, equipamento utilizado para sanear o esgoto da casa.

Foi realizada a revisão bibliográfica de práticas permaculturais no contexto de permacultura urbana, para conhecimento de práticas e soluções já desenvolvidas no Brasil.

Assim, a partir das soluções escolhidas em diálogo entre moradores e parceiros, foram realizadas ações de intervenção, acompanhamento e sistematização na casa nas seguintes áreas: i) gestão de resíduos sólidos; ii) gestão das águas; iii) produção de alimentos e iv) utilização de energias renováveis. A seguir apresentamos as experiências e práticas que foram desenvolvidas em cada área.

Quadro 1: Sistematização das práticas permaculturais realizadas na Casa do Chapéu de Sol entre 2011 a 2023. Fonte: elaborado pelos autores, 2023.

Área	Técnica	Realização
Gestão dos Resíduos Sólidos	Vermicompostagem (minhocário)	2011 a 2023
	Enzimas cítricas	2017 a 2023
	Leira estática de aeração passiva doméstica (para folhas do quintal)	2018 a 2023
	Leira estática de aeração passiva comunitária	2019 a 2023
	Destinação dos resíduos recicláveis para a empresa familiar de catadores do bairro	2020 a 2023
Autonomía hídrica	Captação da água de chuva	2014 a 2023
	Substituição de válvulas ineficientes, e instalação de redutores de vazão nas torneiras e chuveiros	2015
	Saneamento do esgoto através do sistema UltraGota	2021 a 2023
	Reúso da água saneada	não realizado
Produção de alimentos	Produção de temperos, chás e folhagens no canteiro do quintal	2011 a 2023
	Produção aquapônica	2019 a 2021
	Produção hidropônica	2022
Utilização de Energias Renováveis	Redução do consumo energético	2017
	Projeto de captação de energia fotovoltaica	não realizado
	Projeto de captação de energia eólica	não realizado
	Fogão de caixa	2020 a 2023

Os resultados buscaram sistematizar os aprendizados e desafios em cada prática. A seguir, apresentamos tanto o percurso de experimentação com as técnicas utilizadas quanto os aprendizados e desafios.

4. Resultados e discussão

4.1 Gestão de resíduos sólidos

As primeiras experiências de gestão de resíduos sólidos foram iniciadas quatro anos antes do desenvolvimento do conceito de Casa Autônoma, no ano de 2011. Para fazer uma gestão de resíduos sólidos adequada, a primeira etapa consiste na separação dos mesmos. Os resíduos secos (basicamente embalagens) devem ser destinados para a reciclagem e os resíduos úmidos (o material orgânico), destinados para a compostagem. Há também uma parte de resíduos orgânicos que não são compostáveis no método da vermicompostagem doméstica (minhocário) e inapropriados para leiras de compostagem comunitárias, como é o caso dos papéis higiênicos usados nos banheiros, que acabam sendo destinados ao aterro sanitário pelo sistema de coleta de lixo municipal (Funasa, 2013). Outros resíduos secos não recicláveis, como alguns papéis laminados, isopores, hastes de cotonetes e afins também são encaminhados para o aterro sanitário, ou compõem os *ecobricks*, que serão descritos posteriormente.

O minhocário doméstico é um método de compostagem que utiliza minhocas para decompor os resíduos orgânicos provenientes da cozinha de uma residência ou estabelecimento comercial. É o resultado da combinação da ação de minhocas e da microflora que habita seu trato digestivo, dando origem ao vermicomposto, também conhecido como húmus de minhoca (Amorim *et al.*, 2016).

Os minhocários produzidos pela empresa paulistana Morada da Floresta se mostraram como uma solução escalável atendendo a 2.007 famílias a partir de programa municipal de compostagem (Composta São Paulo, 2014). Na Casa Autônoma foi utilizado um modelo dimensionado para famílias de quatro pessoas, contendo três caixas de quarenta litros empilhadas: as duas de cima são digestoras (onde as minhocas habitam e digerem os alimentos) e, a de baixo, coletora de fertilizante líquido.

Como as cascas de cítricos não podem ser compostadas no sistema de vermicompostagem (minhocário), por conta da sua acidez, o processo de produção de enzimas do lixo utilizou somente cascas de frutas cítricas e de outras plantas que possuem poder de desinfecção, limpeza, aromatização e repelência de insetos.

A enzima cítrica é um produto líquido resultante do processo de fermentação de resíduos de alimentos cítricos. Sua forte acidez – quando pronta seu PH está em torno de 3,5 – a torna um potente desinfetante (Permacultores Urbanos, s.d; Jabhade *et al.*, 2022). Foram utilizadas garrafas PET de cinco litros para a produção de enzimas.

O método de compostagem mais utilizado pelos moradores da Casa do Chapéu de Sol nos últimos dois anos é a leira estática (Inácio; Miler, 2009), que fica localizada no Parque da Joia[31], área pública que vem sendo ocupada nos últimos anos pela comunidade, que a tem transformando numa área de convívio e regeneração socioambiental.

Todos os resíduos secos (compostos quase exclusivamente por embalagens) são separados num balde grande na cozinha e levados a uma pequena empresa de reciclagem situada a trezentos metros da Casa do Chapéu de Sol para doação a esses catadores do bairro. Há uma grande cadeia econômica, totalmente informal, de coleta de resíduos recicláveis. Percebendo os resíduos como recursos, os moradores não "jogam fora" e nem tampouco vendem a sua produção, optaram por doá-los para aqueles que os venderão.

Os resíduos que não podem ser reciclados e nem tampouco compostados, como cotonetes usados com hastes de plástico, fios dentais usados, plásticos filme, papéis laminados entre outros, são colocados em garrafas PET. Esses resíduos são prensados até a capacidade máxima de armazenamento da garrafa para ser utilizada como tijolo ecológico (*ecobricks*) na bioconstrução.

Atualmente, a produção de rejeito destinado ao aterro sanitário se resume a uma sacola plástica basicamente com papel higiênico,

31 Saiba mais no instagram: @parquedajoia

fios dentais e eventualmente pedaços de fita adesiva e embalagens plásticas não recicláveis. A seguir apresentamos a sistematização dos aprendizados e desafios no campo da Gestão dos Resíduos Sólidos em contexto urbano:

Quadro 2: Aprendizados e Desafios na Gestão de Resíduos Sólidos.
Fonte: elaborado pelos autores, 2023.

Técnica	Aprendizados	Desafios
Vermicompostagem (minhocário)	- muito eficiente para educação ambiental, produz húmus e biofertilizante líquido. - a utilização do húmus é simples e o resultado da adubação é sempre excelente - por ser muito concentrado, o biofertilizante líquido dura muito e, bem diluído, gera ótimos resultados com as plantas. - o excesso de adubo produzido é doado para os vizinhos que sentiram-se estimulados a plantar em suas casas e no Parque da Joia.	- manter o equilíbrio entre carbono e nitrogênio no sistema e controlar a proliferação de insetos indesejados - o manejo das caixas cheias é um trabalho pesado que requer cuidados - o compartilhamento da rotina de alimentação do minhocário é desafiante. É comum a prática ser centralizada em um morador que sente-se sobrecarregado. - buscar serragem numa madeireira para a cobertura do sistema é trabalhoso e acaba tornando-se uma ação individual.
Enzimas cítricas	- capaz de compostar boa parte do que não pode alimentar as minhocas. - produz um vinagre excelente para faxinas e desinfecções em geral. - a produção caseira do desinfectante gera também economia doméstica. - um garrafão de cinco litros é capaz de atender às necessidades da casa por aproximadamente seis meses	- a produção de gás é intensa nas três primeiras semanas de fermentação, portanto é importante expelir o gás diariamente durante este período para evitar uma possível explosão das garrafas - secar e compostar os resíduos resultantes da fermentação

Técnica	Aprendizados	Desafios
Leira estática de aeração passiva comunitária	- tornou-se o principal sistema de compostagem da casa - o composto produzido é utilizado na regeneração da praça - a comunidade tem se unido em torno da regeneração da praça por meio da compostagem comunitária	- manter a rotina de compostagem num dia e horário específicos é um desafio para quem trabalha também aos finais de semana. - conseguir atrair maior adesão da comunidade do entorno. - melhorar a qualificação dos usuários da composteira a fim de melhorar a qualidade do adubo produzido.
Destinação dos resíduos recicláveis para a empresa familiar de catadores do bairro	- excelente maneira de transformar os recicláveis em recursos - por meio das doações dos resíduos criou-se boa relação com os catadores e frequentemente os moradores da Casa Autônoma recebem doações ou compram objetos descartados em bom estado de conservação, como portas, carrinhos de mão, fechaduras etc.	- manter a rotina de entrega. Como não são coletados em casa, as vezes demoram semanas para ir até os catadores em horário comercial para realizar a entrega dos resíduos.
Rejeito utilizado para a produção de *ecobricks*	- os rejeitos se transformam em matéria-prima para a bioconstrução - a observação dos rejeitos nas garrafas nos ajuda a reduzir a produção dos mesmos reforçando melhores hábitos de consumo	- com a revisão dos hábitos de consumo, cada *ecobrick* leva sete a oito meses para ser preenchido, produzindo poucas unidades e inviabilizando o seu uso numa construção. - quando não são bem lavadas, as embalagens acumuladas geram mal cheiro.

4.2 Gestão das águas

A fim de alcançar a autonomia hídrica, os dois primeiros passos no projeto foram: a avaliação do consumo médio mensal e a identificação das possíveis fontes de água na residência, para então avaliar quais seriam as fontes mais sustentáveis e economicamente viáveis para atender à demanda de consumo residencial. O consumo médio mensal da Casa do Chapéu do Sol nos últimos meses girou em torno de oito metros cúbicos (oito mil litros de água) por mês. As fontes possíveis para atender a essa demanda de consumo são: o fornecimento da SABESP, a água do lençol freático e a água de chuva. Por análise que é descrita de forma mais aprofundada em Souza (2022), optou-se por complementar o abastecimento da concessionária com água de chuva.

Desde a crise hídrica de 2014, a água de chuva vem sendo utilizada na Casa do Chapéu de Sol como fonte de água não potável. Recolhidas em minicisternas (reservatórios de 220 litros), a captação de água de chuva colabora com a economia de aproximadamente 30% do consumo de água da casa durante a época de chuvas.

Atualmente há três minicisternas com capacidade de 220 litros cada uma, armazenando no total 660 litros de água de chuva. Essa água é utilizada para fins não potáveis, como: a rega dos canteiros, das mudas, o abastecimento do sistema de hidroponia vertical e a lavagem do quintal.

A minicisterna foi uma criação do desenvolvedor de tecnologias de baixo custo Edison Urbano, responsável pelo portal Sempre Sustentável (2022), onde compartilha manuais de todos os sistemas desenvolvidos por si. A ideia principal do conceito é a redução do sistema de captação de água de chuva para uma bombona, um reservatório reutilizado com volumes entre 200 e 280 litros.

4.3 Projeto de Redimensionamento da captação de água de chuva para autonomia hídrica (em desenvolvimento):

Para alcançar total autonomia hídrica, foi projetada uma cisterna capaz de armazenar água de chuva para o seu uso ao longo do ano todo e não somente para fins não potáveis, buscando captar, armazenar e tratar a água de chuva para atender a todos os fins (incluindo os potáveis) e desconectar a casa da concessionária local, a SABESP. Com a intenção de armazenar a água de chuva no subsolo da garagem da casa, o maior reservatório viável é do tamanho de 15 m^3 (Souza, 2022). Para realizar essa obra serão necessárias diversas obras de infraestrutura. Além da obra de alvenaria, são necessárias adaptações hidráulicas.

4.4 Tratamento local e adequado do esgoto - UltraGota

Devido a uma parceria realizada com a empresa de engenharia Vecchi Ambiental, a Casa do Chapéu de Sol conta hoje com um sistema de tratamento de esgoto para onde são destinadas todas as águas usadas na casa. Essas águas são destinadas a um reservatório plástico de 500 litros enterrado no quintal inferior da casa, onde antigamente havia um sumidouro. Dentro desse reservatório há um equipamento cedido pela Vecchi Ambiental chamado UltraGota. Trata-se de um reator biológico com membrana (MBR - membranas submersas em reatores biológicos), um sistema compacto de saneamento de esgoto domiciliar capaz de tratar esgoto de até oito pessoas e produzir água limpa para atender às necessidades não potáveis da casa, segundo a empresa fabricante. O sistema já está em funcionamento e os esgotos produzidos na casa já estão sendo tratados.

O sistema possui duas etapas complementares de tratamento/desinfecção, sendo a primeira biológica e a segunda mecânica. A primeira etapa é chamada de lodos ativados e conta com uma colônia de bactérias aeróbicas, que digerem os materiais orgânicos contidos na água. O diferencial do UltraGota é conseguir reproduzir o funcionamento do sistema num pequeno reservatório de quinhentos litros, compacto, mantendo a eficiência das grandes estações de tratamento de esgotos tradicionais. Depois do processo de degradação biológica promovido pelas bactérias na etapa dos lodos ativados, o efluente líquido passa pela segunda etapa de tratamento, a ultrafiltração. A realização dessa obra foi um grande desafio. Foram três meses de trabalho quebrando o piso, descobrindo os caminhos das tubulações, arrumando os prumos dos tubos, lidando com a sujeira da obra enquanto os habitantes permaneceram na casa.

Quadro 3: Aprendizados e desafios na gestão das águas.
Fonte: elaborado pelos autores, 2023.

Técnica	Aprendizados	Desafios
Captação da água de chuva com minicisternas	- gerou economia de água utilizada para a rega, lavagem de ferramentas e objetos - mudou a relação dos moradores com a água a partir da gestão da água de chuva - excelente ferramenta pedagógica	- manter os descartadores das primeiras águas sempre vazios - aumentar o tamanho dos reservatórios para atender à demanda crescente de água na casa - limpar as calhas para não entupir os filtros de folhas
Substituição de válvulas ineficientes, e instalação de redutores de vazão nas torneiras e chuveiros	- processo simples e barato causa grande impacto na redução do consumo de água	- adequar-se a um modo de vida com menor consumo de água no banho e torneiras
Saneamento do esgoto através do sistema UltraGota	- envio de água despoluída para o córrego que recebe o esgoto da casa, chamado "Córrego do Água Podre"	- depende de energia elétrica para funcionar. - produz barulho constantemente, atrapalhando concentração - quando há desequilíbrio na etapa biológica, emite mal cheiro - qualidade do saneamento insuficiente para o reúso direto, requerendo polimento mesmo para fins não potáveis (verificado por análise do efluente tratado)

4.5 Produção de alimentos

A busca por autonomia alimentar impulsiona os moradores da Casa do Chapéu de Sol a produzirem uma parte dos alimentos que consomem no seu dia a dia em casa. A falta de espaço e de sol são fatores limitantes e, por esse motivo, as ações conduzidas se limitam a produzir folhas, chás, temperos e ervas medicinais em quantidade suficiente para não precisar comprá-los.

Procurando por sistemas de produção de alimentos altamente eficientes, ou seja, capazes de produzir uma grande quantidade de alimentos em um pequeno espaço, encontraram sistemas de aquicultura, ou seja, produção de alimentos sem solo, diretamente na água. O primeiro sistema de produção de alimentos na água testado na casa foi o de aquaponia.

4.6 Aquaponia

A aquaponia promove a integração entre a piscicultura e a hidroponia, ou seja, uma forma de se produzir peixes e vegetais num sistema integrado que imita a natureza.

Segundo Alfaro e Inácio (2017, p. 12), "esta tecnologia é livre de pesticidas e fertilizantes químicos, utiliza até 90% menos água que a cultura convencional e outros recursos naturais, sendo uma excelente solução para ambientes urbanos como casas e prédios". Após a leitura do livro de Cláudio Alfaro e Renato Inácio, optou-se pela implementação de um sistema de aquaponia na pequena varanda de 5 m^2, a área mais ensolarada da Casa do Chapéu de Sol.

Um sistema pequeno de aquaponia possui uma ou mais mesas de cultivo e um tanque de peixes. Por meio de uma bomba submersa, a água do tanque de peixes sobe pela tubulação e é enviada para a cama de cultivo que enche até atingir o nível de entrada no sifão. Quando atinge este nível, a água é drenada e volta para o tanque de peixes. Vale dizer que nesse caso os peixes não são para consumo, mas sim peixes de aquário (carpas e kinguios).

4.7 Hidroponia

A hidroponia é um sistema de produção de plantas sem solo. Produzidas diretamente na água com adição de minerais, as plantas crescem rápido, o controle de nutrientes é facilmente ajustável e a quantidade de água utilizada na sua produção é vertiginosamente menor do que num sistema convencional (Carrijo, Makishima, 2000). Foi realizada uma parceria com a empresa Cityfarm Brasil (2022), que produz sistemas de hidroponia vertical, conhecidos também como sistemas de aeroponia. Assim, foi utilizado sistema composto por um pequeno tanque de cem litros e três torres verticais com quinze cavidades cada, onde são encaixadas as mudas das plantas. Esse modelo de sistema de aeroponia desenvolvido pela Cityfarm Brasil tem portanto capacidade para a produção de quarenta e cinco mudas simultâneas, numa área de menos de 1 m^2. Se o antigo sistema de aquaponia testado na varanda da Casa do Chapéu de Sol pesava aproximadamente de 500 kg e produzia em torno de 30 mudas simultaneamente, o novo sistema de aeroponia ocupa por volta de 20% do seu peso e área e produz 50% mais mudas do que o anterior.

4.8 Canteiro do quintal

Entre o final de 2021 e início de 2022 foram realizadas obras no quintal da Casa do Chapéu de Sol. Com a terra removida das escavações do poço onde está localizado o sistema de saneamento de esgoto, foi feito um banco bioconstruído, utilizando-se da terra e do entulho na sua manufatura. Este banco serve também como borda do canteiro do quintal de baixo, onde são produzidas algumas hortaliças, temperos e ervas medicinais.

Trata-se de um canteiro experimental que tem como proposta propiciar um contato mais íntimo com as plantas, observar os seus ciclos, entender pela experiência quais consórcios de plantas funcionam melhor e, ao mesmo tempo, complementar a produção proveniente do sistema de hidroponia. Os residentes não esperam produzir nesse canteiro alimentos em quantidade suficiente para suprirem suas demandas por comida, por se tratar de uma área muito pequena (aproximadamente 4 m^2) e numa área com baixa insolação (máximo de duas horas diárias no inverno).

Quadro 4: Aprendizados e desafios na produção de alimentos.
Fonte: elaborado pelos autores, 2023.

Técnica	Aprendizados	Desafios
Produção de temperos, chás e folhagens no canteiro do quintal	- propicia temperos e chás frescos o ano todo - faz com que conheçam melhor as plantas que gostam de consumir e/ou os fazem bem	- difícil produzir uma variedade interessante num espaço reduzido e com poucas horas diárias de sol
Produção aquapônica	- sistema inviável em pequena escala. - só faz sentido produzir em sistema de aquaponia quando o consumo dos peixes é parte do projeto - a ração dos peixes é cara e transgênica - fez-se necessária a utilização de insumos (nutrientes minerais) de hidroponia para a saúde das plantas, desestabilizando o habitat dos peixes	- requer energia elétrica para funcionar; em caso de queda de energia, as plantas e os peixes morrem - implementação cara - difícil manter as condições da água equilibradas para os peixes - difícil conseguir encontrar o equilíbrio entre a quantidade de peixes e plantas para estabilizar o sistema
Produção hidropônica	- produção de uma grande quantidade de folhagens numa pequena área produtiva - variedade de verduras frescas produzidas sem agrotóxicos diariamente na mesa - praticidade de colher as verduras na hora do consumo	- requer energia elétrica para funcionar; em caso de queda de energia, as plantas morrem - requer o uso de nutrientes minerais provenientes da indústria da mineração - as plantas não pareciam tão saborosas quanto as plantadas na terra

4.9 Utilização de energias renováveis

A partir do aquecimento solar da água poderia produzir água quente para o banho, para as torneiras dos banheiros e para a pia da cozinha. A partir dessa implementação, estima-se uma redução de aproximadamente 30% da energia elétrica consumida na casa. O aquecimento solar da água utilizado na pia da cozinha, também reduzirá o consumo de gás natural para a cocção de alimentos, uma vez que se fazem necessários alguns minutos de fogo para esta finalidade. O sistema ainda não foi instalado por conta da inviabilidade econômica.

De acordo com o orçamento realizado pela empresa Aztec Energia, o sistema de captação e armazenamento de energia fotovoltaica mais adequado para atender às necessidades de consumo da Casa do Chapéu de Sol é o mais simples entre os desenvolvidos pela empresa. *On grid* (conectado à rede), o sistema proposto mantém a casa conectada na rede de energia da concessionária ENEL, produzindo energia durante o dia enquanto há sol e gerando créditos que serão consumidos durante a noite, ou em períodos nublados, com ausência de sol. Os projetos *on grid* não possuem bancos de baterias para o armazenamento da energia produzida, mas utilizam a rede da concessionária como o seu sistema de *backup*.

Segundo a empresa Aztec Energia, para tornar-se economicamente viável, o menor sistema fotovoltaico *on grid* oferecido por ela atende a um consumo médio de 260 kWh/mês, enquanto o consumo médio da Casa do Chapéu de Sol é de apenas 120 kWh mensais. O argumento do *payback* torna-se frágil, pois o custo das parcelas do financiamento giram em torno de R$ 375,00, um valor muito superior ao valor atual da conta de energia, que gira em torno de R$ 100,00, mostrando a inviabilidade econômica para casas com baixo consumo energético.

O fogão de caixa é uma tecnologia social promovida pelo Fundo Abraço (2022), que distribui os equipamentos de forma gratuita para famílias em situação de vulnerabilidade socioeconômica. Trata-se de uma caixa térmica que mantém a temperatura da panela introduzida no seu interior, permitindo que haja uma economia de gás de cozinha ao ser utilizada. Para utilizá-la, os moradores começam a cocção dos alimentos no fogão convencional e, depois de atingida a temperatura de fervura, a panela é transferida para o seu interior.

Quadro 5: Aprendizados e desafios no campo das energias alternativas.
Fonte: elaborado pelos autores, 2023.

Técnica	Aprendizados	Desafios
Redução do consumo energético	- mudança dos hábitos de consumo da casa, deixando de usar forninho elétrico e ferro de passar - substituição de parte das lâmpadas incandescentes e frias por lâmpadas LED - utilização do fogão de caixa para redução do uso de gás de cozinha	- a adaptação dos novos hábitos não é facilmente aceita por todos os moradores da casa e gera desgaste das relações até o estabelecimento de acordos sólidos.
Fogão de caixa	- ótima maneira de economizar gás de cozinha - permite esquecer as panelas no fogão e sair para realizar outras atividades	- ocupa um grande espaço na cozinha - requer planejamento prévio em função do maior tempo de cocção

5. Considerações finais

A partir das pesquisas desenvolvidas na Casa do Chapéu de Sol, tanto para esse capítulo quanto aquelas vivenciadas previamente pelo pesquisador-morador, pode-se compreender que as ferramentas oferecidas pela permacultura de fato contribuem com a ampliação da autonomia residencial, seja do ponto de vista da gestão de resíduos sólidos, da gestão dos recursos hídricos, da produção de alimentos ou da produção de energia. Essa busca por autonomia fez com que os moradores da casa melhorassem os seus hábitos alimentares, consumissem de forma mais responsável e consciente, buscando produtos produzidos por pequenos produtores integrados à rede agroecológica, fomentando também a economia solidária. Ainda, propiciou a produção de boa parte das verduras consumidas no dia a dia da casa, a partir da produção hidropônica. Fez com que os residentes conseguissem compostar a maioria dos resíduos orgânicos da casa e reduzissem significativamente o volume de resíduos sólidos secos, transformando-os em recursos financeiros para os catadores da vizinhança. Gerou economia de recursos hídricos por meio dos sistemas de captação de água de chuva, além de sanear 100% do seu esgoto. Cabe ressaltar que o UltraGota instalado, o qual se pretendia oferecer água de reúso, não está atendendo às expectativas almejadas, fato que foi comprovado a partir de análise de eficiência do efluente tratado. Para reúso, mesmo que não-potável, é requerida uma etapa de pós-tratamento.

Pode-se ainda constatar que soluções simples comumente utilizadas no *design* permacultural aplicado ao meio rural se mostraram inviáveis na escala domiciliar urbana. Podemos inferir que quanto menor a área do terreno da residência, maior a necessidade do uso de soluções tecnológicas mais avançadas com custo elevado, o que inviabiliza a aplicação em escala popular.

A gestão de resíduos sólidos nos mostrou caminhos interessantes do ponto de vista econômico, de uma escala viável e do fortalecimento social. Pôde-se constatar que tanto é possível realizar a compostagem dos resíduos sólidos em casa pela vermicompostagem com minhocas, como em áreas públicas, a partir da compostagem comunitária. Contudo, a compostagem comunitária oferece tanto a regeneração da camada social quanto do ambiente onde se insere.

A partir desse exemplo, vale pensar como podemos nos utilizar de áreas degradadas ou abandonadas não só para praticar a compostagem comunitária (aliviando a carga sobre os aterros sanitários), mas também para produzir alimentos em áreas urbanas, promovendo a integração social e a apropriação dos espaços públicos pela população, melhorando o bem-estar coletivo e fortalecendo laços entre os moradores desses locais. Um bom exemplo é a possibilidade do uso das áreas das faixas de servidão utilizadas pelas redes de transmissão de energia elétrica, pelos dutos de água e esgoto ou pelos gasodutos que atravessam as nossas cidades.

Ainda, como as ferramentas de *design* permacultural foram concebidas inicialmente para a realidade rural, a metodologia de planejamento aplicada às propriedades urbanas ultra-adensadas como a Região Metropolitana de São Paulo, não faz muito sentido, precisando se adaptar a cada realidade e *locus* social. Assim, faz-se necessária uma adaptação da permacultura, direcionando o planejamento de acordo com cada contexto social, com o território, incluindo não só as questões técnicas, mas também as áreas e recursos financeiros disponíveis, o engajamento dos atores locais, a cultura e identidade dos distintos grupos sociais.

Portanto, cabe extrapolar esse estudo de projeto piloto da Casa do Chapéu de Sol em outras realidades e contextos, principalmente naqueles com menor disponibilidade de recursos econômicos e áreas disponíveis.

Como a realidade urbana é muito plural, existe uma grande diversidade de contextos sociais, espaciais, econômicos e culturais dentro de cada cidade e/ou bairro. Por isso, especialmente no Brasil, um país com alta desigualdade social, cabe compreender que esses contextos diferentes precisam ser estudados e incluídos na concepção de caminhos para construção de uma metodologia permacultural urbana apropriada a cada território, em que a experimentação da cocriação de uma casa autônoma pode ser um bom começo.

Referências bibliográficas

ALFARO, C.; INÁCIO, R. **Introdução à aquaponia**: cultivo de peixes e plantas em sistemas integrados. São Paulo: [s. n.], 2017.

AMORIM, V. F.; GARCIA, N. L. S.; SILVA, F. A. L.; SILVA, M. T.; OLIVEIRA, R. F. Vermicompostagem doméstica como alternativa na decomposição de resíduos orgânicos. In: SIMPÓSIO INTERNACIONAL DE QUALIDADE AMBIENTAL, 10., 2016, Porto Alegre. **Anais** [...]. Porto Alegre: Abes-RS; PUC-RS, 2016. Disponível em: http://www.abes-rs.uni5.net/centraldeeventos/_arqTrabalhos/trab_20160929194143000000987.pdf. Acesso em: 6 abr. 2023.

CARRIJO, O. A., MAKISHIMA, N. Princípios de hidroponia. **Circular técnica Embrapa**, Brasília, DF, n. 22, nov. 2000.

CITYFARM Brasil. São Paulo, 2022. Disponível em http://cityfarmbrasil.com.br. Acesso em: 10 ago. 2022.

COMPOSTA SÃO PAULO. **Manual de compostagem doméstica com minhocas**. São Paulo: Composta São Paulo, 2014. Disponível em https://compostasaopaulo.eco.br/resultados2014/download. Acesso em: 21 jun. 2022.

FERREIRA NETO, D. N. **Uma alternativa para a sociedade**: caminhos e perspectivas da permacultura no Brasil. São Carlos, SP: Autonomia Literária, 2018.

FERREIRA, A. B. H. **Dicionário Eletrônico Aurélio Século XXI**. Rio de Janeiro: Nova Fronteira; Lexikon Informática, 1999.

FUNASA – Fundação Nacional de Saúde. **Compostagem familiar**: conceitos básicos a respeito da compostagem natural com o objetivo de incentivar o aproveitamento de parte significativa de resíduos sólidos. Brasília, DF: Funasa, 2013. Disponível em: https://bvsms.

saude.gov.br/bvs/publicacoes/compostagem_familiar_conceitos_basicos_residuos_solidos_estudos_pesquisas.pdf. Acesso em: 6 abr. 2023.

FUNDO Abraço. São Paulo, 2022. Disponível em: http://fundoabraco.com.br. Acesso em: 20 set. 2022.

HOLMGREN, D. **Permacultura**: princípios e caminhos além da sustentabilidade. Tradução Luíza Araújo. Porto Alegre: Via Sapiens, 2013.

HOLMGREN, D. **RetroSuburbia**: the downshifter's guide to a resilient future. Hepburn Springs, Ballarat: Melliodora, 2018.

INÁCIO, C. T.; MILLER, P. R. M. **Compostagem**: ciência e prática aplicadas à gestão de resíduos. Rio de Janeiro: Embrapa Solos, 2009.

JABHADE, S. B.; BHOSALE, A. C.; MASKE, P. B. ; PAVANE, S. ; BMANE, S. A Study of Garbage Enzyme Solution. **iJRASET**: International Journal for Research in Applied Science & Engineering Technology, [New Delhi], v. 10, n. 4, abr. 2022. DOI: https://doi.org/10.22214/ijraset.2022.41726.

LEONARD, A. **A história das coisas**: da natureza ao lixo, o que acontece com tudo que consumimos. Rio de Janeiro: Zahar, 2011.

MACHADO, G. C. X. M. P. **Somos natureza**: soluções baseadas na natureza para o desenvolvimento local. Rio de Janeiro: Bambual, 2022.

MARTINS, A. M. **Autonomia e gestão da escola pública**: entre a teoria e a prática. Campinas, 2001. Tese (Doutorado em Educação) – Faculdade de Educação, Universidade Estadual de Campinas, Campinas, 2001. Disponível em: http://libdigi.unicamp.br/document/?code=vtls000220324. Acesso em: 6 abr. 2023.

MOLLISON, B.; SLAY, R. M. **Introdução à permacultura**. Brasília: MA/SDR/PNFC, 1998.

PERMACULTORES URBANOS. **Casa autônoma**. São Paulo: Permacultores Urbanos, 2021. Disponível em: https://www.permacultoresurbanos.com/casa-autonoma. Acesso em: 21 mar. 2022.

______. **Enzimas cítricas**. São Paulo: Permacultores Urbanos, 2021. Disponível em: https://www.permacultoresurbanos.com/enzimas-citricas. Acesso: 14 abr. 2022.

SEMPRE sustentável. [São Paulo], 2022. Disponível em http://sempresustentavel.com.br. Acesso em: 10 ago. 2022.

SOUZA, V. P. de. **Casa autônoma**: práticas permaculturais para habitar uma casa sustentável em centros urbanos. 2022. Trabalho de Conclusão de Curso (Especialização em Educação para a Sustentabilidade) – Universidade Federal de Alfenas, Varginha, 2022.

STORY of stuff. [S. l. : s. n.], 2009. Publicado pelo canal The Story of Stuff Project. Disponível em: https://www.youtube.com/watch?v=9GorqroigqM Acesso em: 12 jan. 2022.

THIOLLENT, M. **Metodologia da pesquisa-ação**. São Paulo: Cortez. 1985..

CAPÍTULO 12

O PODER DO COLETIVO PARA A TRANSFORMAÇÃO SOCIAL

Manuela Fonseca Andrade,
Gustavo Machado e Lizandra Barbuto

1. Introdução

O ser humano vive uma crise planetária que se reflete em consequências sociais, econômicas e ecológicas, e nos desperta para uma época de transição e mudanças de paradigmas. Com esse despertar, surgem iniciativas e movimentos de transformação social que buscam alternativas para os modelos econômico, cultural e político atuais. Desses derivam projetos e ações advindos do desejo de indivíduos de trabalhar em prol do coletivo.

A necessidade humana de pertencer a algum grupo sempre esteve presente no cerne das sociedades. Entretanto, após a Revolução Industrial e com a difusão do sistema capitalista, o individualismo ganhou protagonismo entre as relações. Em contraponto, podemos divisar temas como o surgimento de uma chamada desindividualização, descrita por Maffesoli em *O tempo das tribos* (1998), e que consiste no declínio do individualismo na sociedade pós moderna que, por conseguinte, levará à busca por alternativas de organização social. O autor Luiz Inácio Germany Gaiger, no livro *A descoberta dos vínculos sociais* (2016), investiga como a crença na autossuficiência dos indivíduos impede que se compreenda a via necessária para a resolução de crises e do mal-estar civilizatório em que a sociedade está submersa, exigindo um novo ponto de partida. Segundo Gaiger (2016, p. 10), "o problema de nossa civilização não é econômico", mas consiste em manter o viés econômico como única fonte de resolução de problemas. Por essa razão, ressurge "no terreno econômico, a indicar a existência ou a viabilidade de outras lógicas, outros recursos operantes no tecido social" (Gaiger, 2016, p. 90).

As relações sociais já vêm sendo atravessadas há muito tempo pela economia, pela ecologia e por uma visão de mundo individualistas. Gaiger defende que os meios para a transformação da sociedade e para a resolução das crises estão nos vínculos sociais. Eles acionam outro princípio de ação, promotor de laços e impulsionador da solidariedade (Gaiger, 2016).

Por sua vez, os autores Lipovetsky e Serroy (2011) afirmam que a individualização fez surgir um novo tipo de insegurança – a identitária – que estaria relacionada à perda de ancoragens comunitárias, à ausência de uma plena relação dos indivíduos com suas comunidades próximas locais. Esse fenômeno reflete o declínio do individualismo na sociedade pós-moderna que, por conseguinte, levará à busca por alternativas de organização social.

A partir do engajamento, muitos coletivos estão trabalhando juntos com o objetivo de melhorar suas comunidades, ruas, bairros e, principalmente, a vida de quem vive nesses espaços, buscando formas mais autônomas e regenerativas de viver, conviver em comunidade e resgatar as ancoragens comunitárias. É o caso, por exemplo, do Observatório de Favelas, iniciativa dedicada à produção de conhecimento e metodologias visando incidir em políticas públicas sobre as favelas e periferias e promover o direito à cidade" (Observatório de Favelas, 2022) Este trabalho se dá na perspectiva de que pequenas mudanças locais, ao serem reaplicadas ou expandidas, podem resultar em mudanças globais.

A partir desse cenário, nasceram os seguintes questionamentos: como podemos criar estruturas que apoiem os indivíduos para coletivamente se desenvolverem em comunidade? Quais são os mecanismos utilizados pelas lideranças inspiradoras para promover o engajamento coletivo? Quais conhecimentos, ferramentas e rituais comunitários poderiam apoiar ou colaborar para o desenvolvimento comunitário?

Assim, o objetivo central deste trabalho foi compreender o poder coletivo para a transformação social e, para tanto, entender e analisar estratégias que apoiam o desenvolvimento comunitário. Para isso buscamos: i) identificar lideranças que atuem com práticas regenerativas e gerem transformações sociais no Brasil; ii) compreender o percurso do despertar do indivíduo para o coletivo dessas lideranças; iii) contextualizar e compreender as estratégias de engajamento comunitário no processo de formação e desenvolvimento comunitário; iv) entender as principais dificuldades que impossibilitam o engajamento e o desenvolvimento comunitário na perspectiva das lideranças; e v) sistematizar as boas práticas, estratégias e ferramentas utilizadas para a manutenção, engajamento e desenvolvimento comunitário.

2. Referencial teórico

2.1 O despertar do indivíduo para o coletivo

Uma comunidade é uma construção sociológica que, de acordo com Weber, representa uma

> relação social na medida em que a orientação da ação social, na média ou no tipo-ideal, baseia-se em um sentido de solidariedade: o resultado de ligações emocionais ou tradicionais dos participantes (Weber, 1987, p. 77).

Já a filósofa africana Sobonfu Somé, no livro *O espírito da intimidade*, publicado em português em 2007, considera que o papel de uma comunidade é:

> assegurar que cada membro seja ouvido e consiga contribuir com os dons que trouxe ao mundo, da forma apropriada. Sem essa doação, a comunidade morre. E sem a comunidade, o indivíduo fica sem espaço para contribuir. A comunidade é uma base na qual as pessoas vão compartilhar seus dons e recebem as dádivas dos outros (Somé, 2007).

Gaiger (2016) relembra os primórdios da humanidade, quando a sociedade se organizava em tribos, e cita Karl Polanyi, que afirma que "[o] selvagem individualista, que procura alimentos ou caça para si mesmo ou para sua família, nunca existiu" (Polanyi, 2000 *apud* Gaiger, 2016, p. 102). Para esses autores, não haveria possibilidade de existência da vida humana sob a lógica individualista, mas sim a partir de vínculos sociais.

O resgate da valorização dos vínculos sociais e as novas formas de organização social buscam transformar as relações e a sociedade. Os vínculos sociais formam "círculos de interação já não tão estreitos e pessoais, passando a envolver grupos e entidades supraindividuais, dotados de naturezas e de lógicas específicas" (Gaiger, 2016, p. 102). Ainda segundo o autor, os vínculos grupais são formados por identidades e propósitos comuns que criam um sentimento de comunidade.

Podemos encontrar iniciativas comunitárias que cumprem uma finalidade para seus membros e, ao mesmo tempo, os próprios membros se engajam pela coletividade mais ampla em nome de algum interesse. Entretanto, para que os laços identitários se mantenham, é necessária a instauração de práticas, formando tradições comunitárias e associativas, e criando organizações de suporte e mobilização.

Assim, a construção de uma comunidade pode fazer toda a diferença, pois existe uma "mente coletiva" que é muito mais sábia do que qualquer indivíduo, – "há um potencial muito maior no grupo do que em qualquer esforço individual" (Gaia Education, 2021). Entretanto, ter consciência disso não é uma tarefa simples. A consciência e a compreensão de tais fatos passam pelo pertencimento, que, segundo Marcela Xavier, "é uma das necessidades mais básicas de qualquer ser humano, e infelizmente é também uma das mais difíceis de experienciar" (Xavier, 2021). E, por vezes, a vontade de pertencer a um grupo é tamanha, que "entramos em conformidade" (Xavier, 2021).

De acordo com o livro *Esperança Ativa*, podemos pensar em comunidade em diferentes níveis. Neles são ampliados progressivamente "nosso senso de pertencimento, reconhecimento e ação" (Macy; Johnstone, 2020, p. 125). Esses níveis seriam: "Grupos em que nos sentimos em casa; a comunidade mais ampla ao nosso redor; a comunidade global da humanidade; e a comunidade viva da Terra" (Macy; Johnstone, 2020, p. 125).

No processo de construção e/ou fortalecimento de comunidades, é muito importante que as pessoas despertem de uma lógica individual para uma consciência coletiva. Nesse movimento, acabam por surgir lideranças comunitárias, que conseguem sair de um conformismo com a situação em que se encontram para uma vontade de transformação social. Essas pessoas também se mostram como lideranças sociais quando agem por meio de projetos que levam à comunidade a oportunidade de usufruir de seus direitos e as ajudam a recuperar as ancoragens comunitárias. Entretanto, nenhuma liderança social consegue agir de forma isolada, pois precisa se articular em rede com outros movimentos, como associações, grupos de moradores, Organizações Não Governamentais (ONGs) e escolas, mobilizando esses agentes em prol de objetivos em comum. A seguir será discutido mais detalhadamente o papel das lideranças sociais e como elas podem apoiar o desenvolvimento comunitário.

2.2 Liderança que apoia o desenvolvimento comunitário

A bióloga evolutiva Lynn Margulis afirma que, "se quisermos sobreviver à crise social e ecológica que criamos, precisamos nos envolver profundamente no desenvolvimento de novas estruturas comunitárias dentro da sociedade" (Margulis, s.d, *apud* Joubert; Alfred, 2020, p. 151). É possível encontrar territórios em que novas estruturas comunitárias já estão sendo desenvolvidas e o declínio do individualismo ganha espaço. Nesses territórios, é possível identificar os vínculos grupais, o sentimento de pertencimento, dinâmicas comunitárias e uma colaboração genuína entre os seus atores, seja pela vontade ou pela ausência do Estado e pelas ameaças naquele território.

Ailton Krenak fala sobre a experiência engajada em entrevista para a *Revista Periferias*, em 2018, intitulada "A potência do sujeito coletivo". Para o ativista, a experiência engajada acontece inclusive no contexto local,

> quando você vive numa pequena comunidade, ou quando você consegue extrapolar os limites dessa comunidade onde nos sentimos protegidos pela memória e pela história. Extrapolar esses limites da comunidade é uma rara experiência que algumas pessoas realizam conscientemente, de maneira ativa (Krenak, 2018, p. 3).

Ao se perceber enquanto sujeito desse local, se estabelece uma relação de pertencimento e, para Krenak, ao se reconhecer também como parte de um local se alerta para a "potência do sujeito". Ao compreender a falta de direitos, acessos e condições básicas de viver em suas comunidades, surgem insatisfações, incômodos e os "sujeitos coletivos", como Krenak aponta (2018). Tais sujeitos atuam de diversas maneiras em prol de suas comunidades.

No livro *Um chamado para a liderança regenerativa*, Felipe Tavares discorre sobre a importância da liderança para a regeneração. Para o autor, "a regeneração é uma proposta de harmonização das atividades humanas com a inteligência dos sistemas vivos" (Tavares, 2019, p. 35). E o papel da liderança é fundamental para construir caminhos em direção a um futuro viável e uma jornada de transformação. Para o autor, "precisamos de pessoas que assumam a responsabilidade de liderar a partir de um propósito coletivo e cuja motivação seja sanar as dores de Gaia. A essas pessoas nós podemos dar o nome de líderes regenerativos" (Tavares, 2019, p. 35). Essas lideranças comunitárias podem ter um papel importante para a regeneração, tomando a frente de iniciativas que promovam o desenvolvimento local.

Nesse âmbito, em um relatório de 2017 do Fundo Casa Socioambiental, instituição que trabalha com desenvolvimento e fortalecimento de comunidades, define-se que a inovação social é "aquela produzida por um grupo ou comunidade que fortalece a capacidade coletiva de seguir se desenvolvendo" (Fundo Casa, 2017, p. 9). Para que esse processo aconteça, segundo a organização, é preciso iniciar com:

> A formação de um grupo em torno de uma problemática e, ao longo do tempo, agregar uma série de capacidades e competências que permitirão ao grupo responder a desafios futuros. Nesta perspectiva, é a própria comunidade quem, através de uma inovação social, promove o desenvolvimento local, construindo uma experiência com potencial de replicabilidade em realidades e contextos semelhantes. (Fundo Casa, 2017, p. 9).

Já no livro *Design para culturas regenerativas*, o autor Daniel Wahl apresenta a necessidade da construção de comunidades prósperas e evidencia que "a participação em comunidades prósperas faz com que os indivíduos prosperem, e através da colaboração podemos criar prosperidade para todos" (Wahl, 2020, p. 285). Para o autor, o indivíduo e a comunidade são polos de uma mesma unidade, e uma pessoa só existe enquanto atua pelo bem comum da comunidade a que pertence (Wahl, 2020). Sem comunidade não há indivíduo, e sem seres singulares não há comunidade.

Seguindo essa linha de pensamento, é possível compreender a importância do resgate das comunidades e do papel das lideranças comunitárias, mas ainda é preciso entender como expandir os conhecimentos de colaboração e de fato promover transformação social de forma mais ampla. Assim, a seguir apresentamos abordagens que apoiam uma caminhada colaborativa

2.3 Do local para o global – design e metodologias colaborativas como pontes

Para que as experiências em âmbito local tenham o poder de contribuir para o desenvolvimento social de outras comunidades, surgem o design e as metodologias colaborativas, bem como estratégias de relacionamento, engajamento e rituais que apoiam o fortalecimento do tecido social.

A partir das entrevistas, foi possível encontrar alguns caminhos possíveis para entender e, futuramente, apoiar outras comunidades em seus processos de empoderamento e construção de identidade comunitária. Nesse trajeto, o design para sustentabilidade pode ser uma excelente ferramenta para aproximar as pessoas de uma comunidade ou de um projeto comum. Nesse sentido, Meroni explica que:

> O design centrado na comunidade enfatiza a compreensão das necessidades e comportamentos sociais, mais do que aqueles individuais, e incorpora uma atitude de codesign para que seja possível projetar a mudança estratégica em uma colaboração muito próxima com a comunidade (Meroni, 2008, p. 15).

Para que as inovações sociais aconteçam de forma mais regenerativa, é necessário pensar relações, soluções e sistemas que promovam uma cultura colaborativa, em que além das pessoas envolvidas seja considerada também a natureza, possibilitando dessa forma que a vida continue a existir. Wahl, nesse contexto, defende que devemos "aumentar a diversidade, a complexidade, a bioprodutividade e a resiliência" (Wahl, 2020, p. 26)

Dois exemplos de abordagens que utilizam o design, seguem uma lógica "ganha-ganha-ganha" e podem ser aplicadas em colaboração são a Permacultura e o Dragon Dreaming. Na década de 1970, Bill Mollison e David Holgren criaram o termo *Permaculture*, que, inicialmente, significava, *permanent agriculture*, ou agricultura permanente, sendo traduzida para o português como Permacultura. A Permacultura é uma visão de mundo que entende a vida como um sistema vivo. Ela é regida por três éticas, que se baseiam na observação da ecologia e da sua maneira sustentável de interação para "cuidar da terra, cuidar das pessoas e partilhar os excedentes" (Mollison, 1988).

No livro *Permaculture: A Designer's manual* (1988), Bill Mollison, descreve os "12 Princípios de Design da Permacultura", que seriam:

> Observar e interagir; Capturar e armazenar energia; Obter rendimento; Aplicar autorregulação e aceitar retroacção; Usar e valorizar serviços e recursos renováveis; Não produzir resíduos; De-

> senhar os padrões aos detalhes; Integrar mais que segregar; Usar soluções pequenas e lentas; Usar e valorizar a diversidade; Usar limites e valorizar o marginal; Usar e responder à mudança com criatividade (Holmgren, 2013, p. 15).

Já o Dragon Dreaming é um conhecimento para construção de projetos colaborativos que inclui uma filosofia, um modelo e um método. Cada um deles pode ser entendido e aplicado separadamente, mas para um projeto colaborativo, coerente e eficiente essas perspectivas devem ser aplicadas de forma integrada (Barbuto, 2021). O objetivo final desse conhecimento é realizar sonhos, que serão concretizados pela execução de projetos por meio de quatro etapas: sonhar, planejar, realizar e celebrar (Barbuto, 2021).

O Dragon Dreaming surgiu do trabalho e da prática de John Croft, australiano, geógrafo e educador que desde sua busca pessoal e profissional pela preservação da Terra e desenvolvimento de comunidades sustentáveis e colaborativas, desenvolveu esse conhecimento ao longo de trinta anos. Histórica e filosoficamente, Dragon Dreaming pode ser compreendido como:

> Uma filosofia que é ancorada pela cultura aborígene australiana (Croft, 2011), da Ecologia Profunda (Macy; Brown, 2004), teoria dos sistemas vivos (Bateson, 1986) e o pensamento de Paulo Freire (1986). Ao longo da busca por maior efetividade de ações dos movimentos sociais e ambientalistas, o método foi sendo testado e aprimorado no fluxo do ativismo socioambiental. (Machado; Barbuto; Croft, 2021 p. 146)

Na utilização do Dragon Dreaming como método colaborativo de projetos, abre-se espaço para o diálogo e para empoderar pessoas, aumentando o empenho e o engajamento e contribuindo de forma significativa para o sucesso do projeto e para o bem viver planetário (Blanke *et al.*, 2022).

Para compreender como essas e outras metodologias colaborativas têm sido utilizadas, foram feitas entrevistas com quem na prática trabalha para a construção e engajamento comunitário.

3. Percursos metodológicos

A metodologia utilizada foi a pesquisa qualitativa, em formato de entrevistas semi-estruturadas. Segundo Minayo (2001, p. 22):

> A pesquisa qualitativa trabalha com o universo de significados, motivos, aspirações, crenças, valores e atitudes, o que corresponde a um espaço mais profundo das relações, dos processos e dos fenômenos que não podem ser reduzidos à operacionalização de variáveis.

Para a definição das lideranças e profissionais, foi realizada uma pesquisa exploratória que, segundo Gil (2002), tem o objetivo de proporcionar maior familiaridade com o problema, com vistas a torná-lo mais explícito.

Com a finalidade de entrevistar lideranças comunitárias inspiradoras do Brasil, que estão à frente de comunidades e fazem parte de coletivos e projetos que geram transformações sociais, buscamos compreender duas perspectivas: da liderança que atua em sua comunidade e da liderança que atua em rede, isto é, para além de um único território. Para encontrar diferentes perspectivas e olhares sobre o caminho do despertar do indivíduo para o coletivo e formas de atuação, foram escolhidas pessoas que já têm um trabalho consolidado na área ou na comunidade em que atuam. Na pesquisa exploratória, aliando buscas na internet e conhecimento prévio de referências de pessoas que atuam em projetos, foi possível identificar lideranças comunitárias inspiradoras, como Adriana Queiroz e Isabela Sousa. Ainda, pessoas que trabalham com engajamento comunitário, como Edgard Gouveia Júnior e Melissa Bivar, e muitos outros que, pelo recorte da pesquisa, não foram incluídos neste capítulo.

Durante a pesquisa, conforme citado nos objetivos, buscamos compreender o percurso do despertar do indivíduo para o coletivo, assim como os rituais, práticas e mecanismos utilizados para promover o engajamento comunitário. A partir das entrevistas, foram mapeadas as estratégias consideradas necessárias para manter uma comunidade engajada, bem como as maiores dificuldades que cada liderança encontra nesse percurso. Para entender o ponto de vista dos entrevistados, as entrevistas seguiram um roteiro semi-estruturado (Andrade, 2022), visto que existia a possibilidade de criar perguntas a partir das reflexões dos entrevistados de acordo com a necessidade.

As entrevistas foram realizadas no período de abril a junho de 2022, três em formato virtual, sendo apenas uma presencial, ambas com duração entre 60 a 120 minutos. Todas foram gravadas e transcritas integralmente para posterior análise, com consentimento dos participantes e assinatura de Termo de Consentimento Livre e Esclarecido (TCLE).

Como método de análise, optou-se pela análise interpretativa proposta por Severino (2007). De acordo com o autor, essa forma de análise busca a compreensão objetiva da mensagem comunicada pelo texto. Segundo ele, interpretar:

> É tomar posição própria a respeito das ideias enunciadas, é superar a estrita mensagem do texto, é ler nas entrelinhas, é forçar o autor a um diálogo, é explorar toda a fecundidade das ideias expostas, é cotejá-las com outras, enfim é dialogar com o autor (Severino, 2007, p. 59).

A análise foi construída em etapas. No primeiro momento, as entrevistas foram organizadas em categorias na plataforma digital "Miro", que, de acordo com seu próprio site, é uma "plataforma colaborativa com uma lousa digital online". Esse processo foi importante para organizar as informações contidas nas transcrições, na busca de identificar as interseções e respostas para os objetivos da pesquisa, que gerou o Quadro 1 apresentado nos resultados (item 4.5). Assim, os resultados das entrevistas foram analisados e consolidados com vistas a responder às perguntas colocadas inicialmente e para que as respostas pudessem alcançar e inspirar lideranças comunitárias ou pessoas que desejem trabalhar com engajamento comunitário.

4. Resultados e discussões

A seguir são apresentadas as lideranças entrevistadas e os resultados obtidos a partir das classificações realizadas.

4.1 Lideranças entrevistadas

Edgard Gouveia Júnior[32], arquiteto e urbanista, tem se dedicado a mobilizar pessoas por meio de jogos e ações coletivas para promover pequenas revoluções comunitárias. Ele é um dos criadores da metodologia de brincadeiras sociais batizada de Oásis, que ajudou a revitalizar diversas comunidades. Também criou a *Play The Call*, uma gincana mundial *on-line* com tarefas concretas no mundo real, baseada na ideia de que fazer junto é mais divertido e que esse é o jeito mais fácil para salvar o mundo.

Melissa Bivar é uma empreendedora social com formação em Design em Sustentabilidade e Comunicação, especialista em facilitar processos, planejamento e cogestão de projetos colaborativos. Sua jornada nos últimos dez anos se concentra em iniciativas de transformação e impacto positivo. Faz parte do movimento Cidades em Transição (*Transition Network*), lidera a *REconomy Brasil* para fortalecer a economia local e é sócia da Social Contemporâneo[33].

Adriana Linhares Queiroz, também conhecida como Mana na Vila Planetário, em Porto Alegre (RS), é a vice-diretora-geral da ONG Misturaí[34]. Ela já liderou o Clube de Mães Santa Terezinha e a Associação de Moradores local. A comunidade foi pioneira na participação do Orçamento Participativo garantindo melhorias para os moradores e agora, por meio da Misturaí, inspira e constrói uma rede de lideranças

32 É possível conhecer mais sobre o trabalho dele em: 14 O arquiteto [...] ([2012]). Ou em Rocha (2018).

33 Saiba mais em: <https://socialcontemporaneo.com.br/>

34 Saiba mais em: <https://misturai.com/quem-somos/>

comunitárias, promovendo a sustentabilidade em bairros periféricos de Porto Alegre. Isabela Sousa, nascida no Complexo da Maré, no Rio de Janeiro (RJ), é diretora no Observatório de Favelas desde 2011. Possui doutorado em Geografia, mestrado em Planejamento Urbano e Regional, MBA em Gestão de Projetos e bacharelado em Turismo. O Observatório de Favelas se dedica à produção de conhecimento e metodologias, visando incidir em políticas públicas sobre as favelas e periferias e promover o direito à cidade.

4.2 Estratégias, metodologias e desafios para o engajamento comunitário

A fim de sistematizar o conhecimento e os dados obtidos nesta pesquisa de uma forma acessível e ilustrativa, foi desenvolvido um quadro ilustrado na figura abaixo:

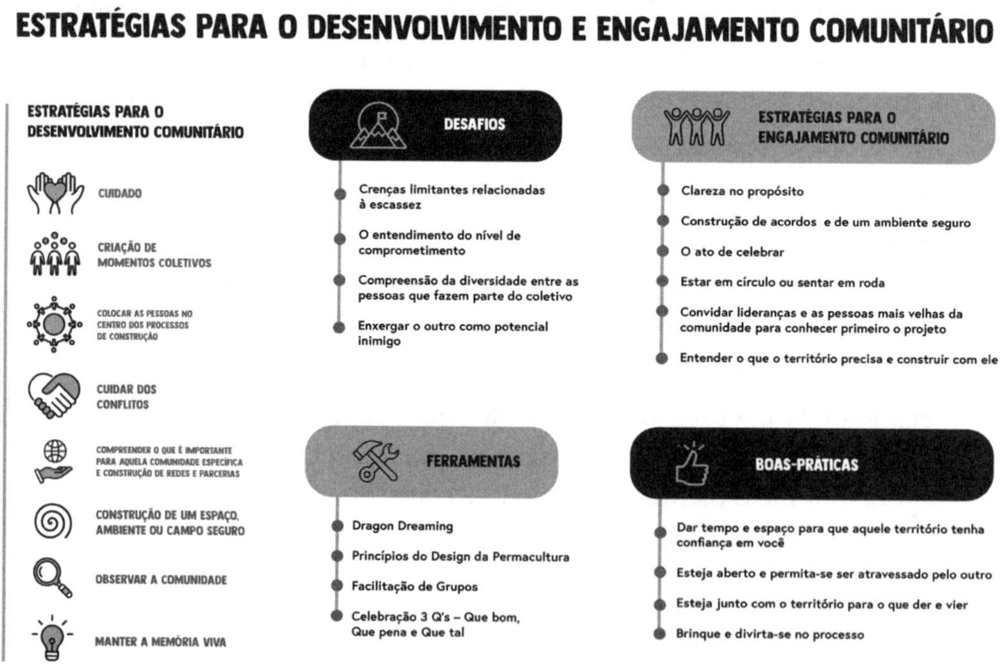

Figura 1: Estratégias para o Desenvolvimento e Engajamento Comunitário.
Fonte: Andrade (2022, p. 58).

O quadro foi organizado a partir das classificações obtidas nas extrações das entrevistas. A partir das mesmas, foram sistematizadas as estratégias para o desenvolvimento e engajamento comunitário, os desafios, os aprendizados e as boas práticas. Na perspectiva das estratégias para o desenvolvimento comunitário, o cuidado com as pessoas, um destaque de todas as entrevistas, é um princípio central da Permacultura e base para o engajamento comunitário. Ao colocar as pessoas no centro das decisões e do planejamento, fortalecemos comunidades e resgatamos valores comuns.

Nas entrevistas a clareza sobre o propósito comum foi destacada como "cola", "causa comum", e "propósito" ou seja, para engajar uma comunidade é necessário que todos saibam o porquê de estarem envolvidos naquele projeto, tendo clareza do propósito. Essa clareza sustenta o coletivo em momentos difíceis e pode ser revisitada em tempos de desânimo.

Para sustentar isso, é importante a construção de um espaço, ambiente ou campo seguro, um lugar onde "a gente possa criar e sustentar juntos esse ambiente, onde todos sintam que a sua voz é ouvida" (Melissa Bivar).

Aqui é importante garantirmos que a diversidade e as diferenças possam coexistir, e que se possa compreender o que nos une, mas que também temos diferenças. Para isso, é fundamental que os projetos sejam construídos coletivamente e de forma realmente participativa. Para isso, o conceito de Dragon Dreaming, filosofia e metodologia colaborativa, pode ser utilizado, pois:

> fomenta maior interação, dialogismo e a construção colaborativa, a partir da integração de ferramentas de avaliação e planejamento colaborativo, com base nas intenções dos envolvidos, no método é chamado sonho, é valorizada a voz individual, que durante o processo é transformada em sonho e projeto coletivo (Machado, Barbuto, Croft, 2021, p. 146).

Ao conceber um projeto de forma coletiva, colocando um pouco de cada indivíduo nele, a chance de obter engajamento dos participantes é muito maior. A entrevistada indica essa como uma ferramenta que faz a diferença: "Eu uso muito o Dragon Dreaming pra quase tudo, eu uso em partes, eu uso inteiro, pra mim é muito potente. [...] Eu acho que é a ferramenta mais interessante em termos de engajamento" (Melissa Bivar).

Ainda, para que uma comunidade se mantenha unida em prol de uma causa comum e efetivamente engajada, são necessários acordos e princípios claros. Os acordos ajudam a todos que fazem parte daquela comunidade ou coletivo a se guiarem.

Outra prática comentada pelos entrevistados foi a de estar em círculo ou sentar em roda. Edgard Gouveia Junior utiliza o "fogo de conselho", um ritual indígena em que as pessoas se reúnem ao redor de uma fogueira à noite para dançar, cantar, contar histórias e transmitir ensinamentos. Na atualidade, essa técnica é adaptada para compartilhar experiências, sentimentos, pedidos e celebrações em roda. Segundo o entrevistado, essa prática é essencial para a comunidade cuidar e apoiar uns aos outros.

Outro ponto relevante, reiterado pelos entrevistados, é compreender o que é importante para aquela comunidade e proporcionar momentos de construção coletiva. Mutirões, assembleias e projetos são uma via eficaz para essa compreensão, fortalecendo o propósito e promovendo o engajamento coletivo, como exemplificado no seguinte comentário de Adriana:

> A gente começou fazendo reuniões com a comunidade para esclarecer o que é a ONG, deixando claro que a ONG é um espaço para todos e que ela tá aberta sempre pra todo mundo (Adriana Queiroz).

A facilitação de grupos ajuda a tornar os momentos mais organizados e produtivos, aproveitando as habilidades do grupo para tomar decisões. Esses momentos coletivos também auxiliam a compreender as necessidades da comunidade. Ainda, uma das entrevistadas atenta para a importância de se criar espaços coletivos em momentos de conexão e celebração como, "coisas que não precisam de discussão, como fazer o almoço de domingo juntos" (Melissa Bivar).

Nesse contexto, o ato de celebrar é uma das estratégias mais importantes para manter uma comunidade unida. No Dragon Dreaming, diferentemente de outras ferramentas de gestão de projetos, a celebração está inclusa no final de cada fase, e sempre que necessário, pois a celebração gera reflexões e potencializa os aprendizados e a motivação.

Outro ponto de atenção e cuidado para a manutenção do engajamento comunitário citada pelos entrevistados foi a importância de cuidar dos conflitos. Uma dinâmica colaborativa que funciona para uma cultura de *feedbacks* e de aprendizagem para grupos, e que podemos exemplificar, é a dos "3Q'S" – consiste em "Que bom", "Que pena" e "Que tal?". No "Que bom" destacamos os pontos positivos, no "Que pena", os aspectos negativos, e no "Que tal?", sugestões de melhoria para futuros projetos.

Para que o desenvolvimento e o engajamento comunitário aconteçam, a construção de redes e parcerias e o fomento ao trabalho coletivo em outras comunidades é importante para a troca de saberes e para aumentar o impacto das ações. Como aponta uma das entrevistadas:

> antes de estrear qualquer projeto na comunidade, chamamos primeiro as lideranças e comerciantes ativos do bairro, pessoas mais velhas e outras organizações atuantes para coletar as primeiras impressões (Isabela Souza).

Antes de propor ou construir qualquer projeto, Isabela comenta que é importante observar a comunidade. Para isso, ela considera fundamental "ficar atento aos sinais que o território dá". Outra estratégia que ela sugere para que as pessoas participem e se sintam parte, e assim obter engajamento comunitário, é pedir ajuda.

Para manter a história da comunidade ou do projeto coletivo, uma estratégia é manter a memória viva. Como Krenak (2018) expõe, é imprescindível que as histórias sejam contadas, pois é a partir dessa transmissão de conhecimento que os sujeitos coletivos se constituem.

Por fim, gostaríamos de registrar algo dito de diferentes formas, presente nas falas dos nossos entrevistados, sobre uma magia ou mística que existe no coletivo, algo que surge quando se vive uma experiência comunitária, seja ela passageira ou recorrente, ou seja, algo que fica em quem participa.

Ao serem questionados sobre os principais desafios de trabalhar em projetos colaborativos e comunitários, os entrevistados trouxeram diversas reflexões interessantes. Um dos desafios apontados por um dos entrevistados diz respeito às crenças limitantes relacionadas à escassez, ou seja, a ideia de que "não tem para todo mundo, a ideia de que o mundo é escasso, de que os recursos são escassos separa a gente na construção colaborativa" (Edgard Gouveia Júnior).

Para Edgard, acabamos enxergando o outro como potencial inimigo, "perdendo a noção de comunidade". O entrevistado trouxe como exemplos as comunidades indígenas tradicionais, onde a noção de privado não existe, "não tem muro, não tem cerca, esse espaço aqui é nosso. E, quanto mais conectado estiver, mais harmônico estiver, entende-se que não é nosso, é da natureza" (Edgard Gouveia Júnior).

Outra entrevistada traz como desafio para o convívio em comunidade o fato de considerarmos que

> o outro desconhecido é o outro com quem não tenho vínculo, então não existe afeto, eu não fui afetada por esse outro. Então, quando não existe esse afeto, não existe esse vínculo, a gente tende a desumanizar, ou seja, esse outro está me incomodando (Melissa Bivar).

Esse desafio mostra a relevância de se criar espaços, rituais e celebrações para a experiência comunitária.

Outra dificuldade para o engajamento coletivo abordado pela entrevistada foi a necessidade de se conseguir demonstrar clareza sobre o entendimento do nível de comprometimento diante de um projeto coletivo, pois existe uma responsabilidade distribuída e em geral as pessoas assumem papéis, "sem saber qual é a sua disponibilidade interna de compromisso e com isso compromete a responsabilidade em si" (Melissa Bivar).

Um ponto em comum destacado é a compreensão da diversidade entre as pessoas que fazem parte do coletivo. É preciso considerar as experiências de cada um, assim como suas subjetividades.

Buscando entender e investigar um pouco mais, foram apontadas sugestões de boas práticas para quem quer trabalhar com engajamento comunitário. Isabela Sousa explica que "é preciso entender o que o território precisa e construir com ele".

Para isso é necessário respeito e cuidado. Como exemplo, ela conta que apesar da sede do Observatório de Favelas ser na Maré, a atuação é nacional e "às vezes a gente vai trabalhar num lugar onde a gente não conhece a favela, e você nunca vai chegar lá e falar: 'Pô, eu sei o que vocês precisam'" (Isabela Souza).

Outra sugestão de boa prática que recebemos de Isabela foi: "vai se engajar quem tiver a fim, pra quem aquilo fizer sentido". Para que a ideia possa ser boa, necessária ou levar a uma experiência de transformação, segundo Isabela, deve "fazer sentido coletivamente". Consonante a essa ideia é a sugestão dada por Adriana: "Dar tempo e espaço para que aquele território tenha confiança em você" (Adriana Linhares Queiroz).

Uma postura que ajuda é a sugestão de Melissa Bivar, de estar aberta(o) e permitir-se ser atravessado pelo outro. A entrevistada comenta que "muitas vezes tendemos a estudar muito para encontrar respostas muito claras e específicas para que a gente possa ter certezas sobre coisas"(Melissa Bivar).

Entre as sugestões de nossos entrevistados, destacamos uma de Isabela: "Esteja junto com o território para o que der e vier, para que você faça parte de uma experiência comunitária, as pessoas não podem ter dúvida que você tá junto pro que der e vier" (Isabela Souza).

Por fim, Edgard traz uma sugestão muito fácil de ser negligenciada ao lidar com engajamento comunitário: brinque e divirta-se no processo.

Cabe ressaltar que a história de vida das pessoas e o resgate das estratégias, metodologias, desafios e rituais estão aprofundados em Andrade (2022).

5. Considerações finais

Por meio das entrevistas e análises, constatamos que para o desenvolvimento e engajamento comunitário é muito importante o cuidado entre as relações, a criação de momentos coletivos, colocar as pessoas no centro dos processos de construção e compreender o que é importante para a comunidade específica. Também é importante o cuidado com os conflitos, criando espaços e ferramentas para o encaminhamento deles e a construção de redes e parcerias para a manutenção e fomento do trabalho comunitário.

Para proporcionar momentos de construção coletiva, consideramos que abordagens colaborativas como Dragon Dreaming, Permacultura e a Facilitação de Grupos são ferramentas que podem apoiar na implementação desses momentos. Aqui se destaca também o quanto a ausência do poder público interfere nos territórios e a importância de serem criados espaços mais democráticos para a aproximação e participação da comunidade na definição das políticas e do orçamento público, como o Orçamento Participativo, por exemplo.

Como estratégias de engajamento comunitário, destacamos a importância de haver clareza no propósito, a construção de acordos e de um ambiente seguro e o ato de celebrar na medida em que foram contextualizados o percurso do despertar do indivíduo para o coletivo de cada liderança.

Este estudo buscou compreender os desafios e as boas práticas para o engajamento comunitário. Os entrevistados apontaram como desafios: crenças limitantes relacionadas à escassez, a dificuldade de entendimento do nível de comprometimento e de compreensão da diversidade entre as pessoas que fazem parte do coletivo.

Referente às boas práticas, os entrevistados sugeriram: estar junto com o território para "o que der e vier", estar aberto e permitir-se ser atravessado pelo outro, dar tempo e espaço para que aquele território tenha confiança e brincar e se divertir durante o processo.

A partir das práticas identificadas, esperamos que a pesquisa possa apoiar comunidades, bem como projetos colaborativos, no entendimento da percepção e das estratégias que podem ser utilizadas para o desenvolvimento comunitário e no aprimoramento de suas estratégias de engajamento, além de sua manutenção, comunicação e o relacionamento com seus atores, de forma a possibilitar o fortalecimento dos vínculos e das redes.

Por último, acreditamos que o despertar não pode ser apenas individualizado, mas que é necessário buscar a construção coletiva de espaços para, assim, redesenharmos nossa presença na Terra. E, a partir de políticas públicas e da atuação da sociedade civil, garantir que essas discussões cheguem e envolvam mais pessoas, principalmente aquelas que, no sistema atual, são excluídas. É importante ressaltar aqui que as comunidades tradicionais, como as indígenas e quilombolas, há muito tempo nos mostram como é viver em comunidade. Somos otimistas e temos a esperança ativa de que juntos, juntas e juntes construiremos as mudanças para um futuro possível: mais comunitário, diverso e justo, no qual o poder do coletivo será protagonista da transformação social.

Referências bibliográficas

ANDRADE, M. F. **O poder do coletivo para a transformação social.** 2022. Trabalho de Conclusão de Curso (Especialização em Educação para a Sustentabilidade) - Universidade Federal de Alfenas, Varginha, 2022. Disponível em: https://www.coestar.com.br/_files/ugd/db73ff_4cea2288561c477e882c50f025d9c590.pdf. Acesso em: 17 maio 2022.

BARBUTO, L. **Collaborative Design Methodology and Knowledge**: Dragon Dreaming. 2021. Dissertação (Master's Degree in Science) – Gaia University, Moray, 2021. Disponível em: https://icaafs.earth/user/view.php?id=369. Acesso em: 5 jun. 2022.

BLANKE, C.; CROFT, J.; DASI, M. (Monica Prado); KOGLIN, I. **Dragon Dreaming**: desenho de projetos. Tradução Rita Tojal, Teresa Silva, Marta Duarte, Pedro Ferreira, Njiza Costa e Virgílio Varela. [S. l.]: Dragon Dreaming, 2022. Disponível em: https://dragondreamingbr.org/wp-content/uploads/dragon_dreaming_eBook_guia_pratico.pdf. Acesso em: 5 jun. 2022.

FUNDO SOCIOAMBIENTAL CASA. **Fortalecimento de comunidades na busca pela sustentabilidade.** [S. l.]: Fundo Socioambiental Casa, 2017. Disponível em: https://casa.org.br/wp-content/uploads/2020/10/e-book- fortalecimento-comunidades.pdf. Acesso em: 6 abr. 2023.

GAIA EDUCATION. **Construindo comunidade e abraçando a diversidade**. São Paulo: Gaia Education, 2017.

GAIGER, L. I. **A descoberta dos vínculos sociais**: os princípios da solidariedade. São Leopoldo: Unisinos, 2016.

GIL, A. C. **Como elaborar projetos de pesquisa**. São Paulo: Atlas, 2002.

HOLMGREN, D. **Permacultura**: princípios e caminhos além da sustentabilidade. Tradução Luzia Araújo. Porto Alegre: Via Sapiens, 2013.

JOUBERT, K. A.; ALFRED, R. **Além de você e de mim**: inspiração e sabedoria para construir uma comunidade. Rio de Janeiro: Roça Nova, 2020.

KRENAK, A. **A potência do sujeito coletivo**. [Entrevista cedida a] Jailson de Souza e Silva. Periferias, Rio de Janeiro, v. 1, maio 2018. Parte I. Disponível em: https://revistaperiferias.org/materia/a-potencia-do-sujeito-coletivo-parte-i/. Acesso em: 15 de fev. 2022.

LIPOVETSKY, G.; SERROY, J. **A cultura-mundo**: resposta a uma sociedade desorientada. São Paulo: Companhia das Letras, 2011.

MACHADO, G. C. X. M. P.; BARBUTO, L.; CROFT, J. D. O método colaborativo aplicado na pesquisa-ação: contribuições do Dragon Dreaming na incubação social do saneamento ecológico. **Democracia, Ciência e Tecnologia**: aprofundando as contribuições sobre a incubação em economia solidária, Brasília, DF, v. 4, n. 1, p. 143-158, 2021. Disponível em: https://periodicos.unb.br/index.php/cts/article/view/30463/31362. Acesso em: 6 abr. 2023.

MACY, J.; JOHNSTONE, C. A grande virada. In: HARLAND, M.; KEEPIN, W. (org.). **A canção da Terra:** uma visão de mundo científica e espiritual. Rio de Janeiro: Roça Nova, 2020.

MAFFESOLI, M. **O tempo das tribos**: o declínio do individualismo nas sociedades de massa. Rio de Janeiro: Forense Universitária, 1998.

MERONI, A. **Strategic design**: Where we are now? Reflections around the foundations of a recent discipline. Strategic Design Research Journal, Porto Alegre, v. 1, n. 1, p. 34-42, 2008.

MINAYO, M. C. S. (org.). **Pesquisa social**: teoria, método e criatividade. Petrópolis: Vozes, 2001.

O ARQUITETO do humano. In: EDGARD Gouveia Jr. [S. l.: s. n., 2012]. Disponível em: https://edgardgouveiajr.com.br/the-architect-of-human-being/. Acesso em: 10 jul. 2022.

OBSERVATÓRIO DE FAVELAS. **Sobre o Observatório de Favelas**. Rio de Janeiro, 15 nov. 2021. Disponível em: https://observatoriodefavelas.org.br/quem-somos/. Acesso em: 15 jul. 2022.

ROCHA, V. **Guerreiros Sem Armas**: formações para jovens com propósito. Santos, 13 fev. 2018. Disponível em: https://institutoelos.org/guerreiros-sem-armas-formacao-para-jovens-com-proposito/. Acesso em: 9 jul. 2022.

SEVERINO, A. J. **Metodologia do trabalho científico**. São Paulo: Cortez, 2007.

SOMÉ, S. **O espírito da intimidade**: ensinamentos ancestrais africanos sobre maneiras de se relacionar. São Paulo: Odysseus, 2007.

TAVARES, F. **O chamado para a liderança regenerativa**. Rio de Janeiro: Bambual, 2019.

WAHL, D. C. **Design de culturas regenerativas**. Rio de Janeiro: Bambual, 2020.

WEBER, M. **Conceitos básicos de Sociologia**. São Paulo: Moraes, 1987.

XAVIER, M. Pertencimento e o encontro do meu desejo de estar com o seu desejo de que eu esteja. **Polinizações Amuta**, São Paulo, 9 fev. 2022. Disponível em: https://institutoamuta.substack.com/p/pertencimento-e-o-encontro-do-meu. Acesso em: 16 jul. 2022.

ORGANIZADORES E AUTORES

ORGANIZADORES

TOM RODRIGUES (Everton Rodrigues da Silva)

Professor do Instituto de Ciências Sociais Aplicadas da Universidade Federal de Alfenas (UNIFAL-MG) e do mestrado em Gestão Pública e Sociedade (PPGPS). Doutor pela UFMG, coordenador da pós-graduação Gaia Education/ UNIFAL-MG, atua nas áreas de Direito à cidade; Desenvolvimento territorial regenerativo; Economias colaborativas; Novas práticas organizativas; Inovação e empreendedorismo social.

EMMANUEL KHODJA

Especialista em Gestão e Planejamento Ambiental pela Estácio de Sá (RJ). Coordenador de programas presenciais e *on-line* do Gaia Education no Brasil. Cofundador da ONG e Ecovila Terra Una. Facilitador e fundador da BioSistêmica, empresa de consultoria, treinamento e serviços em gestão organizacional, design permacultural e processos de transição.

GUSTAVO CARVALHAES XAVIER MARTINS PONTUAL MACHADO

Professor do Núcleo Interdisciplinar para o Desenvolvimento Social (NIDES/UFRJ), coordenador do Programa de Pós-Graduação de Tecnologia para o Desenvolvimento Social (PPGTDS/NIDES/UFRJ), professor colaborador do EICOS/IP/UFRJ e da pós-graduação Educação para a Sustentabilidade (UNIFAL-MG/ Gaia Education). Pós-doc na área de Saúde Pública e Meio Ambiente na ENSP/Fiocruz, doutor em Psicossociologia de Comunidades e Ecologia Social, engenheiro químico, treinador de Dragon Dreaming, permacultor e terapeuta holístico. Autor do livro *Somos Natureza* (Bambual Editora).

AUTORES

Adriana Rennó

Mãe de duas meninas, advogada de formação e educadora de coração. Pedagoga, educadora/consultora parental e facilitadora de grupo, utilizando a comunicação não-violenta, a disciplina positiva e a criação consciente. Co-criadora do Voo do Beija-Flor para apoiar adultos a utilizarem a comunicação não-violenta nas suas relações com crianças e adolescentes, seja em âmbito familiar ou escolar (@voo_do_beijaflor). Entusiasta de uma nova educação, acredita que as crianças devem ser deixadas em paz para serem elas mesmas.

Anna Tornaghi

Graduada em Design pela PUC-Rio. Facilitadora do Gaia Education, professora na pós-graduação Educação para Sustentabilidade - Gaia Education e UNIFAL. No Instituto LivMundi, além da curadoria do Festival, foi responsável pelos processos LivMundi Brota e LivMundi Saber (juventude e educação). Consultora em estratégias para Sustentabilidade Integral e Design de Culturas Regenerativas.

Camila Correa de Araújo

Gestora de projetos de economia circular na empresa Solos (BA). Graduada em Engenheira de Produção pelo Instituto Mauá de Tecnologia-SP e pós-graduada em Educação para a Sustentabilidade pela Gaia Education/ UNIFAL-MG. Dedica-se à participação colaborativa em projetos socioambientais e de base comunitária.

Carla Mott Ancona Lopez

Psicóloga com especialização em Psicanálise pelo Instituto de Psicologia da Universidade de São Paulo (IP - USP). Pós-graduada em Educação para a Sustentabilidade pela Universidade Federal de Alfenas (UNIFAL-MG) e Gaia Education. Formada como Praticante em Desenvolvimento Regenerativo pelo Regenesis Institute. Fundadora e Coordenadora do Projeto Colmeia (www.maps.eco.br), onde atua com ações para o Desenvolvimento Regenerativo de comunidades na APA Santo Antônio (@colmeia.maps).

Fabrício Casarejos

Professor e pesquisador em Ciências da Sustentabilidade e designer de sistemas regenerativos voltados à promoção de sociedades resilientes e igualitárias. Fundador e pesquisador do "Interdisciplinary Center for the

Unknown – fostering global sustainability through regenerative change and futures studies" (Massachusetts, USA). Fundador e secretário executivo da Secretaria do Clima, Sustentabilidade e Inovação Social da cidade de Alfenas, Minas Gerais, Brasil.

Gabriela Piasson Gazzola

Especialista em Educação para a Sustentabilidade - Gaia Education (UNIFAL-MG). Engenheira sanitarista e ambiental (UFSM). Astróloga e fundadora do projeto Planetária.co. Pesquisa o amor e colaboradora com projetos de impacto socioambiental e de base comunitária no Brasil, com experiência no México e Portugal.

Janaina Porto Soares

Especialista em Educação para a Sustentabilidade - Gaia Education pela Universidade Federal de Alfenas, licenciada em Pedagogia, bacharel em Design. Trabalha com educação socioambiental, atuando como Coordenadora de Experiências de Aprendizagem no Instituto EcomAmor em Goiás.

Larissa Fernanda de Lima Almeida

Mestre em Administração pela UFPE (2008). Pós graduada em Educação para a Sustentabilidade - Gaia Education (UNIFAL-MG, 2022). Graduada em Hotelaria pela UFPE (2005). Pesquisadora e facilitadora de processos nas áreas de Turismo Criativo, criatividade e inovação social. Cofundadora da Rede Nacional de Experiências e Turismo Criativo (Recria). Gestora em projetos do terceiro setor e consultora de negócios em turismo em diversas comunidades do Nordeste. Autora dos livros *Turismo Criativo: uma viagem por culturas, encontros e experiências* (Bambual Editora, 2022) e *Turismo Criativo: teoria e prática* (Editora SENAC, 2023).

Lizandra Barbuto

Mestre em Ciência (Gaia University, Califórnia), Terapia Ocupacional (UFMG), pós-graduada em Neurociência e Comportamento, Psicologia Sufi, Desenvolvimento Humano e Sustentabilidade Integral. Treinadora de Treinadores de Dragon Dreaming. Psicoterapeuta em: Gestalt Terapia, Terapia Integrativa, Terapia Sistêmica e Fenomenológica. Coordenadora de Gestão de Pessoas e Projetos, Raízes - Desenvolvimento Sustentável.

Luísa Fedrizzi Machado

Luísa Fedrizzi Machado é bacharel em Comunicação Social com Habilitação em Jornalismo e pós-graduada em Jornalismo Digital, ambos pela Pontifícia Universidade Católica do Rio Grande do Sul, e pós-graduada em Educação para Sustentabilidade - Gaia Education, pela Universidade Federal de Alfenas, Minas Gerais.

Manuela Fonseca Andrade

Formada em Comunicação Social - Relações Públicas (UFRGS) e especialista em Design para a Sustentabilidade pelo Gaia Education e UNIFAL-MG. É Fellow Social Good Brasil e faz parte da comunidade regenerativa Co.Estar onde atua com gerenciamento de comunidades, gestão de projetos, desenho de experiências e facilitação de metodologias colaborativas.

Mariana Barbosa Pimentel

Mestre em Cultura Contemporânea e Novas Tecnologias pela Universidade Nova de Lisboa, Portugal (FCSH/UNL) e bacharel pela Escola Superior de Dança/Instituto Politécnico de Lisboa, Portugal (ESD/IPL). Seus interesses de pesquisa abrangem a gestão cultural colaborativa, economias inovadoras, a cultura regenerativa e a decolonização de processos de criação e composição em dança no tensionamento político entre corpo, espaço, identidades e coletividades.

Mariana Scomparin Pereira

Ilustradora, designer de produto e pós-graduada em Educação para Sustentabilidade (UNIFAL-MG/Gaia Education).

Marina Dain

Mãe, educadora, facilitadora de grupos, designer, bailarina e pós-graduada em Psicologia com diversos cursos complementares. Cofundadora da Associação Terra Una. Desde 2003, dedica-se ao estudo, prática e difusão da sustentabilidade integral. Em 2009, passou a integrar equipes de coordenação do EDE (Gaia Education) em diferentes cidades. A partir de 2019, se tornou facilitadora das dimensões Visão de Mundo e Design Studio do GEDS. Atualmente é colunista da *Travessias Revista Digital* da Bambual Editora.

Tatiana Souza Cohen

Bacharel em Psicologia pela Pontifícia Universidade Católica do Rio de Janeiro e pós-graduada em Educação para Sustentabilidade - Gaia Education. Atuou por oito anos na área da Educação, campo que desperta seu interesse e engajamento até os dias de hoje.

Vinícius Marquesini Terzi

Especialista em Educação para Sustentabilidade - Gaia Education, pela Universidade Federal de Alfenas. Permacultor, facilitador e pesquisador da Infância e Natureza. Trabalha com a potencialização e regeneração de territórios e relações por meio de tecnologias baseadas na natureza, projetando e desenvolvendo ecossistemas de aprendizagem que utilizam o poder das comunidades para construção de novas realidades.

Vinicius Pereira de Souza

Especialista em Educação para a Sustentabilidade (UNIFAL-MG/GAIA), licenciado em Música (FASM), fundador da rede Permacultores Urbanos, técnico do Instituto de Projetos e Pesquisas Socioambientais (IPESA) e cantor e compositor do Bando de SP.

CONHEÇA TAMBÉM

Design de Culturas Regenerativas

DANIEL C. WAHL

Por que a humanidade deve continuar a existir?

Esta é a principal pergunta que Daniel Wahl nos faz ao longo de todo este livro. Com mais de 250 perguntas-chave ele nos encaminha à mudança de percepção do mundo em que vivemos: do pensamento cartesiano à visão sistêmica, da entropia de uma casca de noz à interdependência do interser, da mediocridade à grandeza do ser humano que somos. "*Este livro é um tesouro para todos que estão procurando um guia para uma vida mais sustentável e um roteiro para redesenhar nossa sociedade, regenerando nossas comunidades e cidades em harmonia com os sistemas naturais de nosso planeta.*" – Hazel Hederson

Formato 15x23cm – 376 páginas – com gráficos, ilustrações e fotos

Esperança Ativa

JOANNA MACY E CHRIS JOHNSTONE

No coração desse livro está a ideia de que Esperança Ativa é algo que nós fazemos ao invés de algo que nós temos. É ter clareza sobre o que nós temos esperança que aconteça, então desempenharmos nosso papel no processo de fazer isso acontecer.

Quando nossas respostas são guiadas pela intenção de agir pela cura de nosso mundo, a confusão em que estamos não apenas se torna mais fácil de encarar, nossas vidas também se tornam mais significativas e satisfatórias.

Formato 15x23cm – 248 páginas – com gráficos e ilustrações

Somos Natureza

Soluções baseadas na natureza para o desenvolvimento local

GUSTAVO MACHADO

Compreendendo que precisamos tanto olhar para a sustentabilidade do planeta, quanto das relações, Gustavo Machado idealizou esse livro como uma maneira de contribuir com as pessoas que atuam no campo da tecnologia, do desenvolvimento social e da regeneração.

O autor cria pontes entre a teoria e a prática, correlacionando soluções baseadas na natureza, saneamento ecológico, pesquisa-ação e metodologias colaborativas em projetos coletivos.

Formato 15x23cm – 256 páginas

www.bambualeditora.com.br